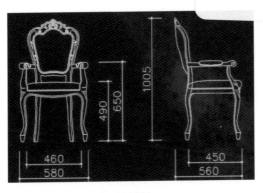

(a) 图形   (b) 图像

图 1-3　图形和图像

图 1-24　虚拟矿井

图 1-25　虚拟校园

图 2-10　对比与调和的设计形式

图 2-11　比例与适度的设计形式

图 2-20　英国伦敦的菲里埃大桥

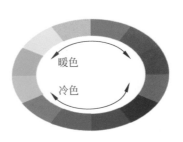

图 2-21　色彩的温度感

图 2-34　闪闪发光的五角星

图 2-50　环保宣传海报

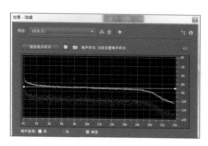

图 3-27　降噪处理界面

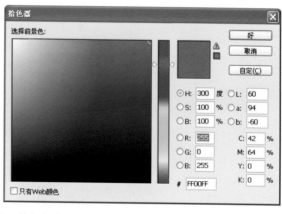

图 4-6　品红色在 RGB 颜色空间和 CMYK 颜色空间中的表示形式

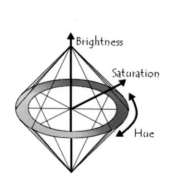

图 4-7　HSL 颜色空间

图 4-8　HSL 颜色空间中色调

(a) 没有叠加人物的草原场景

(b) 叠加了人物的草原场景

图 4-17　叠加 PNG 图片的草原场景

图 4-57　使用扭曲滤镜制作水中倒影

图 5-29　制作"首钢集团"图片的缩放和运动特效

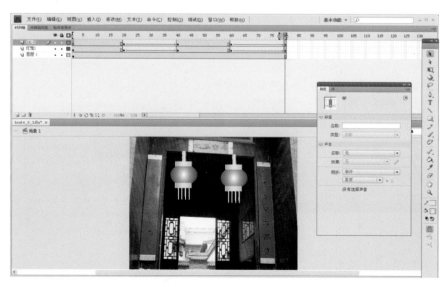

图 6-50　创建补间形状

(a) 变换之前的图像　　　　　(b) 变换之后的图像　　　　　(c) 图像之差

图 7-15　使用 mask1 过滤矩阵的离散余弦变换前后的图像

(a) 变换之前的图像　　　　　(b) 变换之后的图像　　　　　(c) 图像之差

图 7-16　使用 mask2 过滤矩阵的离散余弦变换前后的图像

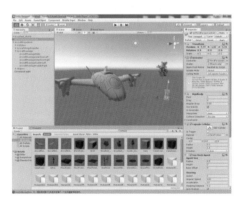 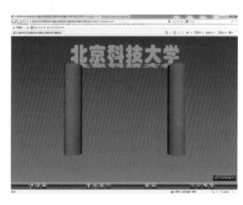

图 11-3　Unity3D 软件　　　　　　　　图 11-12　基于 VRML 开发的第一个虚拟现实系统

 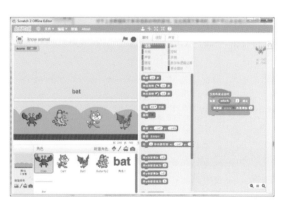

图 12-6　根据英文单词选择动物的游戏　　　　　图 12-10　Scratch 的脚本窗口

高等学校计算机基础教育教材精选

多媒体技术基础及应用

汪红兵　编著

清华大学出版社
北　京

内 容 简 介

多媒体技术已经深入人们生活的方方面面。本书主要介绍多媒体技术的有关知识及其应用,全书共 12 章,第 1 章为多媒体技术概述,第 2 章为平面设计技术基础,第 3 章为声音处理技术基础,第 4 章为图像处理技术基础,第 5 章为视频处理技术基础,第 6 章为动画制作技术基础,第 7 章为多媒体压缩技术基础,第 8 章为多媒体通信技术基础,第 9 章为超媒体技术基础,第 10 章为 HTML 5 多媒体应用开发,第 11 章为虚拟现实技术基础,第 12 章为 Scratch 多媒体应用开发。

本书不仅可作为非计算机专业本科多媒体技术课程的教材,也可以作为想了解多媒体相关技术的人员的参考用书。

图书在版编目(CIP)数据

多媒体技术基础及应用/汪红兵编著. —北京:清华大学出版社,2017(2019.1重印)
(高等学校计算机基础教育教材精选)
ISBN 978-7-302-46401-3

Ⅰ.①多… Ⅱ.①汪… Ⅲ.①多媒体技术-高等学校-教材 Ⅳ.①TP37

中国版本图书馆 CIP 数据核字(2017)第 017908 号

责任编辑:龙启铭　梅栾芳
封面设计:常雪影
责任校对:时翠兰
责任印制:沈　露

出版发行:清华大学出版社
　　网　　　址:http://www.tup.com.cn,http://www.wqbook.com
　　地　　　址:北京清华大学学研大厦 A 座　　　　　　邮　　编:100084
　　社 总 机:010-62770175　　　　　　　　　　　　　邮　　购:010-62786544
　　投稿与读者服务:010-62776969,c-service@tup.tsinghua.edu.cn
　　质量反馈:010-62772015,zhiliang@tup.tsinghua.edu.cn
　　课件下载:http://www.tup.com.cn,010-62795954
印 装 者:北京密云胶印厂
经　　销:全国新华书店
开　　本:185mm×260mm　　印　张:22.5　　彩　插:2　　字　数:527 千字
版　　次:2017 年 3 月第 1 版　　　　　　　　　　　　印　次:2019 年 1 月第 3 次印刷
定　　价:45.00 元

产品编号:070483-01

随着计算机应用的普及,多媒体技术已经深入人们生活的方方面面,如多媒体教学、动画游戏、微电影、指纹识别、人脸识别、虚拟现实等多媒体技术的典型应用。本书主要面向高等院校非计算机专业本科生,培养其具有一定的多媒体应用综合开发能力。内容规划如下。

第1章作为基础性知识,重点介绍多媒体的基本概念、基本特性、发展历史和典型应用等。

本书在主体内容设计上,兼顾基础理论与应用操作,并关注基础理论对应用操作的支撑。对于几种典型媒体:声音、矢量图、图像、视频和动画,首先介绍媒体的基本概念和相关特性,然后以典型的多媒体软件为平台介绍应用操作,并特别关注基础理论对应用操作的支持,如声音处理方面强调通过调整其物理特性来影响心理特性,矢量图制作方面介绍平面设计的基本形式以及在平面设计中色彩运用的心理感知,图像处理方面介绍颜色空间和颜色的心理学特性,视频处理方面重点介绍视频的帧频、隔行扫描、视频数字化和图像子采样等,动画制作方面介绍动画的基本原理以及补间动画和引导线动画的基本概念,为各个相应媒体的应用操作奠定坚实的理论基础。五种典型媒体的基础理论和应用操作构成了本书的重要组成部分,分别是第2~6章。

由于多媒体具有数据量大的特点,需要对多媒体数据进行压缩。第7章重点介绍多媒体压缩技术,包括数据冗余以及典型的无损压缩和有损压缩技术,强调数据冗余是多媒体压缩技术应用的前提。

由于多媒体具有连续性的特点,需要特别设计多媒体通信协议。第8章重点介绍多媒体通信技术,包括多媒体通信服务质量、通信协议和流媒体技术,强调多媒体特定的通信协议,就是针对多媒体信息的特点来改进多媒体通信服务质量。

由于超文本技术借助计算机网络获得迅速发展,对于超文本技术和多媒体技术的结合,超媒体技术越来越普及。第9章简要介绍超媒体的基本概念和组成结构,并以Authorware超媒体制作软件为平台介绍超媒体的制作过程。

由于HTML 5在移动领域得到广泛的应用,且考虑HTML 5的前身HTML是一种网页超媒体技术。第10章首先介绍超文本标记语言HTML以及一些重要标签,然后详细介绍HTML 5的优点、语法和未来应用,并对多媒体标签video、audio以及canvas和svg标签进行详细说明,重要标签的使用均给出案例。

虚拟现实是一种人与通过计算机生成的虚拟环境之间可自然交互的人机界面。虚拟现实在医学、娱乐、军事航天、室内设计、房产规划、工业仿真、应急推演、文物古迹、游戏等行业有着广泛的应用。第 11 章首先介绍虚拟现实的基本特性和系统组成，并以 VRML 为例介绍了简单的虚拟现实系统的开发过程。

Scratch 是一种简易的多媒体应用开发平台，用户可以没有任何编程知识，仅通过使用鼠标拖动模块进行组合构建多媒体应用。第 12 章首先介绍 Scratch 舞台窗口坐标系、角色与造型以及功能模块，并以一个大鱼吃小鱼的游戏开发为例详细描述其开发过程。通过本章学习，可以进一步培养学生在程序设计方面的计算思维能力。

本书在写作过程中得到了姚琳、王维坤、黄蓉、高丽园等人的帮助，在此表示感谢！

由于多媒体技术涉及的内容非常广泛，综合性较强，且多媒体技术发展日新月异，加之作者水平有限，书中难免有不足之处，恳请读者批评指正！

编　者

2016 年 10 月

目录

第1章 多媒体技术概述

多媒体技术是一门涉及数值、文本（包括英文、中文文本等）、声音、图形、图像、视频和动画等媒体信息的编码、传输、存储、压缩和处理等环节的综合技术，涉及计算机、通信、电视、心理学、视听科学等多种学科。随着多媒体技术的日益发展，多媒体系统正越来越广泛地应用到人们生活的方方面面。

本章主要介绍媒体、多媒体和多媒体技术的基本概念，简要回顾了多媒体技术的发展，给出了多媒体技术涵盖的主要内容，并列举了多媒体技术代表性的最新应用，最后概述了多媒体硬件系统的基本组成以及一些常用的多媒体软件。

1.1 媒体和多媒体

1.1.1 媒体的常见形式

日常生活中，媒体（Media）主要是指传播信息的载体，如数值、文本、图形、图像、声音、视频和动画等。

1. 数值

数值包括整数和实数。整数是如 -2、-1、0、1 和 2 这样的数的集合。对于整数，计算机中使用补码表示形式。实数是如 3.14、5.6、7.8 和 3.0 这样的数的集合。对于实数，计算机中使用定点或浮点表示形式。

对于正整数，其原码、反码和补码是相同的。例如

$$[+109]_原 = [+109]_反 = [+109]_补 = 01101101$$

这里，最高位的 0（以下画线区分）表示正数。

对于负整数，其原码、反码和补码是不同的。

求原码：符号位为 1，数值位为绝对值的二进制数。因此

$$[-109]_原 = 11101101$$

求反码：将原码除符号位外，逐位取反。因此

$$[-109]_反 = 10010010$$

求补码：将反码末位加 1。因此

$$[-109]_{补} = \underline{1}0010011$$

这里，最高位的1（以下画线区分）表示负数。

计算机的主要功能包括数值运算和非数值处理。数值运算是计算机最为传统的功能，如求方程的根、求矩阵的秩和矩阵乘法等。随着计算机应用的普及，非数值处理越来越占据主导地位。非数值处理必然涉及文本、图形、图像、声音、视频和动画这些非数值的媒体。

2. 文本

文本包括英文字母、阿拉伯数字、汉字、中文标点符号和英文标点符号等，一般由文字编辑软件（如记事本、WPS字处理软件和Microsoft Word应用程序等）生成。需要区别的是，中文标点符号如句号"。"和英文标点符号如句号"."是不同的文本。这是因为，中文和英文使用不同的编码形式，中文使用汉字标准信息交换码，而英文使用ASCII（American Standard Code for Information Interchange）码。一般来说，对于汉字标准信息交换码，每个汉字占用两个字节；而对于ASCII码，每个英文字符占用一个字节。

此外，为支持多种语言，产生了兼容多种语言的统一编码Unicode，最多可以支持100多万个符号。例如，0041H表示英文大写字母"A"，4E25H表示汉字"严"，6C49H表示汉字"汉"，2605A1EFH表示符号"★"，3064A4C4H表示日语的"つ"，03C9A6D8H表示希腊字母"ω"。

Unicode有两种最为普遍的实现：UTF-8和UTF-16。

UTF-8是一种变长的编码方式，可以使用1～4个字节表示一个符号，不同的符号字节长度可能不同。UTF-8的编码规则如下。

（1）对于单字节的符号，字节的第一位设为0，后面7位为这个符号的Unicode码。因此，对于英语字母，UTF-8编码和ASCII码是相同的；

（2）对于n字节的符号（$n>1$），第一个字节的前n位都设为1，第$n+1$位设为0（按照从左至右的顺序），后面字节的前两位一律设为10。

根据UTF-8的编码规则，一个字节的编码形式为0xxxxxxx，可以表示128（2^7）个不同字符；两个字节的编码形式为110xxxxx 10xxxxxx，可以表示2048（2^{11}）个不同字符；三个字节的编码形式为1110xxxx 10xxxxxx 10xxxxxx，可以表示65536（2^{16}）个不同字符。

UTF-16始终使用两个字节来表示。汉字的"汉"使用UTF-16的二进制编码为01101100 01001001，对应十六进制的6C49。如果使用UTF-8表示汉字的"汉"，首先要确定使用的编码字节数，十六进制6C49对应的十进制值是27721，如果使用两个字节的UTF-8来表示是不够的。因此，至少要使用三个字节的UTF-8表示形式，即1110xxxx 10xxxxxx 10xxxxxx。然后将27721从左至右进行填充得到其编码为1110 $\underline{0110}$ $\underline{1011}$ 0001 1000 $\underline{1001}$，即E6 B1 89。

目前，UTF-8和UTF-16已经成为标准的互联网数据交互的编码格式。

相对于文本，经常还存在一种"超文本"的概念。超文本（Hypertext）指的是使用超链接的方式将各种不同空间的文字信息组织在一起的网状结构。超文本本质上是一种用户组织信息的方式，如图1-1所示。

超文本普遍以电子文档的方式存在，其中的文字包含有可以链接到本文档其他位置

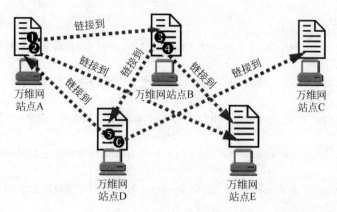

图 1-1　超文本组织结构

或者其他文档的链接,允许从当前阅读位置直接切换到超文本链接所指向的任何位置。超文本使用超文本标记语言(Hyper Text Markup Language,HTML)来编程实现。日常浏览的网页就是一种超文本。文本是一种媒体,而超文本是为方便阅读而设置的一种网状组织形式。

一个简单的网页如图 1-2 所示。

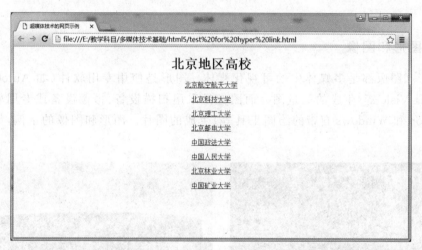

图 1-2　简单的网页

该网页对应的超文本标记语言代码如下。

```
<!DOCTYPE html PUBLIC "-//W3C//DTD XHTML 1.0 Transitional//EN" "http://www.w3.
org/TR/xhtml1/DTD/xhtml1-transitional.dtd">
<html>
<head>
<meta http-equiv="content-type" content="text/html"; charset="utf-8" />
<title>超媒体技术的网页示例</title>
</head>
<body>
```

```
<center>
<h1>北京地区高校</h1>
<a href="http://www.buaa.edu.cn" target="_blank">北京航空航天大学</a>
<p>
<a href="http://www.ustb.edu.cn" target="_blank">北京科技大学</a>
<p>
<a href="http://www.bit.edu.cn" target="_blank">北京理工大学</a>
<p>
<a href="http://www.bupt.edu.cn" target="_blank">北京邮电大学</a>
<p>
<a href="http://www.cupl.edu.cn" target="_blank">中国政法大学</a>
<p>
<a href="http://www.ruc.edu.cn" target="_blank">中国人民大学</a>
<p>
<a href="http://www.bjfu.edu.cn" target="_blank">北京林业大学</a>
<p>
<a href="http://www.cumt.edu.cn" target="_blank">中国矿业大学</a>
</center>
</body>
</html>
```

3. 图形和图像

图形和图像都是多媒体中的可视化媒体。图形是使用专用软件(如 AutoCAD 和 Microsoft Visio 等)生成的矢量图。而图像是采用扫描设备、摄像设备或专用软件(如 Photoshop 和 Windows 自带的绘图工具等)生成的图片。图形和图像的示例,如图 1-3 所示。

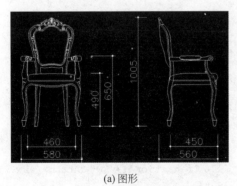

(a) 图形   (b) 图像

图 1-3   图形和图像

其中,图 1-3(a)是一个椅子的设计图形,使用 AutoCAD 进行绘制,保存图形时只需要记录直线上关键点的坐标和两个点之间线段的宽度等信息。图 1-3(b)是一个建筑物的图像,使用高清摄像机拍摄而成,保存图像时需要记录每个点的颜色,即逐点记录每个像素的颜色。因此,图形和图像具有不同的存储结构。一般来说,图像的存储空间较大,图形的存储空间较小;图像放大时容易失真,而图形放大时不会失真。

对于图像来说,一个重要的参数是分辨率,即图像分辨率。分辨率有关的概念还有图像打印分辨率、打印机分辨率和屏幕分辨率。

- 图像分辨率指的是图像在宽度和高度方向上的像素总量,例如 640×480 的图像分辨率表示图像在宽度和高度方向上分别有 640 和 480 个像素。
- 图像打印分辨率指的是图像打印在纸张上每英寸上的像素数目,其单位为:像素/英寸(px/in)(1in=2.54cm),例如,144 像素英寸的图像打印分辨率表示每英寸的纸张上打印 144 个像素。
- 打印机分辨率指的是打印机每英寸纸张上可以产生的油墨点数,其单位为点/英寸(pt/in),例如,450 点/英寸的打印机分辨率表示该打印机每英寸纸张上可以产生 450 个点。
- 屏幕分辨率指的是显示器能够显示图像的最大区域,例如,1024×768 的屏幕分辨率表示该屏幕在宽度和高度方向上分别最多能显示 1024 和768 个像素。

图像的另一个重要参数是像素深度。像素深度指的是表示图像中像素颜色的二进制位数。通常所说的真彩色图像,使用 24 位二进制来表示颜色,每 8 位表示颜色的一个红色、绿色或蓝色分量。因此,真彩色图像的像素深度为 24 位,大约可以表示 1600 万种颜色。

4. 声音

声音指的是频率范围在 20Hz~20kHz 之间的连续变化的声波。一般的音乐和人们生活中的语音都是声音,其波形可以理解为不同频率波形的叠加,有的频率的声音强度大,有的频率的声音强度小,相互配合构成一个复合声音。声音的示例,如图 1-4 所示。图 1-4(a)是由声音处理软件 Sound Forge 绘制的声音波形图;图 1-4(b)是由声音处理软件 Adobe Audition 绘制的声音波形图。

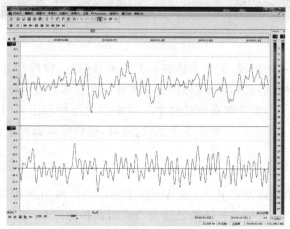

(a) Sound Forge软件中的声音波形

图 1-4　声音处理软件中的声音波形

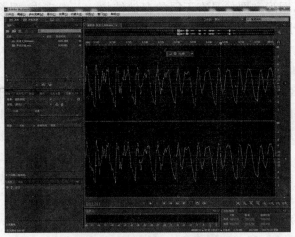

(b) Adobe Audition软件中的声音波形

图 1-4 （续）

5. 视频

视频指的是一系列静态图像在时间维度上的展示过程。简单来说，视频就是动态的图像。日常观看的电影就是一种视频。视频的示例，如图 1-5 所示。

图 1-5　视频示例

当然，作为电影视频来说，还必须具有相关的声音信息，视频具有集成性。而如何在时间上协调电影中视频信息和声音信息，是多媒体同步技术研究的一项重要内容。

对于视频来说，一个重要的参数是帧率。帧率指的是每秒播放的静态图片数量。视频的帧率一般在 20～30 之间。帧率少于 20 的视频，播放时画面可能出现不连续的感觉。

6. 动画

动画指的是采用动画制作软件（如 Adobe Flash CS3 和 3DS Max 等）生成的一系列可供实际播放的连续动态画面。动画已经成功应用到各种行业，如娱乐行业的动漫游戏、建筑行业的建筑结构展示、军事行业的飞行模拟训练和机械行业的加工过程模拟等。动画的示例，如图 1-6 所示。

图 1-6(a)是一个二维动画，该动画展示的是炼钢厂连铸机设备的生产过程，即将液态

　多媒体技术基础及应用

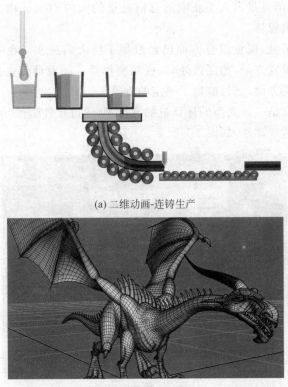

(a) 二维动画-连铸生产

(b) 三维动画-恐龙造型

图 1-6　动画示例

钢水通过冷却变为一块一块固态钢板的过程;图 1-6(b)是一个三维动画,该动画展示的是恐龙造型。

1.1.2　媒体的分类

以上介绍的数值、文本、图形、图像、声音和视频等各种媒体,实际是一种感觉媒体。计算机行业中,媒体具有更多的含义。根据媒体信息的表现形式,可以将媒体分为以下5类。

1. 感觉媒体

感觉媒体(Perception Media,PM)指的是能够直接作用于人的感觉器官并使人能够直接产生感觉的一类媒体。人的感觉包括视觉、听觉、触觉和味觉等。通过听觉器官(耳朵)可以感知声音信息,通过视觉器官(眼睛)可以感知数值、文本、图形和图像信息,通过嗅觉器官(鼻子)可以感知气味信息,通过触觉器官(神经末梢)可以感知温度信息。有时,需要调用多种感觉器官综合感知某种信息,如通过听觉器官和视觉器官的共同作用可以欣赏视频和动画。人的感觉器官虽然有多种,但大部分信息都是依靠视觉获取的。据估计,依靠视觉获取的信息量占人类获取的总信息量的大约 60%。由此可见,视觉信息是一种最为重要的感觉媒体。

计算机在处理听觉、视觉信息方面已经取得了巨大的进步。在听觉方面,如语音识别、语音输入等;在视觉方面,如图像处理、视频制作等。随着计算机技术的发展,计算机在处理触觉甚至味觉方面,已经取得了一定的成果。

力反馈数据手套是一种典型的计算机触觉技术,通过软件编程,可进行虚拟场景中物体的抓取、移动、旋转等动作,如图 1-7 所示。

图 1-7　力反馈数据手套

在计算机味觉研究方面,法国阿尔法-莫斯公司在多年技术积累的基础上,以多种敏感材料构建电极组成传感器阵列,推出第一家商品化的人工智能味觉系统,即电子舌系统,如图 1-8 所示。该电子舌已经能够比较准确地识别出酸、甜、苦、辣、咸等各种味道,并给出其定量的浓度,可用于分析果汁原料的成分,也可以分析污水成分以及工业废料排放是否超标等。

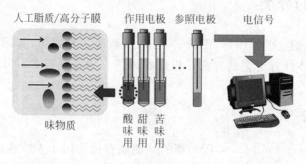

图 1-8　电子舌系统

2. 表示媒体

表示媒体(Representation Media)指的是根据感觉媒体构造出来的一类媒体,其目的是为了计算机方便而有效地加工、处理和传输感觉媒体。表示媒体通常表现为对各种感觉媒体的编码。例如，整数的补码表示形式，实数的定点表示形式和浮点表示形式，英文字符的 ASCII 码表示形式，汉字的标准信息交换码和机内码表示形式，语音的脉冲编码调制 PCM（Pulse Code Modulation）形式，图像的 JPEG（Joint Photographic Experts Group）编码和视频的 MPEG（Moving Pictures Experts Group）编码。计算机的编码和解码过程，如图 1-9 所示。

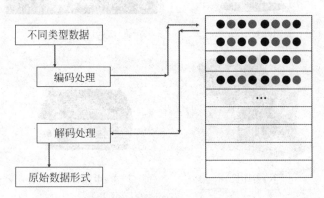

图 1-9　计算机编码和解码

3．显示媒体

显示媒体（Presentation Media）指的是完成感觉媒体和计算机中电信号相互转换的一类媒体，包括输入显示媒体和输出显示媒体。其中，输入显示媒体的功能是将感觉媒体转换为计算机中的电信号，包括键盘、摄像机、扫描仪、话筒、鼠标和手写笔等，如图 1-10 所示。

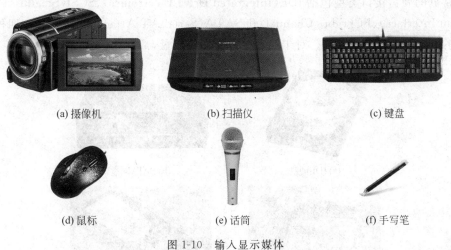

(a) 摄像机　　　　　　　(b) 扫描仪　　　　　　　(c) 键盘

(d) 鼠标　　　　　　　(e) 话筒　　　　　　　(f) 手写笔

图 1-10　输入显示媒体

输出显示媒体的功能是将计算机中的电信号转换为感觉媒体，包括显示器、打印机、绘图仪和投影仪等，如图 1-11 所示。

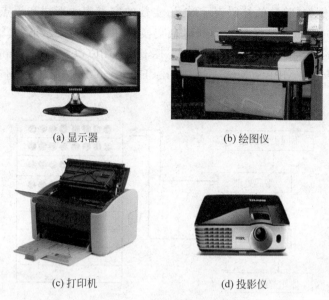

(a) 显示器　　　　　　　　　(b) 绘图仪

(c) 打印机　　　　　　　　　(d) 投影仪

图 1-11　输出显示媒体

4. 存储媒体

存储媒体(Storage Media,SM)指的是将感觉媒体转换为表示媒体后变为数字化的信息并进行存储的介质。常见的存储媒体包括磁盘、光盘、U盘和磁带等。其中,磁盘又分为软盘和硬盘。软盘现在已经很少使用。硬盘技术正越来越成熟,成为主要的存储媒体。

常见的硬盘接口类型包括 IDE(Integrated Drive Electronics)、SCSI(Small Computer System Interface)、FC(Fibre Channel)和 SATA(Serial AT Attachment)四种。四种接口类型的硬盘,如图 1-12 所示。对于四种接口类型的硬盘,都有其各自的应用场合。其中,

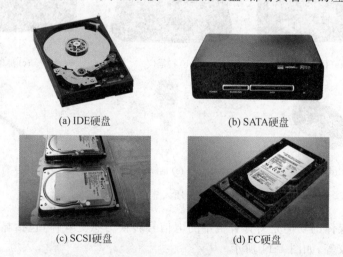

(a) IDE硬盘　　　　　　　　(b) SATA硬盘

(c) SCSI硬盘　　　　　　　　(d) FC硬盘

图 1-12　硬盘存储媒体

IDE 接口的硬盘曾经是使用最为广泛的硬盘,所有操作系统都支持;SCSI 接口的硬盘多用于服务器和专业工作站;FC 接口的硬盘是满足高端服务器和海量存储系统而设计的;SATA 接口的硬盘采用串行传输技术和嵌入式时钟信号来保证数据传输的可靠性,是目前普通 PC 硬盘的主流。

近年来,U 盘的出现是移动存储技术领域的一大突破。U 盘是"USB 闪存盘"的简称,它基于 USB(Universal Serial Bus)接口,以闪存芯片为存储介质并且无需驱动器的新一代存储设备。U 盘体积小,适合随身携带,可以随时随地进行数据的交换,是非常理想的数据存储媒体。

5. 传输媒体

传输媒体(Transmission Media)是通信网络中发送方和接收方之间的物理通路。计算机网络中采用的传输媒体可分为有线和无线传输媒体两大类。常见的有线传输媒体包括双绞线、同轴电缆和光纤,如图 1-13 所示。

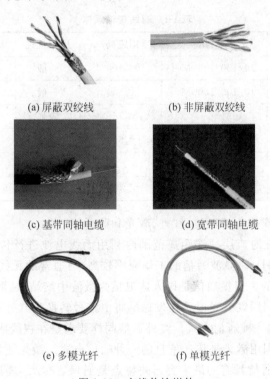

(a) 屏蔽双绞线   (b) 非屏蔽双绞线

(c) 基带同轴电缆   (d) 宽带同轴电缆

(e) 多模光纤   (f) 单模光纤

图 1-13　有线传输媒体

(1) 双绞线。双绞线是将两根绝缘导线螺旋对扭在一起形成的,这种对扭在一起的形式可以有效地减少两根导线之间的辐射电磁干扰。双绞线可分为屏蔽双绞线与非屏蔽双绞线。屏蔽双绞线在双绞线与外层绝缘封套之间有一个金属屏蔽层。屏蔽层可减少辐射,防止信息被窃听,也可阻止外部电磁干扰。双绞线很早就使用于电话通信中模拟信号的传输,也可用于数据信号的传输,是最为常用的传输媒体。

(2) 同轴电缆。同轴电缆也是由一对导体组成,但按"同轴"形式构成线对,最里层是内芯,外包一层绝缘材料,外面再包一层屏蔽层,最外面则是起保护作用的塑料外套。内芯和屏蔽层构成一对导体。同轴电缆分为阻抗 50Ω 的基带同轴电缆和阻抗 75Ω 的宽带同轴电缆。闭路电视所使用的有线电视(CAble TeleVision,CATV)电缆就是宽带同轴电缆。

(3) 光纤是由能传导光波的石英纤维,外加保护层构成。使用光纤传输电信号时,在发送端先要将其转换成光信号,而在接收端又要由光检波器还原成电信号。光源可以采用两种不同类型的发光管:发光二极管和注入型激光二极管。发光二极管是一种固态器件,电流通过时就发光,价格较便宜,它产生的是可见光,定向性较差,通过在光纤石英玻璃媒体内不断反射向前传播,这种光纤称为多模光纤。注入型激光二极管也是一种固态器件,它根据激光器原理进行工作,即激励量子电子束来产生一个窄带的超辐射光束,产生的是激光,由于激光的定向性好,可沿着光导纤维传播,减少了折射也减少了损耗,效率更高,也能传播更长的距离,可以保持很高的数据传输率,这种光纤称为单模光纤。

对于各种有线传输媒体,各媒体在传输特性、物理特性、应用场合和价格方面等均有不同,如表 1-1 所示。

表 1-1　有线传输媒体

名　　称	类　　型	带宽/bps	适用距离/m	抗干扰性	可靠性	价　　格
双绞线	屏蔽	10/100/1000M	≤100	一般	较高	低
	非屏蔽	10/100/1000M	≤100	一般	较高	最低
同轴电缆	基带	≤10M	≤185	较强	高	较高
	宽带	≤100M	≤500	较强	高	较高
光纤	单模	≤10G	≤100k	强	高	高
	多模	≤2.5G	≤10k	强	高	高

常见的无线传输媒体包括微波、红外、激光和蓝牙等。

(1) 微波通信是在对流层视线距离范围内利用无线电波进行传输的一种通信方式,其频率范围在 2～40GHz。微波通信的工作频率较高,与通常的无线电波不同的是,微波是沿着直线进行传播的。卫星通信是以人造卫星为微波中继站,是微波通信的特殊形式。

(2) 红外通信是利用红外发射管在发送端将电信号转换为红外信号并在接收端进行接收、放大和解调等的一种通信方式。红外通信同样要求是在视线距离范围内。

(3) 激光通信是利用激光来传送信息的一种通信方式。激光通信同样也要求是在视线距离范围内。激光通信具有的最为突出的特点是通信容量大,理论上的激光通信可同时传送 1000 万路电视节目和 100 亿路电话;保密性强,激光不仅方向性特别强,且可采用不可见光,不易被敌方所截获;结构轻便,设备经济,由于激光束发散角小,方向性好,激光通信所需的发射天线和接收天线都可做的很小。

(4) 蓝牙通信是一种低功率短距离的无线通信技术。蓝牙通信主要应用在掌上电脑、笔记本电脑和手机等移动通信终端设备之间。与前面三种通信方式相比,蓝牙通信可越过障碍物进行连接,没有特别的通信视角和方向要求。

最后,给媒体下一个完整的定义。媒体是信息在从人的感觉到计算机上的表示、显示、存储和传输过程中的不同表现形式。

1.1.3　多媒体及其特点

多媒体是各种媒体的综合。这种综合绝不是简单的综合，它可以发生在各个层面。例如，人类同时使用听觉器官和视觉器官分别感受视频中的声音和图像，这是一种感觉媒体层面的综合；计算机可以同时处理使用 ASCII 码表示的英文字符和使用标准信息交换码表示的中文字符，这是一种表示媒体的综合；一幅图像，需要经过输入编码、存储、传输和输出显示等各个过程，这是一种在表示媒体、显示媒体、存储媒体和传输媒体等各个层面的综合。

既然多媒体是各种媒体的综合，那么一个完整的多媒体信息就是多种媒体信息的综合。多媒体信息不同于传统的数值信息和字符信息，其类型多样，编码的过程较为复杂。概括来说，具有以下特点。

1.　集成性

多媒体的集成性可以理解为两种情况，一种是多媒体信息的集成，另一种是多媒体处理设备的集成。多媒体信息的集成反映在多媒体系统总是同时处理多种媒体信息，如视频处理系统需要同时处理声音和图像媒体信息，一般编辑系统需要同时处理文字和图像媒体信息；多媒体处理设备的集成反映在多媒体系统总是包含输入、输出、处理、传输和存储等多种设备，涉及各种形式的媒体。

2.　大数据量

多媒体信息包含数值、文本、图形、图像、声音、视频和动画等。其中，图形、图像、声音、视频和动画等媒体需要很大的存储空间。例如，一个播放时间为 1min，采样频率为 44.1kHz，量化位数为 16bit 的立体声声音，大约需占用 10.09MB 的存储空间；一幅分辨率为 1024×768 的真彩色图像，大约占用 2.25MB 的存储空间；一个 5min 标准质量的 PAL(Phase Alternation Line，一种电视视频信号标准)视频信息需要大约 6.6GB 的存储空间。面对如此巨大的存储要求，必须对多媒体信息进行压缩。

3.　交互性

交互性指的是操作者使用键盘、鼠标或语音等各种交互手段与多媒体系统进行信息传递。例如，对于动画游戏，当单击键盘或鼠标可能产生相应的响应就是一种典型交互。近年来，各种多媒体开发软件和制作软件，尤其是动画制作软件在交互接口开发方面提供了越来越多的交互功能。例如，Flash CS 软件提供的动作脚本 ActionScript、虚拟现实建模语言 VRML 提供的交互检测器等。

4.　动态性

动态性也可以理解为连续性。动态性指的是多媒体信息中的声音和视频通常是随着时间的变化而变化,在一个动态的过程中表示和反映事物的特点,如一段影片或一段电视节目。动态性正是多媒体具有的最大吸引力的方面,如果没有了动态性,恐怕也不会有多媒体系统如此广泛的应用。

5. 编码方式多样

多媒体信息由于处理的信息类型多样,编码方式也多样。例如,文本中的英文字符使用 ASCII 编码,中文字符使用汉字信息交换码,语音使用脉冲编码调制 PCM 形式,图像使用 JPEG 编码,视频使用 MPEG 编码。

1.2 多媒体技术的研究内容

多媒体技术指的是将数值、文本、图形、图像、声音、视频和动画等多种媒体信息通过计算机进行采集、处理、存储和传输的各种技术的统称。多媒体技术的主要研究内容,如图 1-14 所示。首先,多媒体信息需要经过采集过程,完成对多媒体信息的数值编码,因为计算机中只能存储二进制信息,需要将自然界存储的各种媒体编码成计算机能够处理的二进制形式;然后,在计算机上完成多媒体信息的各种处理,如图像平移、旋转、镜像、转置和增强以及声音的淡入淡出特效等,这些处理都是基于计算机中存储的多媒体的二进制信息,都是数值处理;当需要保存处理后的多媒体信息时,涉及多媒体的存储;最后,将处理后的多媒体信息从一台计算机传输到另一台计算机时,这涉及多媒体的网络通信。

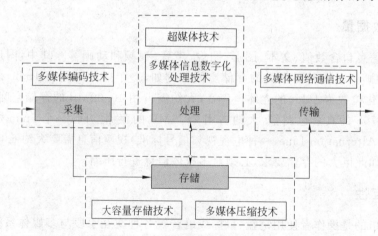

图 1-14 多媒体技术主要研究内容

由于多媒体信息的集成性、大数据量、交互性、动态性和编码方式多样的特点,使得涉及多媒体信息的采集、处理、传输和存储四个方面的技术需要针对这些特点进行特别的考虑,产生了各种多媒体技术。这些技术包括多媒体信息编码技术、多媒体信息数字化处理技术、超媒体技术、大容量存储技术、多媒体信息压缩技术和多媒体网络通信技术等。其中,多媒体编码技术服务于采集过程,多媒体信息数字化处理技术和超媒体技术服务于处理过程,大容量存储技术和多媒体压缩技术服务于存储过程,多媒体网络通信技术服务于传输过程。

各种技术相辅相成,共同促进多媒体技术的发展。例如,多媒体信息压缩技术的发展会大大促进多媒体网络通信技术的发展,而多媒体信息编码技术在一定程度上又制约着多媒体信息压缩技术的发展。总之,多媒体的各项技术都是为了使得多媒体信息能够更快、更好、更有效地进行处理。

1.3 多媒体技术的发展演变

以下将列举多媒体技术发展的一些重要事件,期望对多媒体技术的发展脉络有一个概括的认识。

1945 年,Vannevar Bush 描述了一个名为"记忆的延伸"的 Memex(Memory Extended)机器系统。这种系统可以与图书馆联网,通过某种机制,将图书馆收藏的胶卷自动装载到本地机器。因此,只通过一个机器,就可以实现海量的信息检索。Memex 是一个具有普遍意义的存储设备,已经包含了初步的"链接"概念。

1960 年,Ted Nelson 创造 Xanadu 项目,并在 1963 年给出了"超文本"的概念。Xanadu 项目的目标是建造一个具有简单用户界面的计算机网络,用来解决类似归属感的社会问题。

1962 年,Morton Heilig 发明了实感全景仿真机。

1968 年,Douglas Engelbart 展示了一个早期的超文本系统 NLS(oN Line System)。NLS 包含了一系列重要的概念,如超文本链接、多窗口、图文组合文件等。

1969 年,布朗大学的 Nelson 和 van Dam 实现了一个名为 FRESS 的早期超文本编辑器。

1976 年,麻省理工学院的体系结构机器(Architecture Machine)研究组提出了名为"多种媒体"的概念。

1984 年,美国苹果公司在研制 Macintosh 操作系统计算机时,为了增加图形处理功能,改善人机交互界面,创造性地使用了位图(bitmap)、窗口(window)和图标(icon)等概念,如图 1-15 所示。这一系列改进所带来的图形用户接口(Graph User Interface,GUI)深受广大用户的欢迎。而且,由于引入鼠标作为输入设备,配合图形用户界面使用,大大方便了用户的操作。

1985 年,美国微软公司推出了 Windows 图形化操作系统,如图 1-16 所示。该系统是一个多用户的图形操作系统。Windows 使用鼠标驱动的图形菜单,从 Windows 1.x、Windows 3.x、Windows NT、Windows 9x、Windows 2000 和 Windows XP 以及 Windows 7 等,是一个具有多媒体功能且用户界面友好的窗口操作系统。

1985 年,美国 Commodore 公司推出世界上第一台多媒体计算机 Amiga。Amiga 系统采用 Motorola M68000 微处理器作为中央处理器(Central Processing Unit,CPU),并配置 Commodore 公司研制的图形处理芯片 Agnus 8370、声音处理芯片 Pzula 8364 和视

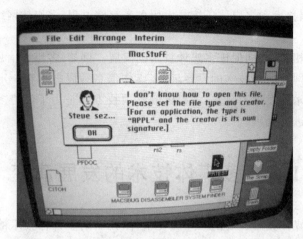

图 1-15　早期的 Macintosh

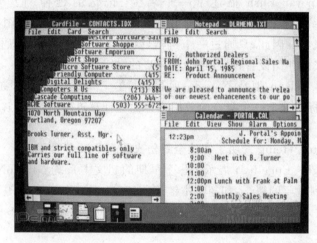

图 1-16　Windows 1.0

频处理芯片 Denise 8362 三个专用芯片。Amiga 系统具有自己专用的操作系统,能够处理多任务,并具有下拉菜单、多窗口和图标显示等功能。

1985 年,Negroponte 和 Wiesner 共同创建了麻省理工学院的媒体实验室,该实验室已经成为多媒体领域研究的领导性机构。

1986 年,荷兰飞利浦公司和日本索尼公司共同制定了 CD-I(Compact Disk-Interactive)交互式激光光盘标准。CD-I 标准确定在一张 5in 的激光光盘上存储 650MB 的信息。

1987 年,美国无线电公司(Radio Coopration of America,RCA)公司制定了 DVI(Digital Video Interactive)交互式数字视频技术标准,该标准对交互式视频技术进行了规范化和标准化,使得能够在激光光盘上存储标准静止图像、活动视频和声音信息。

1987 年,美国苹果公司又引入"超级卡"(Hypercard),使 Macintosh 操作系统的计算机成为易使用、易学习且能处理多媒体信息的机器,受到计算机用户的一致赞誉。

　　　　多媒体技术基础及应用

1989 年，Tim Berners-Lee 向欧洲核技术研究理事会提出了 WWW（World Wide Web）的概念。WWW 能够处理文字、图像、声音和视频等多媒体信息，是一个多媒体信息系统。该系统提供了内容丰富的信息资源，这些信息分门别类一页一页地存放在服务器上，阅读者可以根据其兴趣选择阅读内容。而且在阅读过程中，如同读书一样，可以向前翻，也可以向后翻。这实际是一种早期的超文本系统。

1990 年，美国的微软和荷兰的飞利浦等世界知名公司成立了多媒体个人计算机市场协会（Multi-media PC Marketing Council，MPC）。该协会的主要目的是制定多媒体计算机的标准。

1991 年，MPC 提出了 MPC1 标准。

1992 年，JPEG 成为数字图像压缩的国际标准，其进一步发展导致了 JPEG 2000 标准的诞生。

1993 年，MPC 提出了 MPC2 标准。

1993 年，国际标准化组织/国际电子学委员会（International Standard Organization/International Electronical Commission，ISO/IEC）正式采纳 MPEG-1 标准，用于运动图像和伴音进行编码。

1993 年，美国伊利诺斯大学的 Supercomputing Applications 国家中心开发了 NCSA Mosaic，这是第一个比较成熟的浏览器，从而开创了 Internet 信息访问的新时代。

1994 年，为了设计高级工业标准的图像质量和更高的数据传输率，制定了 MPEG-2 标准。MPEG-2 所能提供的数据传输率在 3～10Mbps 之间，可支持广播级的图像和 CD 级的音质。由于 MPEG-2 的出色性能，已经适用于 HDTV（High Definition TV）高清晰度电视，使得原来打算为 HDTV 设计的 MPEG-3 还没诞生就被放弃。

1994 年，Jim Clark 和 Marc Andreessen 开发了 Netscape 浏览器。

1994 年，第 1 届 WWW 大会首次提出虚拟现实建模语言 VRML（Virtual Reality Modeling Language）标准。

1995 年，MPC 提出了 MPC3 标准。

1995 年，Java 语言诞生，Java 语言可以用来开发与平台无关的网络应用程序。

1995 年，美国 Progressive Networks 公司推出了声音播放软件 Real Audio，标志着流媒体技术的诞生。

1995 年，DVB（Digital Video Broadcast）公布了 DVB 的数字电视标准。

1995 年，美国公布了 ATSC（Advanced Television Systems Committee）数字电视标准。

1996 年，DVD（Digital Veratile Disk）技术的产生使得一整部高清晰度的电影可以存储在一张磁盘上。

1996 年，Intel 公司年发布了 AC97 标准，去除了声卡中成本最高的 DSP（数字信号处理器）部分，通过编写驱动程序让中央处理器 CPU 来负责信号处理，其工作时需要占用一部分 CPU 资源。

1996 年，国际电信联盟（International Telecommunication Union，ITU）提出了基于 IP 网络的多媒体通信标准。

1997 年，Intel 公司推出了具有 MMX（Multi Media eXtension）技术的奔腾处理器，成为多媒体计算机的一个标准。MMX 处理器在体系结构上具有三个鲜明的特点：增加了新的 57 个多媒体指令，使计算机硬件本身就具有多媒体的处理功能，能更加有效地处理视频、声音和图形数据；单条指令多数据处理，减少了视频、声音、图形和动画处理中常有的耗时的多循环；更大的片内高速缓存，减少了处理器不得不访问片外低速存储器的次数。奔腾处理器使多媒体的运行速度成倍增加，并已开始取代一些普通的功能板卡。

1998 年，为解决多媒体系统之间的交互性，制定了 MPEG-4 标准。MPEG-4 主要应用于可视电话和可视电子邮件等，其传输速率要求较低，大约在 4800～64000bps 之间。MPEG-4 可以利用很窄的带宽，通过帧重建技术压缩和传输数据，期望传输最少的数据而获得最佳的图像质量。

1998 年，万维网联盟 W3C（World Wide Web Consortium）发布了扩展标记语言 XML 1.0（eXtensible Markup Language），用来标识数据和定义数据类型。XML 是一种允许用户对自己的标记语言进行定义的源语言，提供统一的方法来描述和交换独立于应用程序或供应商的结构化数据。

1998 年，具有 32MB 内存的手持 MP3 设备成为市场上深受消费者青睐的产品。

1999 年，日本的数字广播专家组（DIgital Broadcasting Experts Group，DIBEG）公布了集成服务数字广播（Integrated Services Digital Broadcasting，ISDB）电视标准。

1999 年，IETF（Internet Engineering Task Force）组织提出了多媒体通信框架的应用层协议：会话启动协议（Session Initiation Protocol，SIP），用于创建、修改和终结一个或多个参与者参加的多媒体会话。该协议基于简单邮件传输协议（Simple Mail Transfer Protocol，SMTP）和超文本传输协议（Hyper Text Transfer Protocol，HTTP）。

2000 年，World Wide Web 预计已有 10 亿个网页的规模。

2001 年，为了对各类多媒体信息提供一种标准化的描述，这种描述将与内容本身有关，允许快速和有效的查找用户感兴趣的内容，制定了 MPEG-7 标准。

2006 年，中国国家广电总局正式公布了中国移动多媒体广播行业（China Mobile Multimedia Boardcasting，CMMB）标准，是国内自主研发的第一套面向手机和笔记本电脑等多种终端的移动多媒体标准，标志着多媒体与移动终端结合的移动多媒体技术的成熟应用。

2007 年，中国公布了自己的数字电视（Digital Television Terrestrial Multimedia Broadcasting，DTMB）标准。

当前，多媒体技术正沿着网络化和终端化的方向发展。多媒体技术与宽带网络通信等技术相互结合，使多媒体技术进入科研设计、企业管理、办公自动化、远程教育、远程医疗、检索咨询、文化娱乐和自动测控等领域。多媒体终端的部件化、智能化和嵌入化，提高了计算机系统本身的多媒体性能，有利于开发更多的多媒体终端应用，如手机游戏、手机定位和远程签名等。

1.4 多媒体技术的典型应用

多媒体技术的发展大大促进了计算机的应用,极大改善了人和计算机之间的用户接口,进一步提高了计算机的易用性和可用性。多媒体技术已经深入到人们生活的方方面面。

1.4.1 基于内容或语义的检索

随着多媒体技术迅速而广泛的应用,计算机网络上出现了大量的多媒体信息。其中,图像信息占有最大的比例。建筑、遥感、医疗、安全和工业生产等部门每天都产生大量的图像,这些图像信息的有效组织和管理都依赖基于内容的图像检索。传统的图像检索都是基于关键词的文本检索,实际检索的对象还是文本,不能有效充分地利用图像本身的特征信息。

基于内容的图像检索根据其可视特征,包括颜色、纹理、形状、位置、运动和大小等,从图像库中检索与查询描述的图像内容相似的图像。基于内容的图像检索与传统的基于字符或文字匹配的检索有着显著的区别,支持根据图像特征进行检索,而不是简单的根据主题词进行检索。

网络上传统的搜索引擎公司,例如 Google 和 Baidu,都已推出相应的基于内容的图片检索,如图 1-17 所示。其中,图 1-17(a)是输入的图片,图 1-17(b)是根据输入图片内容进行检索的结果。

此外,为了更方便地进行交互。很多搜索引擎公司相继推出了更为复杂的基于语义的检索。例如,当在 Baidu 搜索中输入"黑洞"时,浏览器中会运行黑洞的动画,如图 1-18 所示;当在 Baidu 搜索中输入"一只燕子""两只燕子"和"三只燕子",均能得到正确的结果,如图 1-19 所示。

1.4.2 人脸识别

人脸识别指的是基于人的脸部特征信息进行身份识别的一种生物识别技术。一般使用摄像头采集含有人脸的图像或视频流,并自动在图像中进行检测和跟踪人脸,如图 1-20 所示。

人脸识别的困难主要是人脸作为生物特征的特点所带来的。不同个体之间的区别不大,所有的人脸的结构都相似,甚至人脸器官的结构外形都很相似。人脸的外形很不稳定,人可以通过脸部的变化产生很多表情,而在不同观察角度,人脸的视觉图像也相差很大。人脸识别还受光照条件(例如白天和夜晚,室内和室外等)、人脸的很多遮盖物(例如口罩、墨镜、头发、胡须等)、年龄等多方面因素的影响。

(a) 输入图片

(b) 基于内容的检索结果

图 1-17　Baidu 中基于内容的图像检索

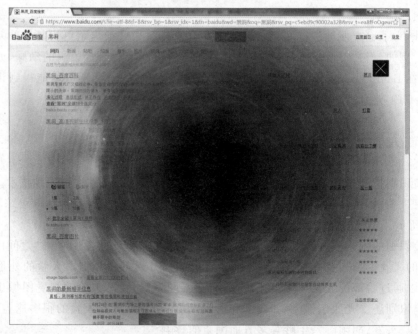

图 1-18　Baidu 中输入"黑洞"的检索结果

　————————　多媒体技术基础及应用

(a)输入"一只燕子"的检索结果

(b)输入"两只燕子"的检索结果

(c)输入"三只燕子"的检索结果

图 1-19　Baidu 中输入具有一定语义文字的检索结果

第 1 章　多媒体技术概述 ———————— 21

图 1-20 人脸识别

1.4.3 语音识别

语音识别指的是通过识别和理解技术将语音信号转变为相应的文本或命令。一般来说,语音识别技术包括特征提取、模式匹配和模型训练三个方面。语音识别有以下几种分类。

(1) 根据对说话人说话方式的要求,可以分为孤立字(词)语音识别系统,连接字语音识别系统以及连续语音识别系统;

(2) 根据对说话人的依赖程度,可以分为特定人和非特定人语音识别系统;

(3) 根据词汇量大小,可以分为小词汇量、中词汇量、大词汇量和无限词汇量的语音识别系统。

语音识别技术自产生之日起,已经有了大量的应用。

微软公司在 Windows 操作系统中都应用了自己开发的语音识别引擎,微软语音识别引擎的使用是完全免费的,产生了许多基于微软语音识别引擎开发的语音识别应用软件,包括《语音游戏大师》《语音控制专家》《芝麻开门》和《警卫语音识别系统》等。

Siri 是苹果公司在其产品 iPhone4S、iPad 3 及以上版本手机上应用的一项智能语音控制功能。Siri 可以支持自然语言输入,并且可以调用系统自带的天气预报、日程安排、搜索资料等应用,还能够不断学习新的声音和语调,提供对话式的应答,如图 1-21 所示。

目前,Siri 已经具备了一定的人工智能,如图 1-22 和图 1-23 所示的交互式应答。中文意思如下:

问:"Siri,给我做个三明治吧";

答:"做不了。没调料啊"。

问:"给我讲一个故事吧";

答:"那是一个月黑风高的夜晚。哎,算了"。

语音识别的应用领域非常广泛,一个常见的应用是语音输入系统。相对于键盘输入方法,语音输入系统更符合人们的日常习惯,也更自然和高效;其次是语音控制系统,使用

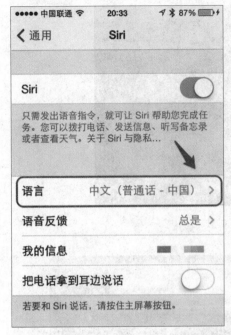

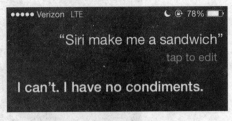

图 1-22　Siri 对话式应答 1

图 1-21　iPhone 手机中的 Siri 语音引擎

图 1-23　Siri 对话式应答 2

语音来控制设备的运行,相对于手动控制来说更加快捷和方便,可以应用在诸如工业控制、语音拨号系统、智能家电和声控智能玩具等许多领域;最后是智能对话查询系统,根据客户的语音进行操作,为用户提供自然且友好的数据库检索服务,包括家庭服务、宾馆服务、旅行社服务系统、订票系统、医疗服务、银行服务和股票查询服务等。

1.4.4　虚拟现实

虚拟现实(Virtual Reality,VR)技术指的是通过计算机生成逼真的三维视觉、听觉和触觉等感觉,使人作为参与者通过适当装置,自然地对虚拟世界进行体验和交互。使用者进行位置移动时,计算机可以立即进行复杂的运算,将精确的三维世界影像进行回传从而产生临场感。因此,虚拟现实实际是使用计算机生成的一种特殊环境,人可以通过使用各种特殊装置将自己"投射"到该环境中,并操作和控制环境,实现一定的目的,如用户体验、游戏和训练等。一个典型的虚拟矿井可以展示采矿生产过程,如图 1-24 所示;一个典型的虚拟校园可以展示学校的布局,如图 1-25 所示。

1.4.5　多媒体会议系统

多媒体会议系统是一种实时的分布式多媒体应用,可以单点对单点通信,也可以多点对多点通信,还可利用其他媒体信息,如图形标注、静态图像、文本等媒体进行交流,利用计算机系统提供的良好的交互功能和管理功能,实现人与人之间的面对面的虚拟会议环

图 1-24　虚拟矿井

图 1-25　虚拟校园

境,它集计算机交互性、通信的分布性以及电视的真实性为一体,是一种快速高效且广泛使用的新的通信模式。如图 1-26 所示,是一个典型的多媒体会议系统。

1.4.6　视频点播系统

视频点播系统(Video On-Demand,VOD)可以根据用户要求播放节目,可以提供给单个用户对大范围的影片、视频节目、游戏和信息等进行几乎同时访问的能力。一个实际的视频点播系统如图 1-27 所示。

图 1-26　多媒体会议系统

图 1-27　视频点播系统

　　用户和被访问的资料之间高度的交互性使它区别于传统视频节目的接收方式。视频点播系统综合了多媒体数据压缩和解压缩技术、计算机通信技术和电视技术等。在 VOD应用技术的支持和推动下,以网络在线视频、在线音乐、网上直播为主要内容的网上休闲娱乐、新闻传播等服务得到了迅猛发展,各大电视台、广播媒体和娱乐业公司纷纷推出其网上节目,受到了越来越多的用户的青睐。

1.5　多媒体硬件系统和多媒体软件系统

　　多媒体系统是指能够对数值、文本、图形、图像、动画、声音和视频等多种媒体信息进行采集、编辑、存储、播放、同步和变换等处理的计算机系统。一个完整的多媒体系统包括多媒体硬件系统和多媒体软件系统,如图 1-28 所示。

　　多媒体硬件系统指的是具有多媒体处理能力的各种硬件,包括支持多媒体处理的中央处理器(Central Processing Unit,CPU)、支持声音处理的声音接口、支持视频处理的视频接口、支持多媒体存储的存储器和各种总线接口等。所有这些多媒体硬件组合在一

图 1-28　多媒体系统

起,构成多媒体个人计算机(Multi-media Personal Computer,MPC)。

多媒体软件系统指的是基于多媒体硬件系统工作的软件,包括各种多媒体驱动软件、多媒体操作系统、多媒体开发工具和多媒体应用软件。

多媒体驱动软件可以直接控制和管理多媒体硬件,并完成设备的初始化、启动和停止等各种操作,这是多媒体驱动软件的常见功能。驱动软件指的是添加到操作系统中的一小段代码,其中包含有关硬件设备的信息。计算机可以基于此信息与设备进行通信。多媒体驱动软件还可完成与多媒体相关的特殊功能,如基于硬件的压缩解压缩、图像快速变换和功能调用等。

多媒体操作系统的主要功能包括操作系统的基本功能和多媒体相关的特殊功能。操作系统的基本功能包括处理机管理、内存管理、设备管理和文件管理。多媒体相关的特殊功能指的是操作系统对多媒体信息的特点予以特殊考虑的功能,如保证声音和视频同步的控制技术,多媒体信息的各种基本变换操作,如边缘检测、旋转、放大和缩小等。多媒体操作系统的设计方法有两种:一种是设计专用的多媒体操作系统,如 CD-I 系统的 CD-RTOS 等;另一种是在通用操作系统支撑环境下设计声音、视频子系统或声音视频内核,如 Microsoft 公司的 Windows 等。

多媒体开发工具主要是指用于开发多媒体应用的工具软件,其内容丰富、种类繁多,通常包括多媒体素材制作工具、多媒体创作工具和多媒体编程语言三种。开发人员可以选用适应自己的开发工具,制作出绚丽多彩的多媒体应用软件。

多媒体应用软件指的是含有用户接口,用户只要根据多媒体应用软件所给出的操作命令,通过简单的操作便可使用的多媒体软件。

1.5.1　多媒体硬件系统

1990 年,美国的微软、荷兰的飞利浦等世界知名公司成立了多媒体个人计算机市场协会 MPC(Multi-media PC Marketing Council)。该联盟建立的目的是基于微软公司的 Windows 操作系统和个人计算机,建立计算机硬件系统的最低功能标准。

当前,已经有三个 MPC 的标准,分别是 MPC 1、MPC 2 和 MPC 3。这些 MPC 标准分别规定了多媒体个人计算机的中央处理器、内存储器、硬盘、光盘存储器、声音处理设备、图像处理设备、视频播放功能、输入输出接口和操作系统等,如表 1-2 所示。

表 1-2　MPC 规范:MPC1/MPC2/MPC3

部　　件	MPC1	MPC2	MPC3
中央处理器	16MHz 386SX (推荐 386DX 或 486SX)	25MHz 486SX (推荐 486DX 或 DX2)	75MHz Pentium (推荐 100MHz 以上 Pentium)
内存储器	2MB(推荐 4MB)	4MB(推荐 8MB)	8MB(推荐 16MB)
硬盘	30MB(推荐 80MB)	160 MB(400MB)	540 MB(800 MB)
光盘存储器	150KB/s 最大寻址时间 1s	300KB/s 最大寻址时间 400ms	600KB/s 最大寻址时间 200ms
声音处理设备	8 位数字声音、8 个合成音 MIDI	16 位数字声音、8 个合成音、MIDI	16 位数字声音、Wave Table MIDI
图像处理设备	分辨率:640×480 像素深度:4 位(推荐 8 位)	分辨率:640×480 颜色深度:16 位	分辨率:640×480 颜色深度:16 位(推荐图形加速卡)
视频播放			352×240×30fps 或 352×288×25fps 15 位/像素
输入/输出接口	MIDI I/O,串口、并口	MIDI I/O,串口、并口	MIDI I/O,串口,并口
操作系统	DOS 3.1 及以上	DOS 3.1 及以上	Windows 3.1 及以上

注:386SX 芯片的内部数据总线 32 位,外部数据总线是 16 位,地址总线是 24 位;386DX 芯片的内部数据总线 32 位,外部数据总线也是 32 位,地址总线是 32 位;486SX 与 486DX 的数据总线和地址总线与 386DX 相同,所不同的是芯片集成度更高以及采用精简指令集计算机技术(Reduced Instruction Set Computing, RISC)。此外,486DX 与 486SX 的区别是,486DX 带有数据协处理器,而 486SX 无数据协处理器;Pentium 芯片的内部数据总线为 32 位,外部数据总线为 64 位,地址总线为 32 位。

1.5.2　多媒体软件系统

多媒体软件系统包括各种多媒体驱动软件、多媒体操作系统、多媒体开发工具和多媒体应用软件。这里,主要介绍多媒体开发工具。

多媒体开发工具非常丰富,可以分为文本编辑类工具、声音处理类工具、图形处理类工具、图像处理类工具、视频制作类工具和动画制作类工具。

1. 文本处理类工具

(1) 记事本。记事本是一个用来创建简单文档的文本编辑器。记事本最常用来查看或编辑文本文件(文件扩展名为.txt),有时也可以使用记事本来创建简单的网页。记事本的工作界面,如图 1-29 所示。

(2) Microsoft Word。Microsoft Word 是当前最为常见的文本阅读和编辑工具,而

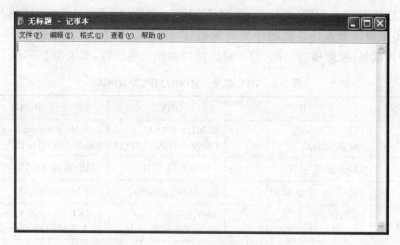

图 1-29　记事本工作界面

且还支持表格制作、图像嵌入、图形绘制和复杂的格式编排等。Microsoft Word 的工作界面，如图 1-30 所示。

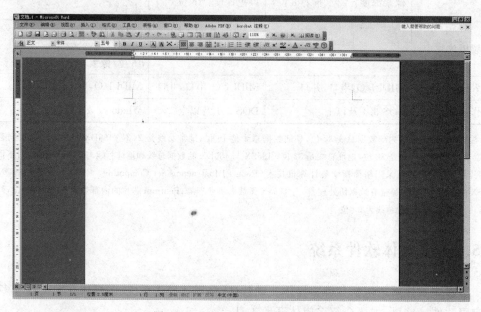

图 1-30　Microsoft Word 工作界面

（3）Acrobat Reader。Acrobat Reader 是当前最为流行的 PDF 文件（文件扩展名为.pdf）的阅读器。Acrobat Reader 工作界面，如图 1-31 所示。

（4）Notepad++ 。Notepad++ 是 Windows 操作系统下免费的文本编辑器，有完整的中文接口，支持多国语言编写。Notepad++ 比 Windows 中的记事本软件功能更加强大，可以用来制作一般的纯文字说明文件，也十分适合编写计算机程序代码。Notepad++ 不仅有语法高亮度显示，也有语法折叠功能。Notepad++ 的工作界面，如图 1-32 所示。

Notepad++ 支持众多计算机程序语言，包括 C、C++ 、Java、Pascal、C♯、XML、SQL、

———————————— 多媒体技术基础及应用

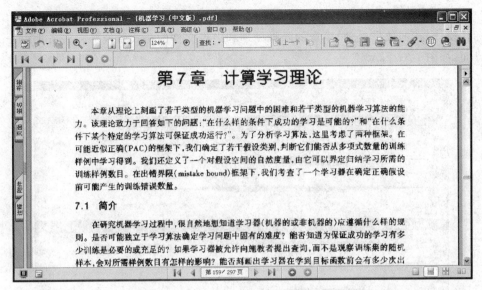

图 1-31　Acrobat Reader 工作界面

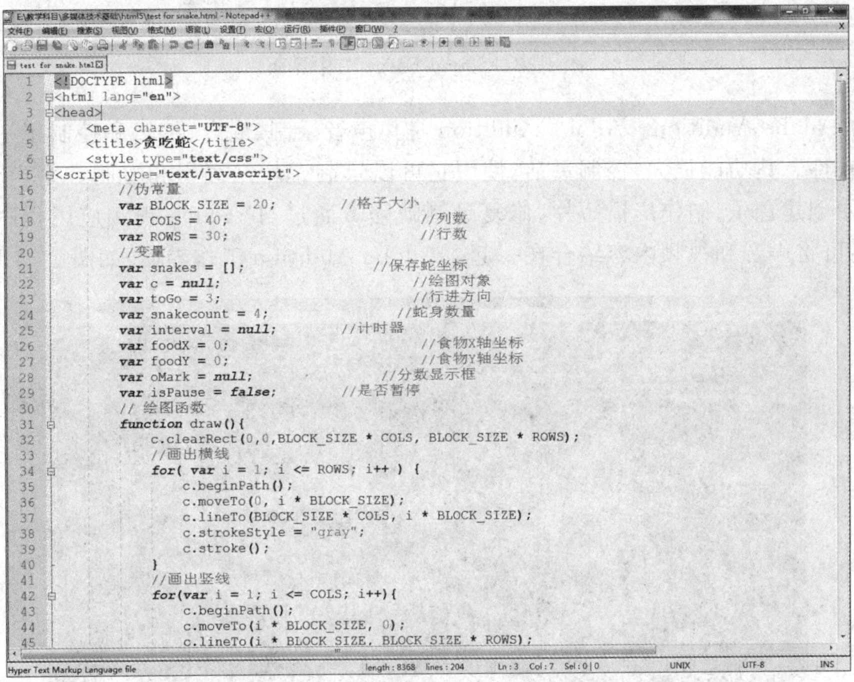

图 1-32　Notepad++ 工作界面

HTML、PHP、ASP、COBOL、ActionScript、Fortran、HTML、Haskell、JSP、LISP、Matlab、Python 和 Javascript 等。

2. 声音处理类工具

(1) Sound Forge。Sound Forge 是 Sonic Foundry 公司开发的数字声音处理软件,能

够非常直观方便地实现对声音文件的处理。其基本功能包括：声音剪辑、声音的数字化指标转换、声音的效果处理、声音的降噪处理和声音文件的格式转换等。Sound Forge 工作界面，如图 1-33 所示。

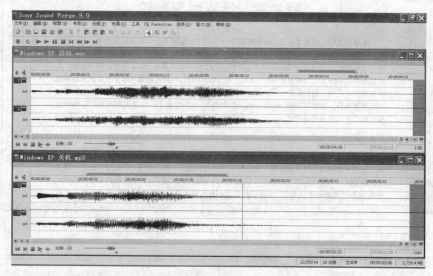

图 1-33　Sound Forge 工作界面

（2）Adobe Audition。Adobe Audition 是集声音录制、混合、编辑和控制于一身的声音处理软件。其功能强大，控制灵活，使用它可以录制、混合、编辑和控制数字声音文件，也可方便创建音乐、制作广播短片、修复录制缺陷。通过与 Adobe 视频应用程序的智能集成，还可将声音和视频内容结合在一起。Adobe Audition 工作界面，如图 1-34 所示。

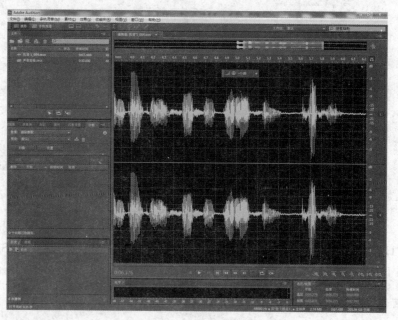

图 1-34　Adobe Audition 工作界面

3. 图形处理类工具

(1) AutoCAD。AutoCAD(Auto Computer Aided Design)是美国 Autodesk 公司开发的主要用于二维绘图的辅助软件。现已经成为国际上广为流行的绘图工具。AutoCAD 具有良好的用户界面,通过交互菜单或命令行方式便可以进行各种操作。它的多文档设计环境,让非计算机专业人员也能很快地学会使用,在不断实践的过程中更好地掌握它的各种应用和开发技巧,从而不断提高工作效率。AutoCAD 工作界面如图 1-35 所示。

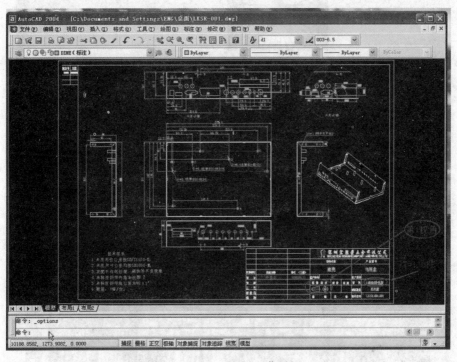

图 1-35　AutoCAD 工作界面

(2) CorelDRAW。CorelDRAW 是一种矢量图形处理工具,提供给设计者一整套的绘图工具包括圆形、矩形、多边形、方格、螺旋线,并配合塑形工具,对各种基本图形作出更多的变化,如圆角矩形,弧、扇形、星形等。同时也提供了特殊笔刷如压力笔、书写笔、喷洒器等,以便充分地利用计算机处理信息量大、随机控制能力高的特点。CorelDraw 工作界面如图 1-36 所示。

(3) Illustrator。Illustrator 是 Adobe 公司开发的一款优秀的矢量图形绘制和排版软件,其主要功能是矢量图绘制、排版、图像合成和高品质图像输出等。一般用于平面广告设计、包装设计、标志设计、名片以及排版等。Illustrator 工作界面如图 1-37 所示。

4. 图像处理类工具

(1) Photoshop。Photoshop 是 Adobe 公司旗下最为出色的图像处理软件之一。Photoshop 不仅提供强大的绘图工具,可以直接绘制艺术图形,还能直接从扫描仪和

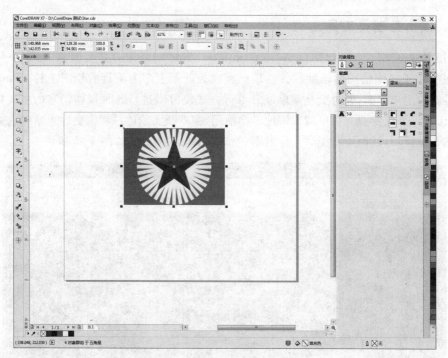

图 1-36　CorelDraw 工作界面

图 1-37　Illustrator 工作界面

数码相机等设备采集图像,并对它们进行修改,调整图像的色彩、亮度和大小等,而且还可以增加特殊效果,使得现实生活中很难遇到的景象可以十分逼真地进行展现。其基本功能包括:图像编辑、图像合成、校色调色和特效制作等。Photoshop 工作界面,如图 1-38 所示。

图 1-38　Photoshop 工作界面

（2）Picasa。Picasa 是 Google 公司推出的免费图像管理软件，最为突出的优点是搜索硬盘中的图片的速度很快。Picasa 还可以通过简单的单次点击式修正来进行高级修改，其目标是只需动动指尖即可获得震撼效果。而且，Picasa 还可迅速实现图片共享-可以通过电子邮件发送图片、在家打印图片和制作礼品 CD 等。Picasa 工作界面如图 1-39 所示。

图 1-39　Picasa 工作界面

（3）ACDSee。ACDSee 是非常流行的看图工具之一，支持丰富的图形格式，能打开包括 ICO、PNG、XBM 在内的 20 余种图像格式，并且能够高品质地快速显示，与其他图像浏览器比较,ACDSee打开图像文件的速度是最快的。此外,ACDSee还具有非常强大的图片编辑功能,可轻松地处理各种数码影像,例如去除红眼、剪切图片、锐化、浮雕特效、曝光调整、旋转和镜像等,能进行批量改名和捕获屏幕等操作。ACDSee工作界面如图1-40所示。

图 1-40　ACDSee 工作界面

5．视频制作类工具

(1) Premiere 是 Adobe 公司推出的数字视频编辑软件,支持使用多轨影像和声音进行合成与编辑从而制作 AVI 和 MOV 等格式的动态视频。一个完整的 Premiere 视频制作过程包含新建项目、导入素材、编辑素材、添加字幕、添加转场、混合声音、测试预览和保存输出八个步骤。Premiere 工作界面如图 1-41 所示。

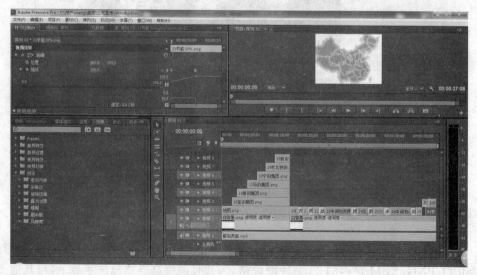

图 1-41　Premiere 工作界面

　多媒体技术基础及应用

（2）After Effect。After Effect 是 Adobe 公司推出的一款视频处理软件，适用于从事设计和视频特效的机构，包括多媒体工作室、电视台、动画制作公司以及个人后期制作工作室等。After Effect 提供合成控制、粒子特效、文字特效和运动控制等。After Effect 工作界面如图 1-42 所示。

图 1-42　After Effect 工作界面

（3）Vegas。Vegas 是 Sony 公司推出的数字视频编辑软件。Vegas 工作界面如图 1-43 所示。

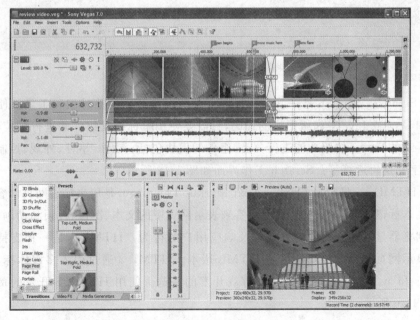

图 1-43　Vegas 工作界面

Vegas 具备强大的后期处理功能,可以对视频素材进行剪辑合成、添加特效、调整颜色、编辑字幕等操作,还包括强大的声音处理工具,可以为视频素材添加音效、录制声音、处理噪声以及生成杜比 5.1 环绕立体声等。

6. 动画制作类工具

(1) Flash CS。Flash CS 与矢量图形处理软件 Illustrator 和位图图像处理软件 Photoshop 完美地结合在一起,三者之间不仅实现了用户界面上地互通,还实现了文件的互相转换。最为重要的是,Flash 支持脚本语言 ActionScript,它包含多个类库,这些类库涵盖了图形、算法、矩阵、XML 和网络传输等诸多范围,为开发者提供了一个丰富的开发环境,用于进行各种类型的动画制作。Flash CS 工作界面如图 1-44 所示。

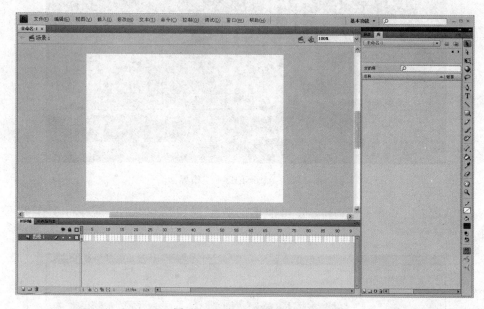

图 1-44　Flash CS 工作界面

(2) Scratch。Scratch 是一款由麻省理工学院设计开发的简易编程工具。使用者无须编写如 C++ 或 Java 等高级语言的代码,只需要使用鼠标拖动组件并进行拼装,即可完成简单游戏的开发。按照功能进行分类,组件的模块包括:动作、事件、外观、控制、声音、侦测、数字和逻辑运算等。Scratch 工作界面如图 1-45 所示。

(3) HTML 5。HTML(Hyper Text Markup Language)是用来描述网页内容组织的一种超文本标记语言。HTML 使用标签来表示网页中的文本、图像、视频和动画等元素,并规定浏览器显示这些元素的方式以及响应用户的行为。HTML 5 是一种支持在移动设备上显示网页和运行游戏的最新 HTML 版本。HTML 5 通过引入多媒体标签,并支持 canvas 和 svg 标签,已经成为移动游戏开发的首选。使用 HTML 5 开发的贪吃蛇游戏,如图 1-46 所示。

(4) 3D MAX。3D MAX 是 Autodesk 公司推出的三维动画渲染和制作软件,集造

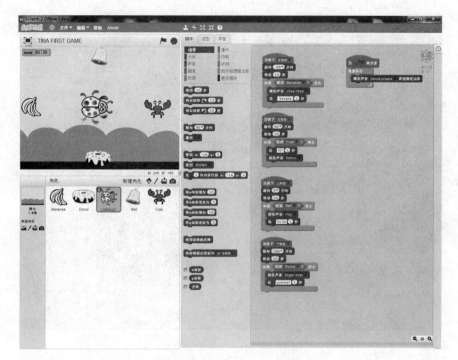

图 1-45　Scratch 工作界面

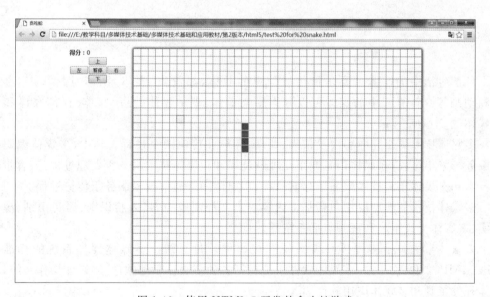

图 1-46　使用 HTML 5 开发的贪吃蛇游戏

型、渲染和制作动画于一体,广泛应用于广告、影视、工业设计、建筑设计、游戏、辅助教学等领域。3D MAX 工作界面,如图 1-47 所示。

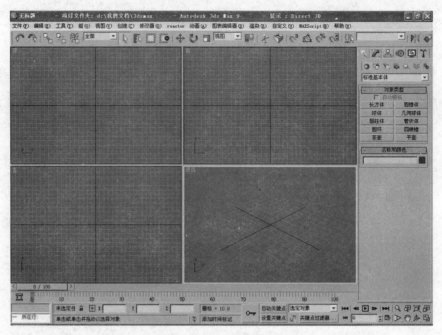

图 1-47　3D MAX 工作界面

本 章 小 结

日常生活中的媒体主要是指传播信息的载体,如数值、文本、图形、图像、声音、视频和动画等。计算机中的媒体可以分为感觉媒体、表示媒体、显示媒体、存储媒体和传输媒体。

多媒体技术的研究内容涉及采集、处理、存储和传输四个过程。其中,多媒体编码技术服务于采集过程,多媒体信息数字化处理技术和超媒体技术服务于处理过程,大容量存储技术和多媒体压缩技术服务于存储过程,多媒体网络通信技术服务于传输过程。

多媒体技术的典型应用包括基于内容或语义的图像检索、人脸识别、语音识别、虚拟现实、多媒体会议系统和视频点播系统等。

多媒体系统包括多媒体硬件系统和多媒体软件系统。多媒体硬件系统的标准是MPC1、MPC2 和 MPC3。多媒体软件系统包括各种多媒体驱动软件、多媒体操作系统、多媒体开发工具和多媒体应用软件。

常见的多媒体处理软件包括处理文本的记事本、Acrobat Reader 和 Notepad++ 等;处理声音的 Sound Forge 和 Adobe Audition 等;处理图形的 AutoCAD 和 CorelDRAW等;处理图像的 Photoshop、Picasa 和 ACDSee 等;制作视频的 Premiere、After Effect 和Vegas 等;制作动画的 Flash CS、Scratch、HTML5 和 3D MAX 等。

习 题

一、选择题

1. 下列属于感觉媒体的是（　　）。

A. 温度 　　　　　 B. 补码 　　　　　 C. ASCII 码 　　　　　 D. 汉字内码

2. 下列属于表示媒体的是（　　）。

A. 文本 　　　　　 B. 图形 　　　　　 C. 图像 　　　　　 D. 原码

3. 下列不是多媒体信息特点的是（　　）。

A. 大数据量 　　 B. 单数据流 　　 C. 动态性 　　　　 D. 数据编码方式多样

4. 下列属于视频压缩标准的是（　　）。

A. JPEG 　　　　 B. MPEG 　　　　 C. MMX 　　　　 D. MPC

5. 下列编码中所占字节数最长的可能是（　　）。

A. UTF-8 　　　 B. UTF-16 　　 C. ASCII 　　　　 D. 汉字信息交换码

6. Photoshop 属于（　　）。

A. 文本处理类工具 　　　　　　　 B. 视频处理类工具

C. 图像处理类工具 　　　　　　　 D. 图形处理类工具

7. 为了解决多媒体系统之间的交互性，制定的标准是（　　）。

A. MPEG-1 　　　 B. MPEG-2 　　 C. MPEG-3 　　　 D. MPEG-4

8. 下列硬盘接口中，多用于高端服务器和海量存储系统的是（　　）。

A. IDE 接口 　　 B. SCSI 接口 　 C. FC 接口 　　　 D. SATA 接口

9. 有线传输媒体中，传输带宽最高的是（　　）。

A. 基带同轴电缆 　　　　　　　 B. 宽带同轴电缆

C. 单模光纤 　　　　　　　　　 D. 多模光纤

10. 超文本结构实现所使用的描述语言是（　　）。

A. XML 　　　　 B. HTML 　　　 C. C 　　　　　　 D. C++

11. 下列不是图像处理工具的是（　　）。

A. Photoshop 　 B. Picasa 　　 C. ACDSee 　　　 D. CorelDRAW

12. 下列不能用来制作动画的工具是（　　）。

A. Adobe Audition 　　　　　　 B. Scratch

C. HTML 5 　　　　　　　　　　 D. Flash CS

二、简答题

1. 简述媒体的分类方法。

2. 简述图形和图像的区别。

3. 简述多媒体技术的研究内容。

4．简述基于内容的图像检索，并说明其与文本检索的区别。

5．简述多媒体系统的组成。

6．列举你所知道的多媒体技术的应用。

7．列举常见的处理图像的多媒体工具。

8．列举常见的处理声音的多媒体工具。

9．列举常见的制作视频的多媒体工具。

10．列举常见的制作动画的多媒体工具。

第2章 平面设计技术基础

平面设计已经在很多行业得到了广泛的应用,如网页设计、包装设计、广告设计、海报设计和企业标识设计等。

本章首先简要介绍了平面设计的基本类型,然后概述了平面设计的基本形式以及在平面设计中色彩的运用,最后以 CorelDRAW 软件为平台介绍了几个平面设计案例。

2.1 平面设计的基本类型

平面设计已经广泛应用于各行各业,如网页设计、包装设计、广告设计、海报设计、企业标识设计和服装设计等。

1. 网页设计

网页设计指的是网页的美工设计或网页的版面设计。网页设计一般分为三种类型:功能型网页设计、形象型网页设计和信息型网页设计。功能型网页设计针对提供一定软件服务功能的网站,如图 2-1 所示;形象型网页设计针对提供品牌宣传的网站,如图 2-2 所示;信息型网页设计针对提供信息浏览的门户网站,如图 2-3 所示。

图 2-1 功能型网站

图 2-2　形象型企业网站

图 2-3　信息型企业网站

　　功能型网站设计应着重合理的功能布局、方便的用户交互和清晰的结果展示;形象型网站设计应着重企业的形象宣传,通过使用企业标识、产品图谱等展示企业的所属行业、经营理念和产品概况等;信息型网站设计应着重于信息的分类汇总,方便用户及时、快捷

多媒体技术基础及应用

地获取所需要的信息。

网页设计的目标是通过合理地使用字体、颜色和样式等进行页面美化，保证用户完美的视觉体验。

2. 包装设计

包装设计指的是在满足保护商品的基本功能基础上，通过一定的设计，实现传达商品信息、方便使用、指导运输和促进销售的目的。橄榄油和食醋的包装设计如图 2-4 所示。

3. 广告设计

广告设计指的是使用图像、图形、文字、色彩和版面等可视化元素，通过相关设计来达到吸引眼球、促进产品销售的目的。咖啡的广告设计如图 2-5 所示。

图 2-4　橄榄油和食醋包装设计

图 2-5　咖啡广告设计

4. 海报设计

海报设计指的是通过文字、形象、色彩、构图等因素形成强烈的视觉冲击效果，一般力求新颖，并能传达一定的理念。地产海报设计如图 2-6 所示。

5. 刊物设计

刊物设计指的是通过形象、色彩、构图和版面等因素设计刊物的封面或正文，达到突出主题，促进销售的目的。期刊的封面设计如图 2-7 所示。

6. 标识设计

标识设计指的是企业为其经营、产品和活动等设计的一种标志，该标志一般结构清晰、明快，传达突出的主题。企业标识设计如图 2-8 所示。

图 2-6　地产海报设计

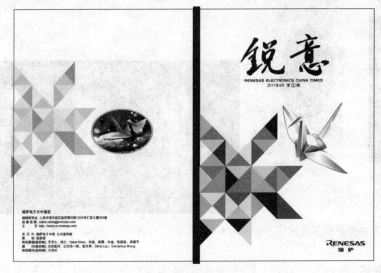

图 2-7　期刊封面设计

图 2-8　企业标识设计

多媒体技术基础及应用

2.2 平面设计的基本形式

平面设计的基本形式包括对称与均衡的设计形式、对比与调和的设计形式、比例与适度的设计形式、虚实与留白的设计形式以及节奏与韵律的设计形式。

1. 对称与均衡的设计形式

对称与均衡的设计形式使用大小、色彩和位置等元素来形成视觉上的均等或均衡，使观察者产生心理上的宁静与和谐。对称与均衡的设计形式如图 2-9 所示。

2. 对比与调和的设计形式

对比指的是通过比较大小、色彩和位置等元素，产生在大小、明暗、黑白、强弱、粗细、疏密、高低、远近、动静和轻重等方面的不同。调和是在对比的基础上，通过使用相近元素来表达近似性。对比与调和的设计形式如图 2-10 所示。

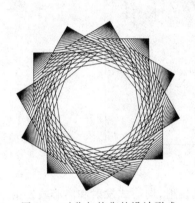

图 2-9　对称与均衡的设计形式　　　　图 2-10　　对比与调和的设计形式

3. 比例与适度的设计形式

比例指的是平面构成中整体与部分、部分与部分之间的比例关系。适度指的是比例的和谐。常见的例子是黄金分割点。比例与适度的设计形式如图 2-11 所示。

4. 虚实与留白的设计形式

虚指的是版面的空白。实指的是平面中的图形、文字或颜色等。留白指的是留出大片的空白。通过留白处理，可以集中视线并衬托主题，形成版面的空间层次。虚实与留白的设计形式如图 2-12 所示。

5. 节奏与韵律的设计形式

节奏与韵律指的是同一个图案重复出现在平面中所产生的渐变效果。常见的包括大

图 2-11　比例与适度的设计形式

图 2-12　虚实与留白的设计形式

小的渐变、间隔的渐变、方向的渐变、位置的渐变、同心式发射、向心式发射和离心式发射，如图 2-13～图 2-19 所示。

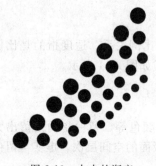

图 2-13　大小的渐变

图 2-14　间隔的渐变

图 2-15 方向的渐变

图 2-16 位置的渐变

图 2-17 同心式发射

图 2-18 向心式发射

图 2-19 离心式发射

2.3 平面设计中的色彩运用

2.3.1 色彩的基本知识

平面设计离不开色彩的运用。一般来说,色彩分为无彩色系和有彩色系。无彩色系指的是黑色、白色以及黑白混合而成的亮度不同的灰色组成的颜色系列;有彩色系指的是以红、黄、绿、青、蓝和品红色为基本色,按照不同比例混合而成的颜色系列。

色彩具有色调、饱和度和亮度三个基本属性。色调指的是色彩的颜色倾向,即倾向于红、黄、绿、青、蓝和品红 6 种基本色的某一种。饱和度可以理解为色彩的纯净程度。降低色彩纯度的方法是,掺入白色、黑色或灰色。亮度指的是色彩的明亮程度。白色具有最高的亮度,灰色次之,黑色的亮度最低。

2.3.2 色彩的心理感知

生活经验和相关研究均告诉我们,色彩具有表达情感,影响心理感知的作用。一般按照传达信息、唤起记忆、产生联想和激发行为的过程依次进行。

心理学家认为,人的第一感觉就是视觉,而对视觉影响最大的则是色彩。人的行为之所以受到色彩的影响,是因人的行为很多时候容易受情绪的支配。颜色之所以能影响人的精神状态和心绪,在于颜色源于大自然的先天的色彩,蓝色的天空、鲜红的血液、金色的太阳……看到这些与大自然先天的色彩一样的颜色,自然就会联想到与这些自然物相关的感觉体验,这是最原始的影响。

以前,英国伦敦的菲里埃大桥的桥身是黑色的,常常有人从桥上跳水自杀。由于每年从桥上跳水自尽的人数太惊人,伦敦市议会敦促皇家科学院的科研人员追查原因。开始,皇家科学院的医学专家普里森博士提出这与桥身是黑色有关时,不少人还将他的提议当作笑料来议论。其后,万般无奈之下,英国政府尝试将黑色的桥身换掉,奇迹竟然发生了:桥身自从改为蓝色后,跳桥自杀的人数当年减少了 56.4%,如图 2-20 所示。

图 2-20 英国伦敦的菲里埃大桥

色彩所激发的联想包括具象联想和抽象联想。具象联想指的是由颜色联想到具体的事物。抽象联想指的是由颜色联想到抽象的事物。

例如,由红色产生的具象联想可能是火焰、鲜血、太阳和玫瑰花等;由红色产生的抽象联想可能是革命、活力、热情和喜悦等。

由橙色产生的具象联想可能是橙子、南瓜和果汁等;由橙色产生的抽象联想可能是:甜美、温情、成熟和欢乐等。

由黄色产生的具象联想可能是柠檬、玉米、油菜花和黄袍等;由黄色产生的抽象联想可能是:丰收、明快和富饶等。

由绿色产生的具象联想可能是草地、绿色信号灯和植物等;由绿色产生的抽象联想可能是:平静、和平、清新和希望等。

由蓝色产生的具象联想可能是海洋、蓝天和宇宙等;由蓝色产生的抽象联想可能是:深远、凉爽、理智和冷漠等。

由紫色产生的具象联想可能是葡萄、茄子和紫罗兰等;由紫色产生的抽象联想可能是:浪漫、文静和优雅等。

由黑色产生的具象联想可能是黑夜、煤炭和墨水等;由黑色产生的抽象联想可能是:庄重、深沉和坚实等。

由白色产生的具象联想可能是白云、白雪和婚纱等;由白色产生的抽象联想可能是:

光明、洁白和纯真等。

实际上,色彩只是一种物理现象,本身并不具备情感。色彩的心理感知是人们根据生活的长期经验积累,对色彩所代表的事物的具象和抽象联想。

此外,色彩还具有温度感、距离感和重量感等。

色彩的温度感指的是有些颜色给人以温暖的感觉,而有些颜色给人以寒冷的感觉。例如,红色、黄色和橙色给人以暖的感觉,而绿色、蓝色和紫色则给人以寒冷的感觉。色彩的温度感如图 2-21 所示。

色彩的距离感主要取决于颜色的色相。红色、黄色和橙色等暖色系颜色给人以接近的感觉,而绿色、蓝色和紫色等冷色系颜色给人以远离的感觉。色彩的距离感如图 2-22 所示。

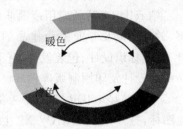

图 2-21　色彩的温度感

图 2-22　色彩的距离感

色彩的重量感主要取决于颜色的亮度和饱和度。亮度和饱和度大的色彩具有轻柔的感觉;而亮度和饱和度小的色彩具有厚重的感觉。色彩的重量感如图 2-23 所示。

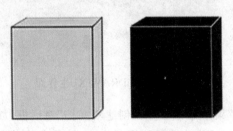

图 2-23　色彩的重量感

2.4　使用 CorelDRAW 进行平面设计

2.4.1　CorelDRAW 软件介绍

CorelDRAW 是基于矢量图(有时又称为图形)的设计软件,具有专业的设计工具,可以导入由 Office、Photoshop、Illustrator 以及 AutoCAD 等软件输入的文字和绘制的图形,并能对其进行处理,最大程度地方便了用户的编辑和使用。此软件的推出,不但让设计师可以快速地制作出设计方案,而且还可创造出很多手工无法表现,只有计算机才能精彩表现的设计内容,是平面设计师的得力助手。

CorelDRAW 的应用范围非常广泛,从简单的几何图形绘制到标识、卡通、漫画、图案、效果图以及专业平面作品的设计。CorelDRAW 主要应用于平面广告设计、工业设计、企业标识设计、包装设计、造型设计、网页设计、商业插画、建筑施工图与各类效果图、纺织品设计及印刷制版等领域。

本文以 CorelDRAW X7 为例,介绍其使用方法。双击桌面的 CorelDRAW X7 的快捷图标,打开 CorelDRAW X7 主界面,如图 2-24 所示。

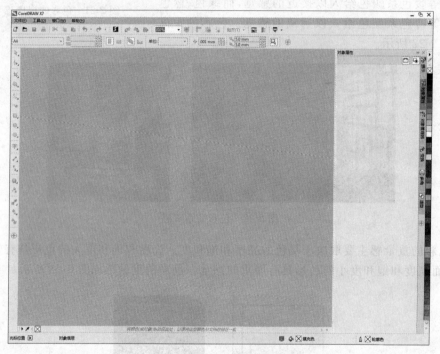

图 2-24　CorelDRAW X7 主界面

执行"文件"→"新建"菜单命令,进入"创建新文档"对话框,如图 2-25 所示。

这里,RGB(Red Green Blue)是一种颜色模式,该颜色模式使用 RGB 模型来描述图像中的像素颜色,每一个像素颜色 RGB 分量分配一个 $0\sim255$ 范围内的强度值。例如:纯红色 R 值为 255,G 值为 0,B 值为 0;灰色的 R、G、B 三个值相等,可能都为 125;白色的 R、G、B 都为 255;黑色的 R、G、B 都为 0;CMYK 是另一种应用于印刷行业的颜色模式,四个字母分别指青(Cyan)、洋红(Magenta)、黄(Yellow)和黑(Black),在印刷中代表四种油墨的颜色。CMYK 模式在本质上与 RGB 模式没有什么区别,只是产生色彩的原理不同。在RGB 模式中由光源发出的色光混合生成颜色,而在 CMYK 模式中则是光线照射到不同比例青、洋红、黄和黑色油墨的纸上,部分光谱被吸收后,反射到人眼的光所产生的颜色。

在"名称"中输入 test,点击"确定"按钮后,进入已经建立新文档的 CorelDRAW 主界面,如图 2-26 所示。

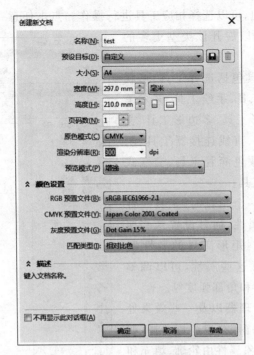

图 2-25　创建新文档界面

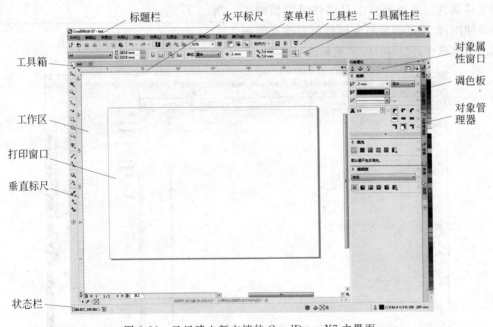

图 2-26　已经建立新文档的 CorelDraw X7 主界面

这里,标题栏、工具栏、工作区和状态栏是 Windows 类型窗口共同具备的内容,其含义也基本相同。

工具箱是 CorelDRAW 常用工具的集合,包括绘图工具、编辑工具、文字工具和效果工具等。单击任一按钮，可以选择相应工具进行操作。点击任意一个工具箱中的工具的右下角三角形图标，可以展开该类型更多的工具，如图 2-27 所示。

工具箱中常见工具包括选择工具、形状工具、裁剪工具、缩放工具、手绘工具、艺术笔工具、矩形工具、椭圆形工具、多边形工具、文本工具、平行度量工具、直线连接器工具、阴影工具、透明度工具、颜色滴管工具、交互式填充工具和智能填充工具。

当选择工具箱中一个工具时，工具属性栏中出现所选工具的属性，通过设置这些属性来调节工具的使用。矩形工具的属性如图 2-28 所示。通过设置这些属性，可以调整矩形的位置、长度、宽度和角部弧度等。

对象属性和对象管理器以及一些效果处理窗口，可以通过"泊坞窗"菜单进行选择，如图 2-29 所示。其中，对象属性由轮廓、填充和透明度等窗口组成。这里，需要区分对象属性和工具属性。通过调整工具属性可以影响工具的使用；而通过调整对象属性可以改变绘制后的对象属性，包括轮廓、填充和透明度等。

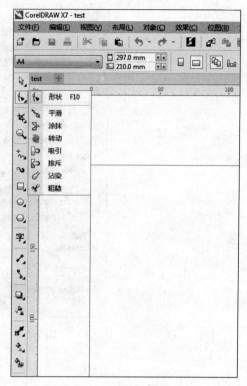

图 2-27　展开形状工具

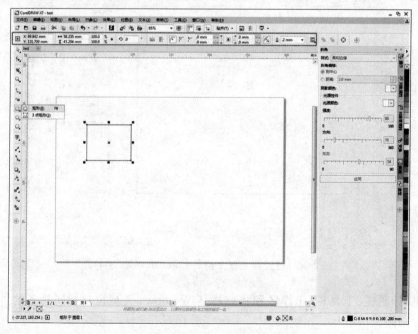

图 2-28　矩形工具的属性

　　多媒体技术基础及应用

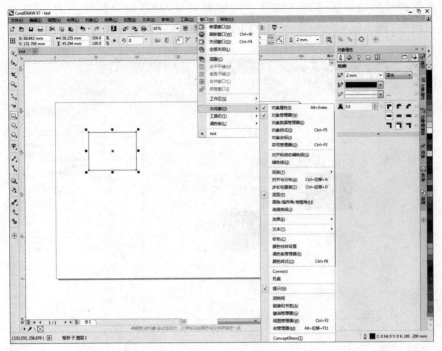

图 2-29　泊坞窗

轮廓窗口用于设置物体的边缘颜色、线宽和线条样式等,如图 2-30 所示。

填充窗口用于设置物体的填充方式,可以是均匀填充、渐变填充、向量填充和位图填充等,如图 2-31 所示。这里,均匀填充指的是使用完全相同的颜色填满选择的区域;渐变填充指的是使用渐变的颜色填满选择的区域;向量填充指的是使用矢量图进行填充;位图填充指的是使用图像进行填充。

透明度窗口用于设置物体的透明度,可以是均匀透明度、向量图样的透明度和位图图样的透明度等,如图 2-32 所示。

图 2-30　对象属性之轮廓窗口

图 2-31　对象属性之填充窗口

图 2-32　对象属性之透明度窗口

对象管理器窗口用于管理工作区中的所有对象,对象可以位于不同的层,如图 2-33 所示。该图中,均匀填充的矩形位于图层 1,而渐变填充的矩形位于图层 2。

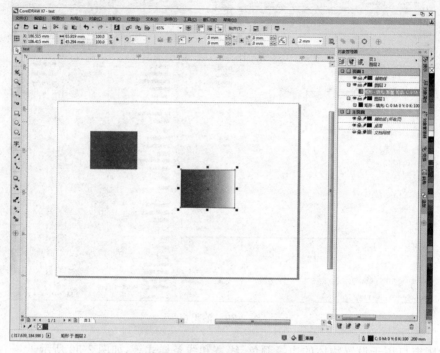

图 2-33　对象管理器窗口

2.4.2　使用 CorelDRAW 制作五角星

本节使用 CorelDRAW 制作一个闪闪发光的五角星,如图 2-34 所示。基本思路是:
设置 5 个图层,分别制作橘红色背景、渐变的黄色发光体、红色五角星、"八一"文字和"中国人民解放军八一电影制片厂"文字,最后对各个图形和文字进行对齐调整并组合输出。

图 2-34　闪闪发光的五角星

多媒体技术基础及应用

1. 制作橘红色背景

新建文档,命名为 Star。工具箱中选择"矩形工具",在绘图区按下鼠标左键从左上角向右下角拉出一个矩形。如图 2-35 所示。

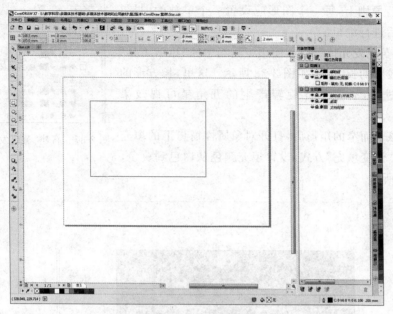

图 2-35　绘制矩形

使用工具箱中的"选择工具"选中矩形,选择"调色板"中的"橘红色",使用橘红色填充该矩形,如图 2-36 所示。

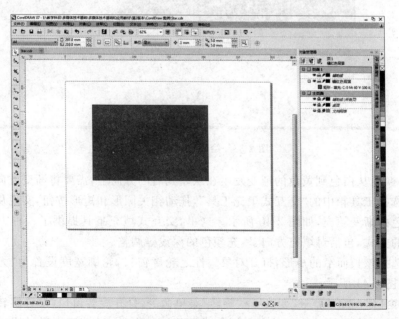

图 2-36　使用橘红色填充矩形

2. 制作渐变的黄色发光体

打开"对象管理器"窗口,单击右上角小三角形,执行"新建图层",将该图层命名为"黄色发光体",同时将"图层1"重命名为"橘红色背景",如图2-37所示。原则上,每一个图形应设置一个单独的图层,以方便以后进行编辑。

选择"黄色发光体"图层,使用工具箱中的"矩形工具"绘制一个较窄的长方形,如图2-38所示。这里,长方形的宽度不易过大,否则据此旋转产生的五角星可视效果不好。

选择该长而窄的矩形后,打开对象属性窗口下的填充窗口,选择"渐变填充"方式,设置填充颜色从白色到黄色,如图2-39所示。

图 2-37 新建"黄色发光体"图层

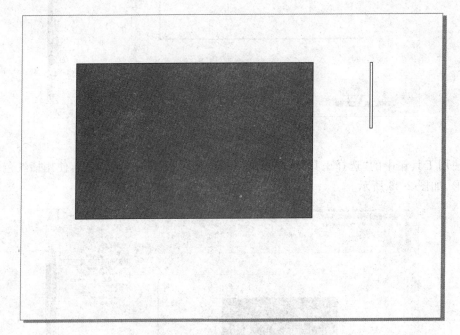

图 2-38 绘制长而窄的矩形

此时,颜色从白色到黄色的渐变发生在从左到右的方向上,需要将渐变方向修改为从上到下。选择工具箱中的"交互式填充工具",拖动相关圆形和矩形按钮,实现从上到下由黄色到白色的渐变填充,如图2-40所示。这里,交互式填充工具提供了一种方便的调整填充效果的方式,包括对填充方向、填充颜色的深浅等调整。

保持选择该长而窄的矩形,打开对象属性之轮廓窗口,轮廓宽度设置为"无",去掉矩形边缘,如图2-41所示。

执行"窗口"→"泊坞"→"变换"→"旋转"菜单命令,打开旋转窗口,设置旋转的角度为10°,将旋转中心设置为"中下"点,多次单击"应用"按钮,生成一个光亮图形,如图2-42所示。

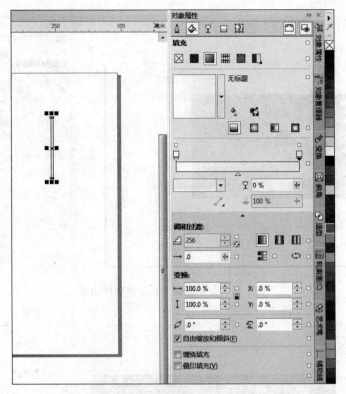

图 2-39　使用渐变填充方式填充长窄矩形

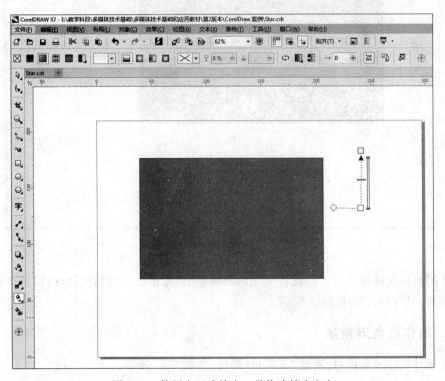

图 2-40　使用交互式填充工具修改填充方向

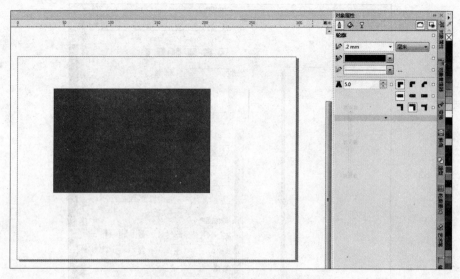

图 2-41 使用轮廓工具去掉物体边缘

图 2-42 使用旋转生成光亮图形

使用鼠标左键框选所有经旋转生成的长窄矩形,右键执行"组合"命令,将所有长窄矩形组合为一个图形,如图 2-43 所示。

3. 制作红色五角星

打开对象管理器窗口,新建"五角星"图层,如图 2-44 所示。

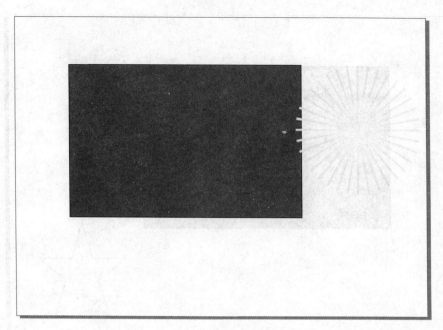

图 2-43　组合多个图形

图 2-44　新建"五角星"图层

选择"五角星"图层,在工具箱中选择"星形工具",并在绘图区绘制一个五角星,如图 2-45 所示。

选择调色板中的"红色",单击鼠标进行填充,如图 2-46 所示。

选择五角星,执行"窗口"→"泊坞窗"→"效果"→"斜角"菜单命令,在斜角窗口中,选择"柔和边缘"样式,并勾选"到中心"选项,单击"应用"按钮,效果如图 2-47 所示。通过使用"斜角"特效,使得绘制的五角星具有立体效果。

4. 制作文字

分别建立"八一"和"厂名"两个图层。在"八一"图层上使用文本工具输入"八一"文字,设置字体颜色为黄色,字体为宋体;在"厂名"图层上使用文本工具输入"中国人民解放军八一电影制片厂",设置字体颜色为白色,字体为华文琥珀。制作的文字如图 2-48 所示。

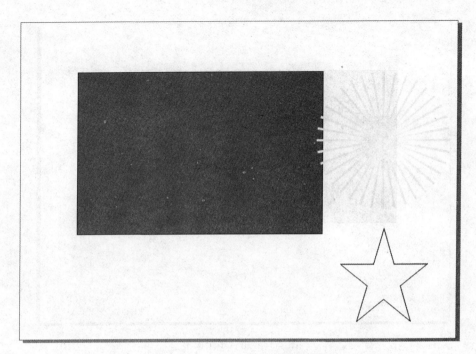

图 2-45　使用星形工具绘制五角星

图 2-46　使用红色填充五角星

多媒体技术基础及应用

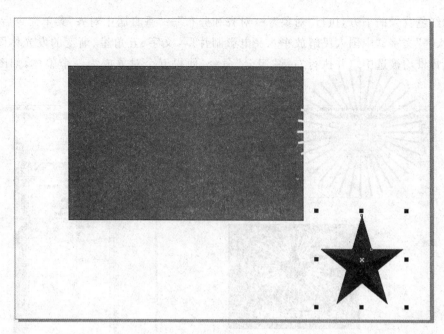

图 2-47 执行斜角命令后的五角星

图 2-48 制作文字

5. 调整和组合

将"八一"文字拖动到五角星上，将五角星拖动到渐变的发光体图形上，将五角星和渐变的发光体图形都拖动到橘红色背景上，再将"中国人民解放军八一电影制片厂"文字拖动到橘红色背景的下方,执行"对象"→"对齐和分布"→"垂直居中对齐"菜单命令后(需要确保"八一"文字、"中国人民解放军八一电影制片厂"文字、五角星、渐变的发光体图形和橘红色背景均被选中),并执行右键"组合"命令,使得五个对象成为一个整体,如图 2-49所示。

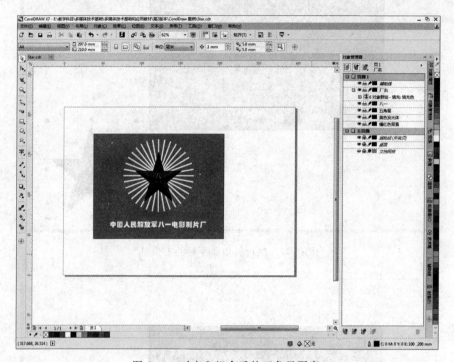

图 2-49　对齐和组合后的五角星图案

对于制作好的作品,可以导出为任意需要的格式,如 JPEG、PNG、PDF 等。

2.4.3　使用 CorelDRAW 制作环保宣传海报

本节使用 CorelDRAW 制作一个环保主题的宣传海报,如图 2-50 所示。基本思路是:设置 2 个图层,在其中一个图层上制作背景,在另一个图层上制作月亮、星星、树木、动物和文字等元素。这里,月亮、星星、树木和动物等元素可以经艺术笔绘制并分离获得。

1. 制作背景

新建文档并命名为 Card。

选择工具箱中"矩形工具",在绘图区绘制一个矩形,并在矩形属性栏中修改矩形的高为 100mm,宽为 150mm。打开对象属性之填充窗口,选择均匀填充,再选择 RGB 颜色模式,将 RGB 三个分量分别设置为 246、200 和 100。然后打开对象属性之轮廓窗口,选择轮廓宽度为"无",如图 2-51 所示。

选择工具箱中的"手绘工具",并在其属性栏里将"手绘平滑"的数值设置为 100 后,在这个矩形的内部沿着四边随意画一个外形不太规则的波浪线圈,模拟水波效果。然后,在

图 2-50　环保宣传海报

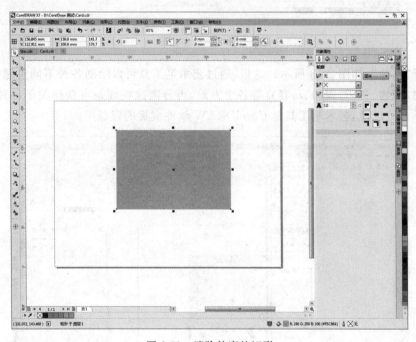

图 2-51　消除轮廓的矩形

对象属性之填充窗口中,使用均匀填充方式,并选择颜色 RGB(246,245,100)进行填充。最后,在对象属性之轮廓窗口中,选择轮廓宽度为"无",如图 2-52 所示。

2. 使用艺术笔绘制并分离月亮、星星、树木和动物

在工具箱中选择"艺术笔工具",然后在其属性栏中选择"喷涂"模式,在"笔刷笔触"列

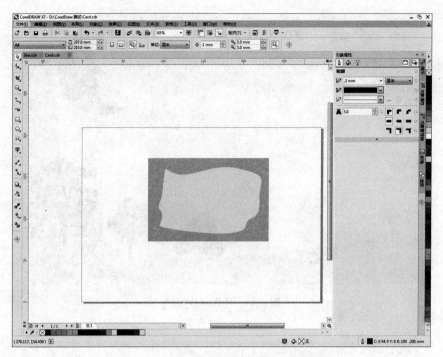

图 2-52　手绘多边形

表中选择"其他",如图 2-53 所示。这里,通过艺术笔工具可以绘制各种不同主题的线条,涉及食物、植物、音乐、脚印、马赛克等各个方面,再分离这些线条可获得关于各种不同主题的图形。可以说,艺术笔工具是 CorelDRAW 软件宝贵的资源库。

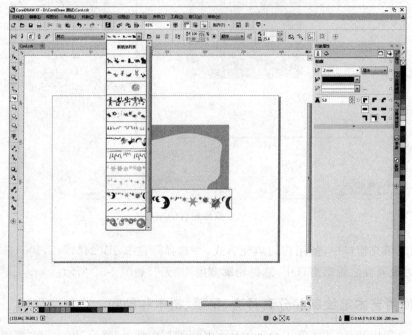

图 2-53　艺术笔的喷涂模式

多媒体技术基础及应用

选择如图 2-53 所示的喷涂列表,然后在工作区中随意涂画,此时可看到各种月亮的图案被当作画笔一般,顺着路径方向分布。绘制的路线越长、越多,出现的数量和种类也就越多。如图 2-54 所示。

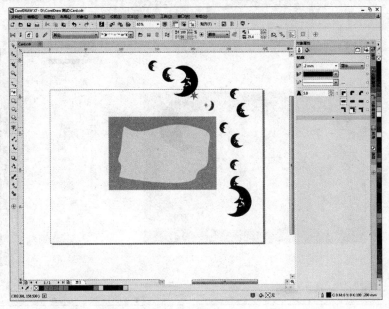

图 2-54　喷涂月亮

选择含有较大的月亮系列,并将其分离出来。使用选择工具选择该月亮系列,执行"对象"→"拆分艺术笔组"菜单命令,再在右键菜单中执行"取消组合对象"命令,然后将不需要的其他较小的月亮删除,保留一个较大的月亮,如图 2-55 所示。

图 2-55　拆分艺术笔组和取消组合对象后分离的较大月亮

使用同样的方法,再分离数个星星形状,并将月亮和星星调整到矩形中合适的位置,如图 2-56 所示。

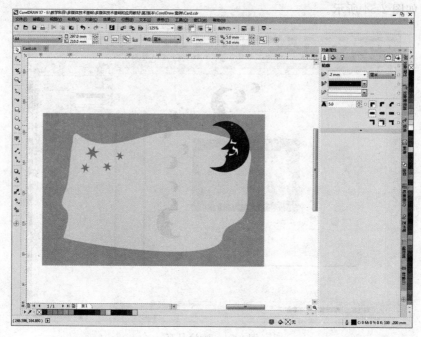

图 2-56　月亮和星星

选择艺术笔工具,并选择"植物"喷涂对象,如图 2-57 所示。

图 2-57　选择植物喷涂对象

多媒体技术基础及应用

喷涂数个"树"之后,再执行"拆分艺术笔组"和"取消组合对象",分离出树,并调整其大小,拖放到合适的位置,如图 2-58 所示。

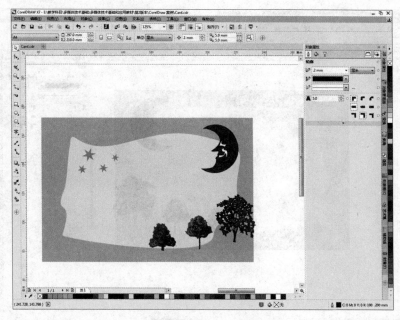

图 2-58　喷涂、分离树

使用工具箱中的"文本工具"在卡片上拉出一个文字输入区,输入"保护环境 人人有责"字样。然后选中该文字对象,在文本属性框里为该文字设置字体为"华文彩云",字号为 24,如图 2-59 所示。

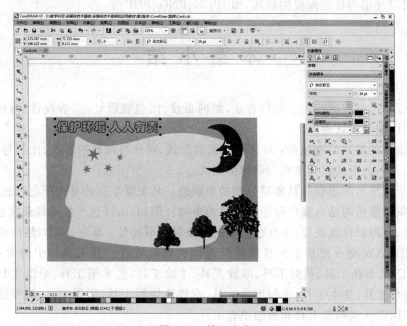

图 2-59　输入文字

再次使用艺术笔工具，分离出一些动物图形，拖动到图中合适的位置，如图 2-60 所示。

图 2-60　使用艺术笔工具分离动物图形

最后，选中所有对象，右键执行"组合对象"命令，将其组合为一个整体。对于制作好的作品，可以导出为任意需要的格式，如 JPEG、PNG、PDF 等。

本 章 小 结

平面设计已经广泛应用于各行各业，如网页设计、包装设计、广告设计、海报设计、企业标识设计、服装设计等。

平面设计的形式原理包括：对称与均衡的形式、对比与调和的形式、比例与适度的形式、虚实与留白的形式以及节奏与韵律的形式。

色彩所激发的联想包括具象联想和抽象联想。具象联想指的是由颜色联想到具体的事物。抽象联想指的是由颜色联想到抽象的事物。例如，由红色产生的具象联想可能是：火焰、鲜血、太阳和玫瑰花等；由红色产生的抽象联想可能是：革命、活力、热情和喜悦等。

CorelDRAW 是一种基于矢量图进行操作的设计软件。其工具箱中的常见工具包括：选择工具、形状工具、裁剪工具、缩放工具、手绘工具、艺术笔工具、矩形工具、椭圆形工具、多边形工具、文本工具、平行度量工具、直线连接器工具、阴影工具、透明度工具、颜色滴管工具、交互式填充工具和智能填充工具。

CorelDRAW 的填充窗口用于设置物体的填充方式，可以是均匀填充、渐变填充、向量填充和位图填充等。

  CorelDRAW 的透明度窗口用于设置物体的透明度,可以是均匀透明度、向量图样的透明度和位图图样的透明度等。

  CorelDRAW 的艺术笔中含有大量资源,可以通过对艺术笔绘制系列的拆分和分离获得各种类型图片。

习　　题

一、选择题

1. 右图体现的平面设计形式是(　　)。
  A. 对称与均衡的形式
  B. 对比与调和的形式
  C. 比例与适度的形式
  D. 虚实与留白的形式

2. 使人产生火焰、鲜血、太阳和玫瑰花等具象联想的颜色是(　　)。
  A. 红色　　　　　　B. 绿色　　　　　　C. 蓝色　　　　　　D. 黑色

二、简答题

1. 简述平面设计的基本类型。
2. 简述平面设计的基本形式。
3. 简述红、橙、黄、绿、蓝和黑色的心理感知。
4. 列举 CorelDRAW 工具箱中常见工具及其功能。
5. 分析下图所采用的设计形式。

第 3 章 声音处理技术基础

随着声音处理技术的发展,出现了越来越多的有关声音媒体的应用,如语音识别、语音控制和立体声等。

本章首先介绍声音的基本特性,包括物理特性和心理特性,然后简要说明声音的数字化过程,包括采样、量化和编码,并简单介绍几种常见的声音文件格式,最后以 Adobe Audition 软件为平台介绍声音的相关处理技术。

3.1 声音的基本特性

声音在本质上是因物体的振动而产生的波形。振动的物体称为声源。对声音信号的分析结果表明,声音信号是由许多不同频率的单一信号组成的,因此,声音又称为复合声音信号或复音。每一个单一频率的声音信号称为分量声音信号或纯音。

声音是在一定的传播介质中以声波的形式进行传播的。这些传播介质可以是固体、液体或气体。声音在真空中是不能进行传播的,测试装置如图 3-1 所示。

日常生活中的真空玻璃可以有效地阻止噪音,就是利用声音在真空中无法传播的原理,其结构如图 3-2 所示。

图 3-1 声音在真空中的传播测试   图 3-2 真空玻璃的结构

声音在不同介质中的传播速度是不同的,如表 3-1 所示。从该表可以看出,声音在真空中是无法进行传播的,其在真空中的传播速度为 0。而且,在大多数情况下,声音在固体中的传播速度要大于在液体中的传播速度,声音在液体中的传播速度要大于在气体中的传播速度。特别需要说明的是,软木是一种特殊的固体介质,声音在软木中的传播速度较小,其值近似于在气体中的传播速度。

表 3-1　声音在不同介质中的传播速度

介　　质	传播速度/(m・s⁻¹)	介　　质	传播速度/(m・s⁻¹)
真空	0	液体:蒸馏水(25℃)	1497
气体:空气(15℃)	340	液体:海水(25℃)	1531
气体:空气(25℃)	346	固体:铜(棒)	3750
固体:软木	500	固体:大理石	3810
液体:煤油(25℃)	1324		

声音在本质上是一种波形,描述波形的最基本参数是频率。人的耳朵能够听到的声音频率范围为 20Hz~20kHz,一般称这种声音为声波;频率低于 20Hz 的声音称为次声波;频率高于 20kHz 的声音称为超声波。

次声波的频率较低,波长很长,穿透力强,传播距离很远。例如,频率低于 1Hz 的次声波,可以传到几千甚至上万千米以外的地方。次声波具有极强的穿透力,不仅可以穿透大气、海水和土壤,而且还能穿透坚固的钢筋水泥构成的建筑物,甚至能穿透坦克、军舰、潜艇和飞机等。因此,军事上可以制造次声武器用于毁坏武器和人员,而不会造成环境污染。

超声波的频率较高,方向性很好,穿透能力也强,已经广泛用于探伤、测厚、测距、遥控和成像等。由于超声波在传播过程中易于携带传播介质的相关信息,因此超声波在医疗诊断中得到了大规模应用。超声波信号还具有很强的方向性,可以形成波束,在工业检测上有着广泛的应用。例如,超声波探测仪就是一种基于超声波的检测仪器。

声音的基本特性包括物理特性和心理特性。物理特性是声音作为波形的本质上的特性,不随人的感受不同而不同,是客观存在的属性。心理特性指的是声音从声源经过传输介质到达人的耳朵后所产生的心理感受,是主观感知的结果。声音的物理特性一定程度上决定了声音的心理特性。

3.1.1　声音的物理特性

声音在本质上是一种波形。声音的物理特性是对声音作为物理学上的波形的特性描述,包括频率、幅度、声压、声压级和动态范围。

1. 频率

纯音信号的一个重要参数是频率,而声音信号的一个重要参数是频率宽度,简称为带宽。频率指的是信号每秒钟变化的次数,使用单位赫兹(Hz)度量。例如,细而短的琴弦振动比较快,粗而长的琴弦振动比较慢,细而短的琴弦所产生声音的频率就高于粗而长的琴弦所发出的声音的频率。带宽指的是复合声音信号中所有纯音的频率中的最低频率到最高频率的区间。例如,人的耳朵能够听到的声音的频率范围在 20Hz~20kHz 之间,人们说话的声音频率通常在 300Hz~3kHz 之间。这里,20Hz 的声音可能是由烦躁的大象发出的低沉的声音,而 20kHz 的声音可能是人们能够听到的最大尖叫声。

周期是与频率相关的一个参数。周期指的是纯音波形信号的两个波峰点或两个波谷点之间的时间间隔,使用单位秒(s)度量,如图 3-3 所示。周期和频率之间的关系是互为倒数。一般地,频率使用 f 表示,周期使用 T 表示,则有下列公式:

$$f = \frac{1}{T}$$

2. 幅度

幅度指的是纯音波形信号的基线到波峰的绝对距离,如图 3-3 所示。一般来说,声音的幅度越大,声音的能量越强。

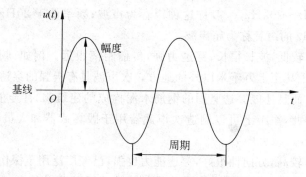

图 3-3　声音波形的周期和幅度

3. 声压和声压级

空气中原来就有比较恒定的静压力,称这种恒定的静压力为一个标准大气压,气压使用单位帕斯卡(Pa)度量。气压是由于空气分子的不规则运动及相互排斥引起的。一个标准大气压为 101 325Pa。当声音在空气中传播时,声音所产生的振动使空气分子在原有基础上产生有规律、有指向性的运动,改变了原来比较恒定的静压力,引起比原来静压力增高的量值就是声压。因此,声压可以理解为由于声波的振动而在大气中产生的附加压强。

声压是一种压强,也使用单位 Pa 度量。空气中的声压越大,空气的压缩量越大,对人的耳膜产生的压力越大,人们听到的声音则可能越响亮。因此,声压的大小反映了声波的强弱,决定了声音的大小。

人们正常讲话时产生的声压大约为 0.5Pa。声压低于 $2×10^{-5}$Pa 时,声音达到人耳听觉最小极限,称这一数值为人耳声压的可听阈值;而当声压达到 200 Pa 时,声音达到人耳听觉的最大极限,人耳会感觉到很大的疼痛,称这一数值为人耳声压的痛阈值。

日常生活中,直接使用声压并不方便。而且,研究发现,人耳对声音强弱的感知与声压绝对值的对数成正比。因此,日常研究中大多使用声压级(Sound Pressure Level,SPL)对声音的大小进行度量。声压级又称为声强,使用单位分贝(dB)度量。

声压级的定义如下:

$$L_P = 20\lg\frac{P}{P_0}$$

其中,L_P 为声压级,单位为 dB;P_0 为基准声压,即人耳的可听阈值,为 2×10^{-5} Pa,P 为实际声压。该公式提供了一个根据实际声压计算声压级或声强的方法。

人耳声压的可听阈值为 2×10^{-5} Pa,根据公式计算相应的声压级为 0dB;人耳声压的痛阈值为 200Pa,根据公式计算相应的声压级为 140dB。各种常见声音的声压级如表 3-2 所示。

表 3-2　常见的各种声压的声压级或声强

声　音	声压级或声强/dB	声　音	声压级或声强/dB
可听阈值	0	吵闹的收音机	80
树叶摇动	10	火车穿过车站	90
很安静的房间	20	不舒服的阈值	120
一般房间	40	痛阈值	140
交谈	60	伤害耳膜	160
繁花街道	70		

4. 动态范围

动态范围指的是声音的最大声压级和最小声压级之间的差值,或最小声压级到最大声压级的区间。一般语音信号的动态范围大约为 20~45dB,而交响乐的动态范围可以达到 30~130dB。

动态范围不仅可以用来衡量一个声源产生的最大声压级和最小声压级的差值,声音的载体同样可以使用动态范围来度量其能够处理的信号范围。例如,磁带的动态范围为 50~60dB,CD 的动态范围可达 96dB。

3.1.2　声音的心理特性

声音的心理特性指的是人们对声源发出的声音经过介质传播到达人的耳朵后的心理感知,包括音调、音色和响度以及一些特殊的心理效应。声音的心理特性,如表 3-3 所示。

例如,"震耳欲聋"是形容声音很大,几乎要把耳朵给震聋了,所以这里就是指声音的响度;"曲高和寡"是指调很高,没有几个人能跟着一起唱,所以这里就是指声音的音调。

表 3-3　声音的心理特性

声音的心理特性	含　义	相关的物理特性	波形描述
音调	声音的高低,一般称之为声音的粗细	频率越大,音调越高;声压级对其影响不是单调关系	相同时间内,波的个数越多,频率越大,音调越高
响度	声音的强弱,一般称之为声音的大小	频率一定时,声压级越大,响度越大;声压级一定时,频率对其影响不是单调关系	振幅越大,响度越大
音色	声音的品质,用于区分发声体的依据	受到材料结构、振动方式影响	波形中夹杂的其他频率的成分不同

1. 音调

音调指的是声音的高低。音调是人耳对声音基波频率的感受。声音基波频率,简称基频。所谓基频,指的是基音的频率,而基音是声音中强度最大且频率最低的纯音,决定整个声音的音调。

用硬纸片在梳齿上缓慢划过,我们听到的声音很沉闷;如果快速划过,我们听到的声音就感觉很清脆。缓慢和快速改变了物体振动的快慢,也就是物体振动的频率,所以声音的音调听起来就有了高低之分。物体振动越快,频率越大,音调越高;物体振动越慢,频率越小,音调越低。

音调主要由声音的频率决定。音调使用单位美(mel)度量。国际上规定,频率为 1kHz,声压级为 40dB 的纯音的音调为 1000mel。声压级为 40dB 的纯音音调与频率的关系,如表 3-4 所示。

表 3-4　声压级为 40dB 的纯音音调与频率的关系

频率/Hz	音调/mel	频率/Hz	音调/mel	频率/Hz	音调/mel	频率/Hz	音调/mel
20	0	150	237	500	602	1250	1154
30	24	200	301	600	690	1500	1296
40	46	250	358	700	775	1750	1428
60	87	300	409	800	854	2000	1545
80	126	350	460	900	929	2500	1771
100	161	400	508	1000	1000	3000	1962

由该表可知,对一定声压级的纯音,音调随频率的升高而升高,随频率的降低而降低。

音调主要由声音的频率决定,同时也与声压级或声强有关。研究发现,对一定频率的纯音,低频纯音的音调随声压级增加而下降,高频纯音的音调却随声压级增加而上升。大体上,2kHz 以下的低频纯音的音调随声压级的增加而下降,3kHz 以上高频纯音的音调随声压级的增加而上升。

2. 音色

音色指的是人耳对声音饱满的感知程度。根据不同的音色,即使在同一音调和同一声强的前提下,也能区分出是不同乐器或人声发出的。例如,人们能够分辨具有相同音调的钢琴和小提琴声音,其原因是二者的音色不同。

音色主要与组成声音的频率有关。声音的本质是一种声波振动,组成复合声音的各种频率成分中,强度最大且频率最低的纯音频率称为基频。组成复合声音的其余频率中,频率等于基频整数倍数的纯音称为谐波,或泛音。通常所说的一次谐波、二次谐波等,指的是某些频率等于基频的 2 倍、3 倍的纯音。复合声音的谐波成分越多,该复合声音的音色就越优美;反之,复合声音中的谐波成分越少,该复合声音的音色就越差。反应声音音色的频谱,如图 3-4 所示。

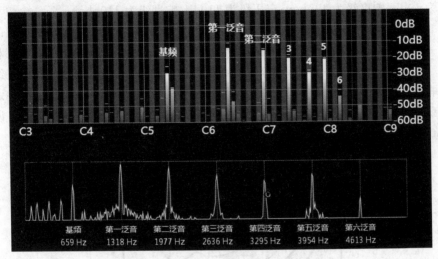

图 3-4　声音的音色

一般来说,泛音越充分,声音越饱满;低频泛音越充分,声音越"厚实",越"有力";高频泛音越充分,声音越"尖锐",越"高亢";当高低频泛音分布较为合理时,就是一个具有完美音色的声音。

声学研究上,将声音中的基频和各种谐波的比例及分布称为频谱。因此,简单来说,音色是由频谱决定的。各阶谐波的比例不同,随时间衰减的程度不同,音色就不同。各种乐器的音色是由其自身结构特点决定的,这种结构特点决定了乐器的频谱。

3. 响度

响度指的是人耳对声音强弱的感知程度。响度主要由声音的频率和声压级决定。

用力敲桌子,听到声音大一些。轻轻敲桌子,听到的声音则小一些。用力敲和轻轻敲是改变了桌子的振动幅度,也就是振幅,从而改变了声音的大小。物体振幅越大,响度越大;物体振幅越小,响度越小。

一般来说,声压越大则响度越大。虽然响度与衡量声音强弱的声压或声压级有一定的关系,但与声压级的大小并不完全一致,也就是说,声压大的声音而感觉不一定响。人的外耳具有一定的耳道长度,耳道会对某段频率产生共鸣,使得灵敏度提高。因此,人耳对声音强弱感知的响度还与声音的频率有关。

响度使用单位宋(sone)度量。国际上规定,频率为 1kHz 的纯音在声压级为 40dB 时的响度为 1 宋。日常生活中,常用的响度度量单位为响度级,是某个响度与基准响度的比值,单位为方(phon)。国际上规定,1kHz 纯音声压级的分贝数等于响度级的数值。例如,1kHz 纯音的声压级为 0dB 时,响度级为 0phon;声压级为 50dB 时,响度级为 50phon。因此,当频率一定时,声压级越大,响度级越大。

为了后续研究的方便,研究者们给出了等响度级条件下声压级与频率的关系曲线,称为等响度级曲线,如图 3-5 所示。

图 3-5 中垂直粗线反映的是 1kHz 纯音的声压级和响度级的关系。对于 1kHz 纯音,声压级为 10dB,响度级为 10phon;声压级为 110dB,响度级为 110phon。

图 3-5 中每条曲线上的点,对应于不同的频率和不同的声压级,但人耳感觉到的响度级却是一样的,每条曲线上均标注一个响度级的数值,该值就是该曲线上所有点都相同的响度级。对于 3800Hz 左右的频率,等响度级曲线处于波谷,说明使用较低的声压级即可产生等响度级的声音,这说明人耳对 3800Hz 的频率最为敏感。在 3800Hz 的频率之外的低频和高频两边,等响度曲线翘起,使用较高的声压级才能产生等响度级的声音,说明人耳对 3800Hz 以外的低频和高频声音的敏感度是下降的。

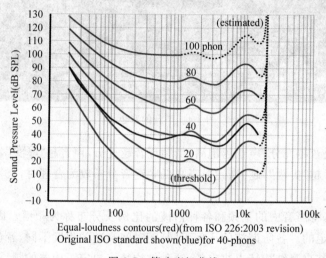

图 3-5　等响度级曲线

特别需要说明的是,当纯音频率低于 20Hz 或高于 20kHz 时,需要很大的声压级才有可能感觉声音的存在,即产生一定响度级的声音。人耳能听到声音的最微弱的响度级,称为可听阈,如图中虚线所示。而产生疼痛感的最高声音的响度级,称为痛阈,如 140phon 的等响度级曲线(图中未标出)。可听阈和痛阈所构成的两条等响度级曲线,是等响度级曲线的上限和下限。

响度的可听阈和痛阈是人耳真正感知的可听阈和痛阈,需要区别于声压级的可听阈和痛阈。

综上所述,当声音的频率一定时,声压级越高,响度级越高;而当声压级一定时,则可能出现两个不同频率的纯音会产生相同响度级的声音。

4. 声音的心理效应

声音的心理效应指的是由于人耳构造、声音反射和声音干扰等因素引起的人耳对声音的特殊感知。

（1）双耳效应

双耳效应指的是人的耳朵根据声音强弱或到达时间差可以大致判断声源到耳朵的距离，如图 3-6 所示。如果声音来自受听者的正前方，声源到左、右耳的距离相等，声音到达左、右耳的时间差和强度差较小。此时，受听者感觉出声音来自正前方。

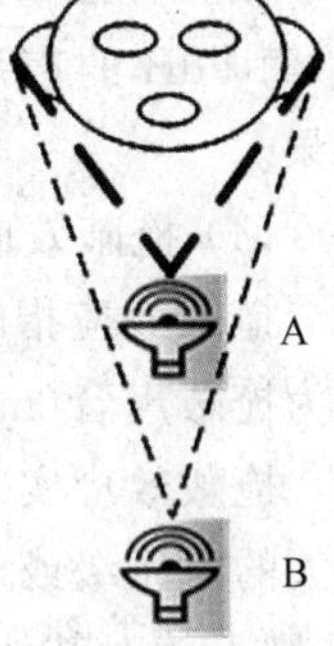

图 3-6　双耳效应

当两耳感受的声音存在较大的时间差和强度差时，可大致判断出声源与受听者之间的方位。

对于时间差，实验证明：当声源在两耳连线上时，时间差约为 0.62ms。对于瞬时触发的声音，人耳可以有效地利用时间差来判断声音的方位。而对于持续发出的声音，定位效果则稍差。

对于强度差，实验证明：当声源在两耳连线上时，强度差约为 25dB。两耳之间的距离虽然较近，但由于头颅对声音具有一定的阻碍作用，声音到达两耳的强度可能不同。就定位效果来说，强度差的定位效果比时间差的定位效果更差一些。

（2）哈斯效应

哈斯效应指的是对两个不同声音延迟的心理感知。对于两个声压级相等的声音，其中一个是经过延迟的声音，另一个是没有延迟的声音。如果延迟时间在 30ms 以内，人的听觉上将感到声音好像只来自未延迟的声源，并不感到延迟声音的存在；当延迟时间超过 30ms 而未达到 50ms 时，则听觉上可以识别出已延迟的声音存在，但仍感到声音来自未经延迟的声源；只有当延迟时间超过 50ms 以后，听觉上才感到延迟声音拥有一个清晰的声源。

哈斯效应的典型应用是用来校正扩声系统的声像不同步的问题。为了提高扩声系统的声场均匀度，通常将主扬声器设置在舞台台口上方，观众席的前排观众就会感觉到声音是从舞台台口的顶部传来的，会造成声像的不同步。为此，在舞台两侧较低的位置再布置一些辅助扬声器，这些扬声器距离前排观众很近，其声音比顶部扬声器先到达前排观众。一般来说，辅助扬声器和主扬声器到达人耳的时间差需要控制在 50ms 以内。

（3）德波埃效应

德波埃效应指的是不同声源发出不同声压级或不同时间的声音感觉声源偏移的现象。

两个相同的扬声器对称地分布在受听者的正前方，如果两个扬声器发出相同声压级的声音，两个扬声器对人耳辐射的声压级之差为 0，则声音到达听众耳朵的时间差也为 0，受听者感觉到只有一个来自正前方的声音，受听者的耳朵不能区分出两个声源。

如果扩大两个扬声器的声压级差，听众感觉声源方位向声压级大的扬声器偏移，其偏移量大小与声压级差值有关。当声压级差值大于 15dB 时，受听者会感觉到声音来自声压级大的扬声器。

如果两只扬声器的声压级差为0，但两个扬声器发出的声音有一定的时间差，受听者会感觉到声音向先到达的扬声器方向偏移。当时间差大于3ms时，受听者感觉声音完全来自于声音先到达的扬声器。实验表明，声压级差和时间差所引起的效应是类似的，其间可以相互补偿，并且当声压级差在15dB以下、时间差在3ms以内时，它们之间呈线性关系，每5dB的声压级差引起的声源方向的偏移相当于两个声音引起的时间差1ms的效果。

（4）掩蔽效应

掩蔽效应指的是一种频率的声音阻碍听觉系统感受另一种频率的声音的现象。前者称为掩蔽声音（masking tone），后者称为被掩蔽声音（masked tone）。

掩蔽效应实际是由于人的耳朵只对最明显的声音反应敏感，这种"最明显"一般是由较大的声压级或声强造成的。例如，在声音的整个频谱中，如果某一个频率段的声音比较强，则人就对其他频率段的声音不敏感了。基于该原理，人们发明了mp3等压缩的数字音乐格式，在这些格式的文件里，只突出记录了人耳较为敏感的中频段声音，而对于较高和较低频率的声音则简略记录，大大减少了所需的存储空间。

声音的掩蔽可以分为频域掩蔽和时域掩蔽。

（1）频域掩蔽

频域掩蔽指的是一个强纯音会掩蔽在其附近同时发声的弱纯音，其原理如图3-7所示。频域掩蔽的发生是因为掩蔽声音的存在导致被掩蔽声音的可听阈被抬高。通常，频域中的强音会掩蔽与之同时发生的附近的弱音，弱音离强音越近，越容易被掩蔽，而离强音较远的弱音则不容易被掩蔽。

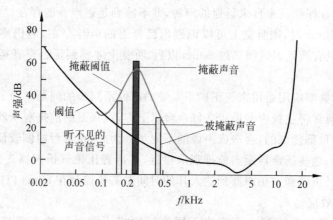

图 3-7　频域掩蔽

（2）时域掩蔽

时域掩蔽指的是同时发出的两个声音在时间上存在的掩蔽。时域掩蔽可分为超前掩蔽和滞后掩蔽。超前掩蔽指的是人的耳朵在听到强音之前的短暂时间内，已经存在的弱音被掩蔽的现象；滞后掩蔽指的是人的耳朵在听到强音之后的短暂时间后，才能重新听到弱音的现象。产生时域掩蔽的主要原因是人的大脑处理信息需要花费一定的时间。一般来说，超前掩蔽很短，只有5～20ms，而滞后掩蔽可以持续50～200ms。时域掩蔽，如

图 3-8 所示。

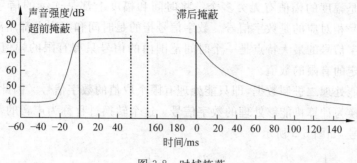

图 3-8　时域掩蔽

3.1.3　声音的物理特性和心理特性的关系

声音的物理特性定量描述了声音作为声波的物理特征,而声音的心理特性描述的是声音对于人的主观感受。不要将声音的物理特性和心理特性相混淆。对于声音的物理特性,一般可以使用精确的值来进行度量,而对声音的心理特性却不容易进行说明,如音色。声音的物理特性和心理特性之间存在着一定的关系,如表 3-5 所示。

表 3-5　声音的物理特性和心理特性的关系

物理特性	心理特性	影 响 关 系
频率、声压级	音调	① 一定声压级的纯音,音调随频率的升高而升高,随频率的降低而降低; ② 一定频率的纯音,低频纯音的音调随声压级增加而下降,高频纯音的音调却随声压级增加而上升
频率	音色	各阶谐波的比例和分布越丰富,音色越好
频率、声压级	响度	① 一定频率的声音,声压级越高,响度级越高; ② 一定声压级的声音,可能出现两个不同频率的声波会产生相同响度级的声音

3.2　声音的数字化

声音在本质上是一种波形,属于连续的模拟信号。因为计算机存储系统使用二进制,计算机中只能存储离散的数字信号。声音信号要保存,必须将连续的模拟信号转换为离散的数字信号。这个过程一般经过采样、量化和编码三个阶段。

3.2.1　模拟信号与数字信号

声音信号是非常典型的连续信号,不但在时间上是连续的,而且在幅度上也是连续的。时间上的连续指的是在一个确定的时间范围内声音信号的幅度值有无穷多个,幅度上的连续指的是幅度的幅值有无穷多个。将时间和幅度上都是连续的信号称为模拟信号。与模拟信号相对应的是数字信号。数字信号指的是时间和幅度上都用离散的数字表示的信号。数字信号的最大特点是一个时间范围内的信号只有有限的幅值,而每个幅值只能取事先确定的有限的数值。

计算机只能处理二进制数据,即只能处理有限个取值的数字信号。因此,必须将声音的模拟信号转换为计算机能够处理的数字信号。这个转换过程称为声音的数字化。模拟信号和数字信号,如图 3-9 所示。

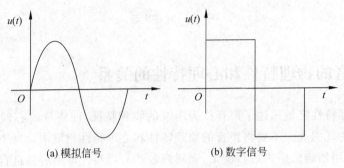

(a) 模拟信号　　　　　　　(b) 数字信号

图 3-9　模拟信号和数字信号

数字信号只能在特定的位置取有限值,也就是说数字表示的声音是一个数据序列,在时间上只能是离散的。因此,当将声音的模拟信号转变为数字信号时,需要每隔一个时间间隔在模拟信号的波形上取一个幅度值,这个过程称为采样(sampling)。对于采样后的模拟信号的幅度,即使在某幅度范围内,仍然可以有无穷多个。而使用数字来表示声音幅度值时,只能将无穷多个幅度用有限个数字来表示。换句话说,就是将一个幅度范围内的幅度统一使用一个数字来表示,这个过程称为量化(quantization)。例如,一个模拟信号的幅度使用电压进行描述,其范围是 $0\sim0.7\mathrm{V}$,假设量化后取值限定在集合 $\{0,0.1,0.2,0.3,0.4,0.5,0.6,0.7\}$ 中。如果表示这 8 个数,可以使用 3 位二进制数,即使用 000 表示 0,001 表示 0.1,010 表示 0.2,111 表示 0.7。如果采样得到的幅度值为 0.123V,则根据就近原则,该幅度值应该算作 0.1V,对应的二进制表示为 001。由于计算机内的基本存储机制是二进制,必须将模拟声音信号转换成计算机的二进制数据信号,这个过程称为编码(coding)。编码实际是一个逐点记录每个采样点的二进制代码的过程。

因此,声音模拟信号的数字化过程包括三个阶段:采样、量化和编码,这就是 1948 年 Oliver 提出的第一个声音的编码理论——脉冲编码调制(Pulse Coding Modulation,PCM)。

3.2.2　声音的采样

声音的采样是声音模拟信号在时间上的离散化。采样过程是每间隔一个时间在模拟信号的波形上取一个幅值,最终目的是以有限个数的点去替代原来连续的信号,从而将时间上的连续信号变成时间上的离散信号。这个时间间隔称为采样周期,其倒数称为采样频率。采样频率就是计算机每秒采集的声音的样本个数。采样的频率越高,采样的时间间隔越短,单位时间内得到的声音的样本数据越多,对声音波形的表示也越准确。采样过程的示例,如图 3-10 所示。

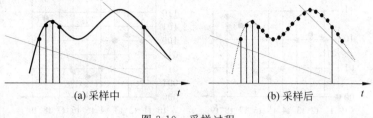

图 3-10 采样过程

图 3-10(b)是采样后的离散点,采样的目的是以这些离散点去近似代替图 3-10(a)的连续信号。声音标准的采样频率有 11.025kHz、22.05kHz 和 44.1kHz,分别是调幅(Amplitude Modulation,AM)广播、调频(Frequency Modulation,FM)广播和(Compact Disk,CD)声音信号的标准采样频率。

采样频率越高,数字化后的声音信号越接近于原始声音信号,数字化后的声音信号质量越高,占用的存储空间也越大。反之,采样频率越低,数字化后的声音信号越偏离于原始声音信号,数字化后的声音信号质量越低。因此,需要确定合适的采样频率。

合适的采样频率应该是保证数字化后的声音信号播放时不失真的最小频率。采样频率的高低是根据奈奎斯特定理(Nyquist Theory)来确定的。奈奎斯特定理指出:采样频率不应该低于声音信号最高频率的两倍,才能将数字信号表示的声音还原为原来的声音。因此,对于声音信号,一般的采样频率最好选择为 40kHz,因为人的耳朵能够听到的声音的频率范围在 20Hz~20kHz 之间。奈奎斯特定理可以使用下列公式描述。

$$f' \geqslant 2f$$

式中,f' 是采样频率,f 是被采样信号的最高频率。

3.2.3　声音的量化

声音的量化是声音模拟信号的连续幅度的离散化。量化的过程就是将落在某个时间范围内连续变化的声音信号的幅值使用一个确定的值来表示,从而实现对幅值的数字化。如果幅度的划分是等间隔的,称为线性量化(linear quantization)或均匀量化;如果幅度的划分不是等间隔的,称为非线性量化(nonlinear quantization)或非均匀量化。对于非均匀量化,当对输入信号进行量化时,大的输入信号采用大的量化间隔,小的输入信号采用小的量化间隔。

一般采用二进制数的方式分割采样信号的幅度。二进制的位数称为量化位数。例如,可以使用 8 位或 16 位二进制数来分割幅值。如果采用 8 位二进制方式进行量化,则幅值划分为 $2^8 = 256$ 个等级,这称为量化等级。如果采用 16 位二进制方式,则幅值划分

为 $2^{16}=65\,536$ 个量化等级。显然,当采样频率一定时,量化位数越高,量化等级越高,对声音的表示就越准确,即声音的质量就越好。声音的量化,如图 3-11 所示。

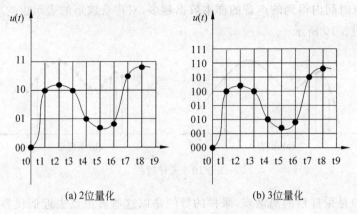

(a) 2位量化   (b) 3位量化

图 3-11 声音的量化

图 3-11(a)的量化位数为 2,图 3-11(b)的量化位数为 3。量化位数越大,量化等级越大,对幅值的分割越细。

3.2.4 声音的编码

声音的采样完成了连续时间的离散化,声音的量化完成了连续幅值的离散化。当采样和量化完成之后,声音模拟信号就可以转换为声音数字信号。这种数字信号必须以一定的形式进行存储,形成计算机内部可以运行的数据,这个过程称为编码。声音的编码指的是按照一定的格式和一定的原则将经过采样和量化得到的离散数据信息以二进制的形式进行记录。

对于图 3-11(a)和(b),编码的格式是:按照采样点的顺序连续记录;编码的原则是:如某采样点幅度取值落在两个相邻幅度值之间,按就近原则选定该采样点的幅度取值;如果采样点幅度取值刚好落在相邻幅度值之间的位置,则取高幅度值。

根据上述原则,图 3-11(a)的编码为:00 10 10 10 01 01 01 11 11。图 3-11(b)的编码为:000 100 100 100 010 001 010 101 110。

3.2.5 声音质量的影响因素

声音模拟信号经过数字化变为数字信号后仍然可以保持原有的声音质量,这是对声音编码的基本要求。影响声音质量的因素可以归纳如下。

(1) 采样频率:采样频率越高,声音质量越高;

(2) 量化位数:量化位数越高,声音质量越高;

(3) 声道数量:指的是声音产生的波形数量,一般为一个或两个。立体声是两个声道,当然比单声道的声音信息更加丰富,效果更好。

多媒体技术基础及应用

采样频率、量化位数和声道数量构成了声音的数字化指标。

当然,声音数字信号的质量越高,需要的存储空间越大。其计算公式如下:

$$V_{audio} = f' \times b \times n \times t/8$$

其中,V_{audio}——是音频信号的存储容量,单位为字节(B);f'——是采样频率,单位为 Hz;b——是量化位数,单位为比特(bit);n——是声道数;t——是播放时间,单位为秒(s)。

【例 3.1】 假设一个 CD 声音信号的采样频率为 44.1kHz,量化位数为 16bit,声音为立体声,播放时间为 60s。对该声音信号进行编码后,至少占用多大的存储容量?

解: 根据计算公式 $V_{audio} = f' \times b \times n \times t/8 = 44.1 \times 1000 \times 16 \times 2 \times 60/8 = 10\ 584\ 000B$

$$10\ 584\ 000B/(1024 \times 1024) = 10.09MB$$

需要注意的是,将字节数 B 转换为兆字节数 MB 的计算过程中,需要除以 1024×1024,而不是 1000×1000,这是由二进制数值运算的特点决定的。

各种常见声音的采样频率、量化位数以及每秒非压缩的数据率,如表 3-6 所示。

表 3-6   各种常见声音的数字化指标

声　音	频率宽度/Hz	采样频率/kHz	量化位数	声道数目	数据率/kbps
电话	200~3400	8	8	1	8.0
AM 广播	100~5500	11.025	8	1	11.0
FM 广播	20~11 000	22.05	16	2	88.2
CD	5~20 000	44.1	16	2	176.4
DAT	5~20 000	48	16	2	192.0
DVD 声音	0~96 000	192	24	6	1200.0

3.3　声音的文件格式

网络和各种计算机上运行的声音文件格式很多,比较流行的是以 .CDA(CD Audio,CD)、.WAV(Waveform,波形)、.AU(Audio,音频)、.AIFF(Audio Interchangeable File Format,音频交换文件格式)、.SND(Sound,声音)、.MP3(MPEG Audio Layer 3,MPEG 音频第 3 层次)、.RM(Real Media,RealNetworks 媒体)、.WMA(Windows Media Audio,Windows 媒体音频)和 .MID(Musical Instrument Digital Interface,音乐乐器数字接口)为扩展名的文件格式。其中,.WAV 格式的声音文件主要应用于个人计算机,.AU 格式的声音文件主要应用于 UNIX 工作站,.AIFF 和 .SND 格式的声音文件主要应用于苹果计算机以及 SGI(Silicon Graphics Inc.)工作站,.RM 格式的声音文件主要用于 RealPlayer 播放器,.MID 格式的声音文件是计算机和乐器的接口。常见的声音文件格式如表 3-7 所示。

表 3-7　常见的声音文件格式

声音文件的扩展名	说　　明
. CDA	Philips 公司开发的 CD 音乐所使用的文件格式
. WAV	Windows 采用的波形声音文件格式
. AU	Sun 和 NeXT 公司的声音文件格式
. AIFF	Apple 计算机上的声音文件格式
. SND	Apple 计算机上的声音文件格式
. MP3	MPEG Player Ⅲ 文件格式
. RM	RealNetworks 公司的流媒体声音文件格式
. WMA	Microsoft 公司开发的 Windows 媒体声音文件格式
. MID	Windows 的 MIDI 文件格式

1. CDA 格式

CDA 格式声音文件的质量可以说是近似无损的,其声音基本上接近于原声。. CDA 声音的相关数字化指标包括:频率宽度为 5~20 000Hz,采样频率为 44.1kHz,量化位数 为 16,一般采用双声道立体声,其数据率为 176.4kB/s。

CD 唱机中可以直接播放. CDA 格式的声音文件,但是不能直接将. CDA 格式的文件 直接复制到计算机上进行播放。这是因为. CDA 格式的文件只是一个包含索引信息的文 件,并不包含真正的声音信息。如果需要在计算机上播放. CDA 格式的声音文件,通常做 法是将. CDA 格式的声音文件转换为其他格式的声音文件,如. WAV 格式的声音文件。 这个转换过程使用抓音轨软件(Exact Audio Copy,EAC)来帮助完成。

2. WAV 格式

WAV 格式声音文件是 Windows 平台上默认的录音文件格式,符合资源交换文件格 式(Resource Interchange File Format,RIFF)文件规范,主要用于 Windows 平台及其应 用程序。. WAV 声音的相关数字化指标与. CDA 声音一样,. WAV 格式的声音文件质量 和. CDA 格式的声音文件质量相差无几。一个完整的. WAV 格式文件包含文件头和数 据块。文件头定义了采样频率、量化位数和传输率等指标。数据块记录声音数据,其格式 采用脉冲编码调制 PCM 或其压缩形式。

3. AU 格式

AU 格式声音文件是 Sun 公司开发的一种经过压缩的数字声音格式。. AU 格式文件 原先是在 UNIX 操作系统下使用的。由于早期 Internet 网络的应用服务器主要是基于 UNIX 操作系统的,所以. AU 格式的声音文件是网络上最为常用的格式之一。

4. AIFF 格式

AIFF 格式声音文件是 Apple 公司开发的一种压缩的数字声音格式,主要用于

Macintosh 操作系统及其应用程序。现在,.. AIFF 格式声音文件已经扩展应用到个人计算机和电子音响设备。

5. SND 格式

SND 格式声音文件也是由 Apple 公司开发的一种数字声音格式。该声音文件格式不是跨平台的,不被所有浏览器所支持。

6. MP3 格式

MP3 格式声音文件是基于 MPEG Audio Layer 3 的技术,将音乐以 1∶10 甚至 1∶12 的压缩率压缩成音质具有较小损失(牺牲了声音文件中 12kHz 到 16kHz 高频部分的质量)且基本保持原来音质的容量较小的文件。因此,MP3 格式文件存储空间小,音质高的特点使得 MP3 格式迅速成为网络最为流行的声音文件格式。一般来说,每分钟 MP3 格式音乐大约只占据 1MB 左右存储空间,每首歌的大小只有 3～4MB。

7. RM 格式

RM 格式是 RealNetworks 公司开发的一种流媒体视频文件格式,可以根据网络数据传输的不同速率制定不同的压缩比率,从而实现在低速率的 Internet 上进行视频文件的实时传送和播放。RM 视频文件可包含声音、视频和动画三个部分。

RM 格式的最大贡献在于流媒体技术。使用流媒体技术可以实现即时播放,先从服务器上下载一部分视频或声音文件,形成视频或声音流缓冲区后实时播放,同时继续下载,为接下来的播放做好准备。这种"边传边播"的方法避免了用户必须等待整个文件从 Internet 上全部下载完毕才能观看的缺点,因而特别适合在线观看影视。

8. WMA 格式

WMA 声音文件格式是 Microsoft 公司力推的一种格式。.WMA 格式是以减少数据流量但保持音质的方法来达到更高的压缩率目的,其压缩率一般可以达到 1∶18,生成的文件大小只有相应 MP3 文件的一半。

9. MID 格式

MID 格式文件并不是一段录制好的声音,而是记录产生声音的指令,这些指令告诉声卡如何再现音乐。由于其存储的是产生声音的指令,不是真正的声音数据,一个 MIDI 文件每存 1 分钟的音乐只用大约 5～10KB。MID 文件主要用于原始乐器作品,流行歌曲的业余表演,游戏音轨以及电子贺卡等。MID 文件重放的效果完全依赖声卡的档次。MID 格式的最大用处是在电脑作曲领域,可以用作曲软件写出,也可以通过声卡的 MIDI 口把外接音序器演奏的乐曲输入电脑里。

与波形声音相比,MIDI 数据不是声音而是指令,因此他的数据量要比波形声音少得多。半小时的立体声 16 位高品质音乐,如果使用波形文件无压缩录制,约需 300MB 的存储空间。而同样时间的 MIDI 数据只需 200KB,两者相差 1500 倍之多。

3.4 立体声技术

立体声是声音的双耳效应、哈斯效应和德波埃效应等心理特性共同作用的结果。立体效果主要是由于声音到达两耳的时间差或声强差造成的。常见的立体声包括双声道立体声和环绕立体声。

1. 立体声

立体声指的是使用两个或两个以上的声音通道,使得受听者感受的声源相对空间位置能接近实际声源的实际空间位置的声音。立体声是相对于单声来说的。单声指的是只使用一个声音通道的声音。

一个声源的声音经过介质进行传播并到达人的耳朵,会产生三种声音:直达声、反射声和混响声。

直达声指的是声源直接传播到耳朵的声音;反射声指的是声源发出的声音经过反射后到达耳朵的声音;混响声指的是声源发出的声音经过多次反射的各种不同能量的反射声。研究结果表明:如果反射声比直达声滞后的时间小于30ms,听众感觉的是直达声得到加强,有利于提高声音的清晰度和增强声音的亲切感;如果反射声比直达声滞后的时间大于50ms,且反射声又足够强,人耳则可以听出反射声的存在,这种现象称为回声。回声现象实际就是哈斯效应。

直达声可以帮助人的耳朵确定声源的方位;反射声可以帮助人的耳朵产生空间感;混响声给人的耳朵的听觉以包围感。反射声和混响声共同作用,给人的耳朵以临场感。

2. 立体声的原理

立体声产生的原理是基于到达两耳声音的时间差 ITD(Interaural Time Differences)和强度差 IID(Interaural Intensity Differences)。对于一个声源来说,时间差一般是由于距离的原因造成的,当声音从正面传来时,距离相等,没有时间差;若声源偏右3°,则到达右耳的时间就要比到达左耳的时间早大约30ms,这个30ms使得我们可以辨别出声源的位置。强度差是由于信号的衰减造成的,信号的衰减是因为距离而产生的。很多情况下,由于人的头部的遮挡使得声音衰减产生了强度的差别,使得靠近声源一侧的耳朵听到的声音强度要大于另一耳朵。

人耳对声音定位的特性,通过大脑的综合作用后,对有差别的声音信号进行了相对于空间位置的定位。这种定位就是立体声感觉的基础。

3. 双声道立体声

双声道立体声是将现场的实际音响制作成左和右两个信道的信号,并以两个扬声器在环境中重放,从而获得现场的空间感。

多媒体技术基础及应用

4. 环绕立体声

尽管双声道立体声的音质和声场效果大大好于单声道,但也有其局限性。双声道立体声只能呈现一个二维平面的空间感,并不能让受听者有置身其中的现场感。

1974 年 7 月,杜比实验室与百代唱片公司合作开发了杜比立体电影录音系统,由此,电影进入了立体声时代。1977 年,杜比实验室又成功研发出多声道环绕系统——Dolby Stereo(杜比立体声),电影正式进入多声道环绕时代。随后的 20 年内,环绕声技术逐渐成熟,数字录音技术也有了飞速的发展。1994 年,杜比实验室与日本先锋公司成功推出了一种崭新的采用数字技术的环绕声制式——Dolby Surround Audio Coding-3,即杜比AC-3 系统。由此,电影声音技术进入了数字时代。1998 年,杜比实验室正式将杜比 AC-3环绕声命名为杜比数码环绕声(Dolby Digital)。

杜比数码环绕声系统由 5 个全频域声道和 1 个超低音声道组成,又称为 5.1 声道,如图 3-12 所示。其中,5 个声道分别是左前、右前、前中置、左后和右后位置,超低音声道主要负责传送频率小于 120Hz 的低音信息,其目的是为了补充其他声道的低音内容,使一些如爆炸、撞击等低音的场景的声效更好。

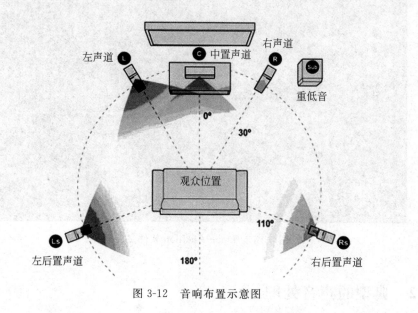

图 3-12　音响布置示意图

3.5　使用 Adobe Audition 进行声音处理

3.5.1　Adobe Audition 软件介绍

Adobe Audition 是一个专业的数字声音处理软件,能够非常直观方便地实现对声音文件的处理。

Adobe Audition 软件原名为 Cool Edit Pro，被 Adobe 公司收购之后，改名为 Adobe Audition。其基本功能如下。

(1) 录音及多音轨合成；

(2) 声音剪辑，包括声音片断的删除、声音片断的连接和语序调整；

(3) 声音的数字化指标转换：采样频率的转换、样本精度的转换和音量的提高或降低；

(4) 声音的效果处理：淡入淡出、混响、回声和延迟等；

(5) 声音的降噪处理。

打开 Adobe Audition 声音处理软件(其版本号为 CS6，version 5.0.2)，其主界面如图 3-13 所示。

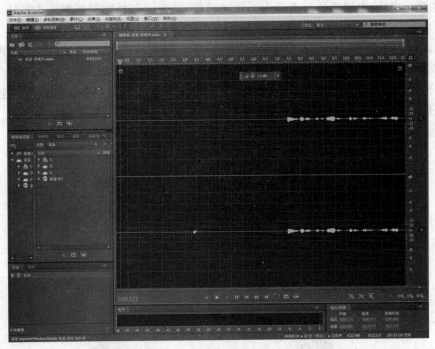

图 3-13　Adobe Audition 软件主界面

3.5.2　典型的声音处理

典型的声音处理包括录音、音量转换、采样频率转换、文件格式转换、降噪处理、淡入淡出效果等。

1. 录音

(1) 录音之前，保证计算机上插入能够正常工作的麦克。执行操作"新建"→"多轨混音项目"，打开新建多轨混音界面，如图 3-14 所示。该界面中，规定声音的采样率为 48000Hz，量化位深为 32bit。

(2) 单击轨道 1 的"录音准备"按钮 R，如图 3-15 所示。

──────── 多媒体技术基础及应用

图 3-14　新建多轨混音界面

图 3-15　点中录音准备按钮 R

（3）单击红色的"录制"按钮，空出数秒时间录制环境噪音以备后续的降噪处理，然后输入一段语音。录制结束后如图 3-16 所示。此时，可单击"播放"按钮查看录制效果。

图 3-16　录音完成界面

（4）鼠标选中刚刚录制的声音，并单击左上角的"波形"按钮，查看波形编辑器，如图 3-17 所示。

（5）执行操作："文件"→"导出"→"文件"，打开导出文件界面，如图 3-18 所示。

对于导出的声音，可直接单击播放查看效果。此时，可明显感觉到环境噪声，需要进行降噪处理。

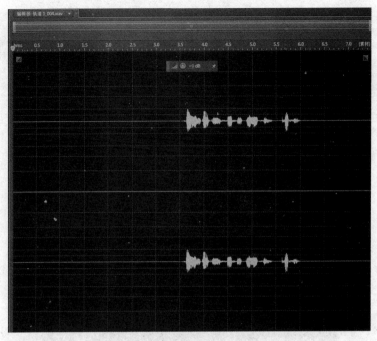

图 3-17　查看波形编辑器

2. 音量转换

（1）执行操作："效果"→"振幅与压限"→"标准化"，打开标准化界面，如图 3-19 所示。这里，标准化指的是将一个声音文件的音量按照一定的比例放大或缩小，缩放的量取决于这个声音里音量最大值。

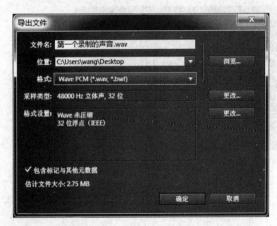

图 3-18　导出文件界面

图 3-19　标准化界面

（2）单击"确定"按钮之后，声音波形如图 3-20 所示。这时，再单击"播放"按钮，声音的音量明显增大，但噪声的音量也随之增大。

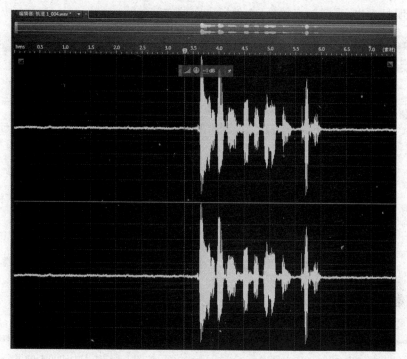

图 3-20　标准化操作后的声音

3. 采样频率转换

（1）当导出文件时，可修改采样频率。在导出文件界面，单击采样类型后的"更改"按钮，打开"转换采样类型"界面，如图 3-21 所示。这里，将采样频率调整为 6000Hz。

图 3-21　"转换采样类型"界面

（2）单击"确定"按钮后，导出一个采样频率为 6000Hz 的声音，与前述导出采样频率为 48 000Hz 的声音进行播放效果和文件大小的比较。其中，文件大小比较如图 3-22 所示。可以明显看出,采样频率越低,文件所占存储空间越小。

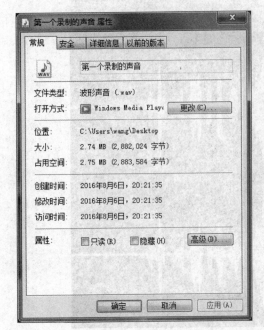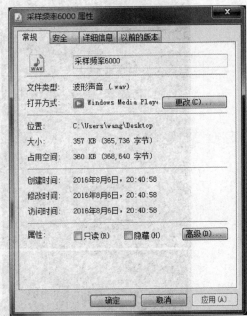

(a) 采样频率为48 000Hz的声音　　　　　　(b) 采样频率为6000Hz的声音

图 3-22　不同采样频率的声音比较

4. 文件格式转换

(1) 当导出文件时,可修改导出文件格式。在导出文件界面,单击格式下拉框,可选择不同类型的文件格式,如图 3-23 所示。

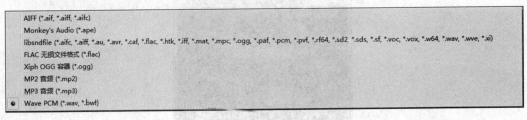

图 3-23　不同的导出文件格式

(2) 选择 MP3 格式导出,采样频率仍然为 48 000Hz,比较该 MP3 格式文件和默认 WAV 格式文件的大小,如图 3-24 所示。可以明显看出,MP3 格式声音文件的存储空间要远小于 WAV 格式声音文件。这是因为 MP3 是一种压缩存储格式。

5. 降噪处理

(1) 对于前面录制的带有环境噪声的声音,使用鼠标左键选中环境噪声,如图 3-25 所示。

　　　　　　　　　　　　多媒体技术基础及应用

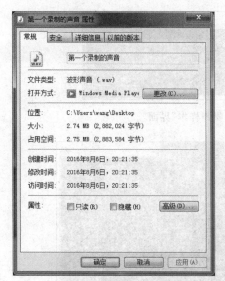
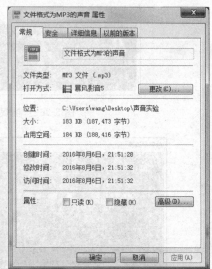

(a) 采样频率48 000Hz的WAV声音　　　　　(b) 采样频率48 000Hz的MP3声音

图 3-24　不同文件格式的声音比较

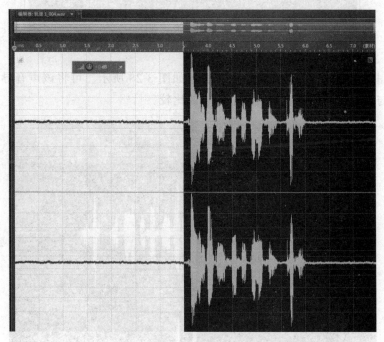

图 3-25　选中环境噪声

（2）对于选中的环境噪声,单击鼠标右键,执行"捕捉噪声样本"操作,打开捕捉噪声样本界面,如图 3-26 所示。

（3）执行操作："效果"→"降噪/恢复"→"降噪（处理）",打开降噪处理界面,如图 3-27 所示;可通过拖动"降噪"和"降噪依据"滑块,调节降噪强度和降噪依据,达到不同的降噪效果。

图 3-26 "捕捉噪声样本"界面

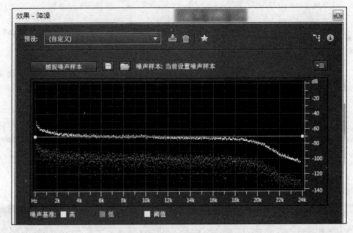

图 3-27 降噪处理界面

(4) 单击"应用"按钮,降噪后的声音波形如图 3-28 所示。可将该声音导出为 WAV 格式文件,与没有降噪的声音进行播放效果的比较。

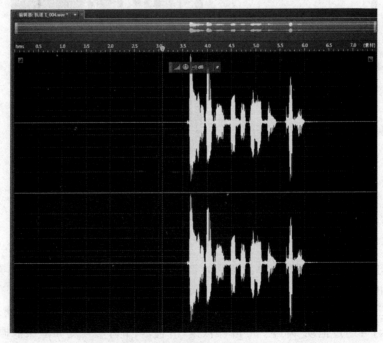

图 3-28 降噪后的声音波形

多媒体技术基础及应用

6. 淡入淡出效果

（1）执行操作："文件"→"打开"，选择文件"火车声音.mp3"，如图 3-29 所示。

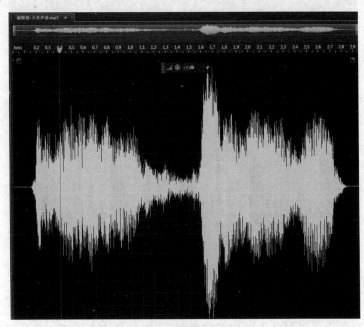

图 3-29　火车声音波形

（2）删除该声音头部和尾部的空白声音，其声音波形如图 3-30 所示。

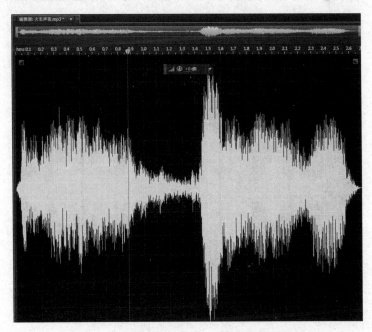

图 3-30　删除前后空白声音后的火车声音波形

（3）使用鼠标全选该声音，将其顺序复制到后面至少 5 次，如图 3-31 所示。

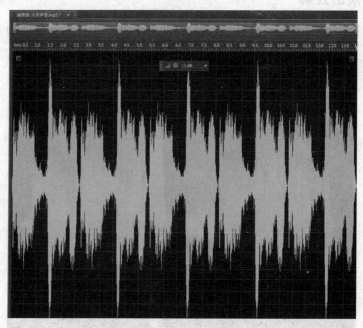

图 3-31　复制火车声音

（4）现在对该声音进行淡入淡出的效果处理，以达到火车通过一个车站时，声音由小及大，再由大及小所带来的立体感。通过拖动波形编辑窗口的淡入和淡出按钮来控制淡入淡出效果的包络，如图 3-32 所示。将该文件进行保存，并单击播放查看效果。

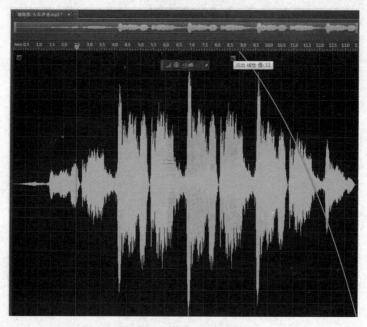

图 3-32　淡入淡出效果

多媒体技术基础及应用

本 章 小 结

声音是一种重要的感觉媒体,声音处理技术是多媒体技术的重要研究内容。

声音的基本特性包括物理特性和心理特性两个方面。物理特性包括频率、幅度、声压或声压级以及动态范围。心理特性包括音调、音色和响度。

声音的物理特性和心理特性之间存在着一定的关系:①一定声压级的纯音,音调随频率的升高而升高,随频率的降低而降低;②一定频率的纯音,低频纯音的音调随声压级增加而下降,高频纯音的音调却随声压级增加而上升;③一定频率的声音,声压级越高,响度级越高;④一定声压级的声音,可能出现两个不同频率的声波会产生相同响度级的声音。

声音的数字化过程包括采样、量化和编码三个过程。影响声音质量的因素包括采样频率、量化位数和声道数量。

声音文件格式种类繁多,常见的包括 CDA、WAV、AU、AIFF、MP3 和 WMA 等。

立体声指的是使用两个或两个以上的声音信道,使受听者感觉的声源相对空间位置能接近实际声源的相对空间位置的声音。立体声的产生是由声音到达两耳间的时间差或声音到达两耳间的强度差引起的。常见的立体声系统包括双声道立体声和环绕立体声。

Adobe Audition 是一个专业的数字声音处理软件,能够非常直观方便地实现对声音文件的处理。其基本功能包括:录音及多音轨合成、声音剪辑(包括声音片断的删除、声音片断的连接和语序调整)、声音的数字化指标转换(采样频率的转换、样本精度的转换和音量的提高或降低)、声音的效果处理(淡入淡出、混响、回声和延迟等)和声音的降噪处理。

习 题

一、选择题

1. 声音在下面介质中传播速度最快的是(　　)。
   A. 真空　　　　　　　　B. 空气　　　　　　　C. 煤油　　　　　　　D. 大理石

2. 下面是超声波的频率范围的是(　　)。
   A. >20kHz　　　　B. 20Hz~20kHz　　C. >30kHz　　　　D. 30Hz~30kHz

3. 人耳声压的可听阈值是(　　)。
   A. 1.015×10^5 Pa　　　　　　　　　B. 2×10^{-5} Pa
   C. 200Pa　　　　　　　　　　　　　　　D. 20Pa

4. 下面说法不正确的是(　　)。
   A. 一定声压级的纯音,音调随频率的升高而升高,随频率的降低而降低

B. 一定频率的纯音,该纯音的音调随声压级增加而增加,随声压级下降而下降

C. 一定频率的声音,声压级越高,响度级越高

D. 一定声压级的声音,可能出现两个不同频率的声波会产生相同响度级的声音

5. 关于声音数字化过程的描述,不正确的是(　　　)。

A. 采样频率越高,声音质量越好

B. 量化位数越高,声音质量越好

C. 均匀量化意味着所有输入信号采用同一量化间隔

D. 非均匀量化意味着大的输入信号采用小的量化间隔,小的输入信号采用大的量化间隔

6. 下面数字化声音中,采样频率最高的可能是(　　　)。

A. FM 广播　　　　B. AM 广播　　　　C. CD 音乐　　　　D. 电话录音

7. 关于声音的文件格式的描述,不正确的是(　　　)。

A. .mp3 格式的声音文件存储的是真正的声音信息

B. .cda 格式的声音文件存储的是真正的声音信息

C. .rm 格式的声音文件存储的是真正的声音信息

D. .wma 格式的声音文件存储的是真正的声音信息

8. 一个声源的声音经过介质进行传播并最后到达人的耳朵,会产生三种声音:直达声、反射声和混响声,其中会产生"回声"现象的是(　　　)。

A. 直达声和混响声

B. 反射声和混响声

C. 直达声和反射声

D. 直达声、反射声和混响声

9. 关于声音的掩蔽效应的描述,不正确的是(　　　)。

A. mp3 等数字音乐格式是基于声音的频域掩蔽效应进行压缩的

B. mp3 等数字音乐格式是基于声音的时域掩蔽效应进行压缩的

C. 关于频域掩蔽,弱音在频率上距离强音越近,越容易被掩蔽

D. 关于频域掩蔽,处于中间频率的声音其掩蔽空间较大

10. 下面各种声音文件格式的文件中,存储声音指令的是(　　　)。

A. MID 格式　　　B. SND 格式　　　C. WAV 格式　　　D. AIFF 格式

11. 一名男低音歌手正在放声歌唱,一位女高音歌手为他轻声伴唱,下面对两人声音描述正确的是(　　　)。

A. "男声"音调低,响度小,"女声"音调高,响度大

B. "男声"音调低,响度大,"女声"音调低,响度小

C. "男声"音调低,响度小,"女声"音调低,响度大

D. "男声"音调低,响度大,"女声"音调高,响度小

12. 请把您的计算机播放的音乐的音量调小一些,这里是在调节声音的(　　　)。

A. 音调　　　　　B. 响度　　　　　C. 音色　　　　　D. 以上都不是

13. 演奏前,二胡演员经常要调节弦的松紧程度,其目的在调节弦发声时的(　　　)。

A. 响度　　　　　B. 音调　　　　　C. 音色　　　　　D. 振幅

14. 人们常对一套音响设备评头论足,说它如何保持逼真的效果,这主要是指(　　)。

A. 音调和响度　　B. 响度与音色　　C. 音调和音色　　D. 音调、响度和音色

15. 当声音在传播过程中,正确的是(　　)

A. 音色会逐渐改变

B. 音调会逐渐降低

C. 响度都会逐渐降低

D. 声音的音调、音色、响度都不会改变

二、简答题

1. 简述声音的物理特性。

2. 简述声音的心理特性。

3. 简述声音的物理特性和心理特性之间的关系。

4. 简述声音的数字化过程。

5. 什么是声音的等响度级曲线,从该曲线中可以得出哪些规律?

6. 声音经过介质进行传播并最后到达人的耳朵,会产生直达声、反射声和混响声,简述每种声音的作用。

7. 简述声音的频率掩蔽和时域掩蔽。

8. 简述双声道立体声和典型的环绕立体声。

第 **4** 章 图像处理技术基础

随着图像处理技术的发展,出现了越来越多的有关图像媒体的应用,如指纹识别、人脸识别、机动车号牌识别和产品表面质量检测等。

本章首先介绍图像的基本特性,包括物理特性和心理特性,然后简要说明图像的数字化过程,包括采样、量化和编码,并列举几种常见的图像文件格式,最后以 Photoshop 软件为平台介绍图像的相关处理技术。

4.1 颜 色

图像是采用扫描设备、摄像设备或专用软件(如 Photoshop 和 Windows 自带的绘图工具等)生成的图片,保存图像时需要记录每个点的颜色。组成图像的点称为像素。图像中的像素具有两个属性,分别是位置和颜色。像素的位置的概念比较简单,可以理解为该像素相对于图像左上角像素的距离。颜色的概念较难理解,下面从人对颜色的感知过程说明颜色的基本概念。

光源发出的光照射到物体上,经物体反射后进入人的眼睛,随后产生颜色信息进入大脑,这就是颜色的形成过程。这一过程中,光源、物体、眼睛和大脑构成了颜色的四个要素。

光源的辐射和物体的反射属于物理学研究范畴,而眼睛的感受和大脑的处理属于生理学研究范畴。因此,颜色具有相应的物理特性和心理特性。

颜色是人类视觉系统对可见光的感知结果。人能够看见物体,并分辨物体的颜色,是由于光经过物体反射后进入人的眼睛。人眼可以识别的光称为可见光。可见光是一种电磁波,其波长在 $400\sim750\mathrm{nm}(1\mathrm{nm}=10^{-9}\mathrm{m})$ 范围。可见光作为一种电磁波,具有频率、波长和速度等特性,这是光的物理特性,同时也是颜色的物理特性。

不同波长的电磁波在人的眼中会表现为不同的颜色,这是人的视觉神经系统对于光波辐射刺激的反应。可见光由电磁波谱中相对狭长的频带组成。当物体的反射光在所有可见光波长中的成分相对平衡时,则物体显示白色;当物体只反射有限的可见频谱范围内的光波时,物体显示不同的颜色。

由于颜色是人们对于光的感知,因此,一束到达人眼睛中的光的组成,决定了人对于该物体颜色的判定。如果一个物体的表面能够反射所有波长的可见光电磁波,则人们所看到的这个物体的表面呈现白色;而如果一个物体的表面能够吸收所有的光线,则这个物体呈现黑色。这种对光经过物体反射后所呈现的红色、黄色或绿色等颜色的感知,属于颜色的心理特性。

4.1.1　颜色的物理特性

颜色是人的视觉系统对光经过物体反射后进入人的眼睛的感知。颜色首先是由光的物理特性决定的,然后才是环境因素和物体表面。这些物理特性包括波长、光通量和光强。

1. 波长

波长是光在一个周期的时间段内传播的距离。波长使用下面的公式来进行计算。

$$\lambda = c \times T$$

其中,λ 是波长,单位为 m,c 为光速,单位为 m/s,一般取常量 3×10^8 m/s,T 为光波的周期,单位为 s。

$$f = \frac{1}{T}$$

其中,f 为光波的频率,单位为 Hz,是周期的倒数。则波长的另一种计算公式如下:

$$\lambda = \frac{c}{f}$$

根据波长的长短不同,电磁波可以分为:

(1) 无线电波。无线电波的波长从 1mm～10×10^5 km 不等,对应的频率范围为 3Hz～300GHz,主要用于各种通信和广播,如表 4-1 所示。这里需要特别说明一下微波。微波的波长为 1～300mm 不等。微波是无线电波的一种,属于特高频、超高频和极高频。微波多用于雷达或其他通信。日常生活中,微波炉利用频率为 2450MHz(波长为12.24cm)的微波对食物进行加热。

(2) 红外线。红外线的波长从 7.8×10^{-7}～1×10^{-3} m。所有高于绝对零度(-273.15℃)的物质都可以产生红外线。人们利用红外线电磁波可以制造各种夜视仪。

(3) 可见光。可见光是人们所能感光的极狭窄的一个波段。可见光的波长范围很窄,大约在 390～780nm 之间。各种典型的可见光的波长和频率如表 4-2 所示。从可见光向两边扩展,比可见光的波长大的电磁波是红外线,比可见光的波长小的是紫外线。

表 4-1　无线电波的波长和频率

频段名称	波　长	频　率	应　用
极低频	$10^7 \sim 10^8$ m	大约 3～30Hz	潜艇通信
超低频	$10^6 \sim 10^7$ m	大约 30～300Hz	交流输电
特低频	$10^5 \sim 10^6$ m	大约 300～3000Hz	矿场通信
甚低频	$10^4 \sim 10^5$ m	大约 3～30kHz	超声波探测
低频	$10^3 \sim 10^4$ m	大约 30～300kHz	国际广播

频段名称	波　　长	频　　率	应　　用
中频	100~1000m	大约300~3000kHz	调幅广播
高频	10~100m	大约3~30MHz	民用电台
甚高频	1~10m	大约30~300MHz	调频广播
特高频	100mm~1m	大约300~3000MHz	电视广播
超高频	10~100mm	大约3~30GHz	雷达
极高频	1~10mm	大约30~300GHz	遥感

表 4-2　可见光的波长和频率

颜　　色	波长/nm	频率/Hz
红色	大约625~740	大约480×10^{12}~405×10^{12}
橙色	大约590~625	大约510×10^{12}~480×10^{12}
黄色	大约565~590	大约530×10^{12}~510×10^{12}
绿色	大约500~565	大约600×10^{12}~530×10^{12}
青色	大约485~500	大约620×10^{12}~600×10^{12}
蓝色	大约440~485	大约680×10^{12}~620×10^{12}
紫色	大约380~440	大约790×10^{12}~680×10^{12}

（4）紫外线。紫外线的波长比可见光要小，它的波长在 3×10^{-7}~6×10^{-10} m 之间。紫外线具有显著的化学效应和荧光效应。红外线和紫外线都属于不可见光，需要借助于特殊的仪器来进行探测。

从无线电波、红外线、可见光到紫外线，频率逐渐增大，波长逐渐减小。

2. 光通量

光通量指的是人眼所能感觉到光波的辐射功率，等于单位时间内的某一波段的辐射能量和该波段的相对视见率的乘积。由于人眼对不同波长的光的相对视见率不同，不同波长光的辐射功率相等时，其光通量并不相等。既然光通量是由不同波长的光的辐射功率和相对视见率经过计算而得的，下面重点介绍辐射功率和相对视见率的概念。

辐射功率指的是单位时间内所发射的所有波长成分的辐射能量总和。

视见率指的是不同波长的光对人眼的视觉灵敏度。实验表明：正常视力的观察者，在明亮的视觉环境下，对波长为 5.55×10^{-7}m 的黄绿色光最敏感；在灰暗的视觉环境下，对波长为 5.07×10^{-7}m 的光最为敏感。而对紫外线和红外线，则无可视感觉，视见率为 0。相对视见率指的是一定波长的光的视见率与波长为 5.55×10^{-7}m 的黄绿光的视见率的比值。例如，波长为 650nm 的红光的相对视见率为 0.1，波长为 555nm 的绿光与波长为 650nm 的红光的辐射功率相等时，前者的光通量为后者的 10 倍。

实际研究中,经常使用如下公式来计算光通量:

$$\Phi = K \int_0^\infty \frac{\mathrm{d}\Phi(\lambda)}{\mathrm{d}\lambda} V(\lambda)\,\mathrm{d}\lambda$$

其中,Φ 为光通量,单位为流明,英文简称为 lm,K 为光敏度,单位为 lm/W。λ 为波长,$V(\lambda)$ 是人眼相对光谱敏感度的曲线,即各种不同波长的光的相对视见率。

科学研究中,已经出现了多种测量光通量的仪器。

3. 光强

光强,又称发光强度,指的是光源发出的在给定方向上单位立体角内的光通量。计算公式如下:

$$I = \frac{\mathrm{d}\Phi}{\mathrm{d}\Omega}$$

其中,I 为光强,单位为坎得拉,英文简称为 cd,Φ 为光通量,单位为流明,英文简称为 lm,Ω 为立体角,单位为球面度,英文简称为 sr。

立体角指的是一个物体对特定点的三维空间的角度。立体角是物体在一个以观测点为圆心的球的投影面积与球半径平方值的比。它是站在某一点的观察者测量到的物体大小的尺度。例如,一个在观察点附近的小物体可以和一个远处的大物体对于同一观察点有相同的立体角。

4.1.2　颜色的心理特性

颜色的心理特性是人们对光经过物体反射后进入人的视觉系统后的感知所进行的描述,包括色调、饱和度和亮度。

1. 色调

色调(Hue)又称为色相,是视觉系统对物体呈现颜色的感觉。色调与光波的波长直接相关,对颜色的感觉实际上就是视觉系统对可见物体辐射或者反射光波的波长的感觉。

色调的种类很多,大约有一千万种以上。但是,普通人对颜色的分辨能力有限,只能辨认出大约三四百种颜色。黑色和白色没有色调,介于黑与白中间的灰色,也不具有色调。日常生活中,色调有一个自然的顺序:红色、橙色、黄色、绿色、青色、蓝色和紫色。一般用于描述色调的色环包含红色、黄色、绿色、青色、蓝色和品红色,如图 4-1 所示。

因此,色调表征了观察者所获得的主导颜色的感觉。

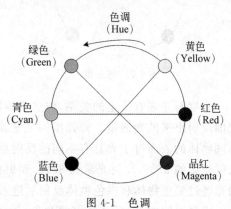

图 4-1　色调

2. 饱和度

饱和度指的是颜色偏离灰色而距离纯光谱色的接近程度。黑色、白色和灰色的饱和度最低,其值为 0%,而纯光谱色的饱和度最高,其值为 100%。饱和度,如图 4-2 所示。圆心处是饱和度为 0% 的白光,圆的边上是饱和度为 100% 的纯光谱色,而处于中间的某一混合色光,就是一定比例的纯光谱色光和白光混合而成。其中,纯光谱色的比例就是该混合色光的饱和度。例如,红色加进白光之后冲淡为粉红色,其基本色调还是红色,但饱和度降低。显然,越接近圆心,饱和度越低;越接近圆边,饱和度越高。

因此,饱和度表征了在颜色中掺杂白色光的比例多少。纯光谱色就是饱和的。淡红色就因为掺杂了白色而变成不饱和的颜色。

3. 亮度

亮度指的是光所产生的明暗的感觉,是视觉系统对可见物体辐射或者反射能量所感知的明亮程度。对于白色、黑色和灰色,白色最亮,黑色最暗,而灰色则介于二者之间。亮度,如图 4-3 所示。对于该亮度圆柱体,下底面的亮度最低为黑色,上表面的亮度最高为白色,中间的亮度介于黑色与白色中间,为灰色。

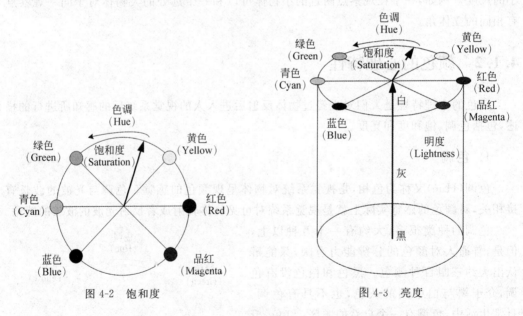

图 4-2　饱和度　　　　　　　　　　　图 4-3　亮度

亮度与光强有一定的关系,但又不等同于光强。亮度可以简单地理解为从一个物体表面反射出来的光通量。光强指的是光源发出的在给定方向上单位立体角内的光通量。不同物体的表面对于光具有不同的反射系数或吸收系数。例如,一般白色的纸大约吸收入射光量的 20%,反射光量为 80%,而黑色的纸只反射入射光量的 3%。因此,同一光强的光经过黑色物体和白色物体反射后进入人的眼睛,形成的亮度感觉是不同的。

需要说明的是,最高亮度的颜色——白色的饱和度是 0%,最低亮度的颜色——黑色的饱和度也是 0%。因此,该亮度圆柱体模型的上下表面应该收敛于一个点。此处为了表达的方便,暂且使用圆柱体模型来进行解释说明。

4.2　颜　色　空　间

颜色空间(或颜色模型)指的是描述所有颜色的一套规则和定义,又称为颜色模型。典型的颜色空间包括 RGB 颜色空间、CMYK 颜色空间、HSL 颜色空间、YUV 颜色空间、YCbCr 颜色空间、YIQ 颜色空间和 Lab 颜色空间。

4.2.1　RGB 颜色空间

RGB(Red Green Blue)颜色空间指的是一种以红色(Red)、绿色(Green)和蓝色(Blue)为基本色并通过混合而获得其他颜色的颜色定义和颜色构造规则。电视机和计算机的显示器使用的阴极射线管(Cathode Ray Tube,CRT)是一个有源物体,可以发出三种颜色的光。阴极射线管 CRT 使用三个电子枪分别产生红色、绿色和蓝色三种波长的光,并以各种不同强度进行混合以产生其他颜色。

RGB 颜色空间可以使用如图 4-4 所示的正方体模型表示。红、绿、蓝分别在正方体的 3 个顶点上,黄、青、品红在正方体的另外三个顶点上。黑色在原点,白色在另外一个远端顶点。灰度沿着黑白两点的连线从黑延伸到白,在此连线上的颜色只有颜色强度的区别,没有色调。其他各种颜色对应于正方体内或面上的各个点。

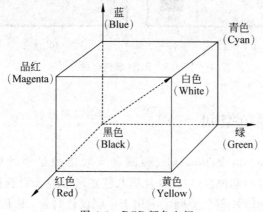

图 4-4　RGB 颜色空间

RGB 颜色空间使用的实际是一种相加混色模型。相加混色指的是任何一种颜色都可以使用红色、绿色和蓝色三种基本颜色按照不同的比例混合得到。三种颜色的光的比例不同,所看到的颜色也就不同,可以使用下面的公式进行描述。

颜色＝红色×红色的百分比＋绿色×绿色的百分比＋蓝色×蓝色的百分比

当三种基本颜色都取最大值并等量相加时,得到白色;当红绿两种颜色取最大值并等量相加而蓝为 0 时得到黄色;当红蓝两种颜色取最大值并等量相加而绿为 0 时得到品红色;当绿蓝两种颜色取最大值并等量相加而红为 0 时得到青色。颜色合成示例,如图 4-5 所示。

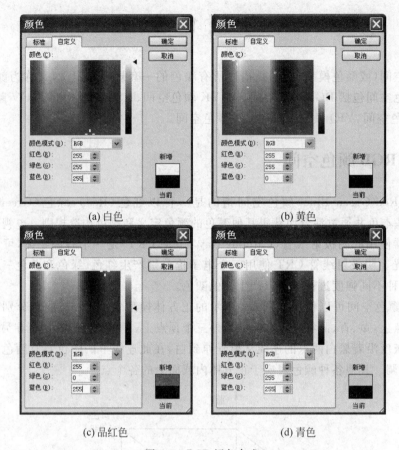

(a) 白色　　　　　　　　　　　　(b) 黄色

(c) 品红色　　　　　　　　　　　(d) 青色

图 4-5　RGB 颜色合成

4.2.2　CMYK 颜色空间

CMYK(Cyan Magenta Yellow black)颜色空间指的是一种以青色(Cyan)、品红(Magenta)、黄色(Yellow)和黑色(black)为基本色并通过混合而获得其他颜色的颜色定义和颜色构造规则。CMYK 颜色空间大多用于印刷设计行业,用于描述入射光线被印刷品反射的情景。

CMYK 颜色空间使用的实际是一种相减混色模型。相减混色利用滤光特性,即在白光中过滤不需要的颜色,留下需要的颜色。常见的相减混色关系式如下:

黄色 ＝ 白色 － 蓝色;

青色 ＝ 白色 － 红色;

品红 ＝ 白色 － 绿色;

红色 ＝ 白色 － 蓝色 － 绿色;

绿色＝白色－蓝色－红色；

蓝色＝白色－绿色－红色；

黑色＝白色－蓝色－绿色－红色

（根据 CMYK 颜色模型，黑色并不能由此相减混色公式得到）。

黄颜色的颜料之所以呈现黄色，是因为它吸收了蓝光而反射黄色的光的缘故；而青颜色的颜料之所以呈青色，是因为它吸收红光反射青色的光的缘故。如果将黄与青两种颜料混合，实际上是它们同时吸收蓝光和红光，而只能反射绿光，因此呈现绿色。

相减混色是以吸收三基色比例不同而形成不同的颜色。有时，将青色、品红、黄色称为颜料的三基色。颜料三基色的混色在绘画、印刷中得到广泛应用。

根据相减混色公式，青色、品红和黄色三种颜色合成后应该产生黑色。但是，由于在实际印刷生产过程中，油墨中存在杂质，从而导致产生一种很暗的不纯净的棕色。为了解决这个问题，人们在这个色彩模型中加入了第四种颜色，即黑色，形成 CMYK 颜色空间。

RGB 颜色空间中的颜色和 CMYK 颜色空间中的颜色可以相互转换，但其转换过程非常复杂，涉及"黑色替换值"的概念。Photoshop 软件中，品红色在 RGB 颜色空间与 CMYK 颜色空间表示形式，如图 4-6 所示。

图 4-6　品红色在 RGB 颜色空间和 CMYK 颜色空间中的表示形式

4.2.3　HSL 颜色空间

HSL(Hue Saturation Lightness)颜色空间是基于人对颜色感知的心理特性的一种颜色定义和颜色构造规则，如图 4-7 所示。HSL 颜色空间中，H(Hue)定义颜色的波长，称为色调；S(Saturation)定义颜色的强度，表示颜色的深浅程度，称为饱和度；L(Lightness)定义掺入的白光量，称为亮度。亮度有时使用 B(Brightness)来表示，HSL 颜色空

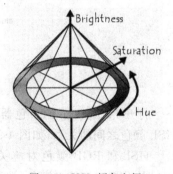

图 4-7　HSL 颜色空间

间又称为 HSB 颜色空间。

若把饱和度 S 和亮度 L 的值设置为 1，当改变色调 H 时就是选择不同的纯颜色；改变饱和度 H 时，可以理解为掺入了部分白色的色光；降低亮度 L 时，颜色变暗，可以理解为掺入了部分黑色的色光。

RGB 颜色空间中的颜色和 HSL 颜色空间中的颜色也可以相互转换。其中，RGB 颜色空间中的颜色可以按照下述步骤转换为 HSL 颜色空间中的颜色。

步骤 1：把 RGB 值转成[0,1]中数值；一般采取的方式是将 RGB 三个分量同时除以 255。

步骤 2：找出 R、G 和 B 中的最大值 max 和最小值 min。

步骤 3：设 $L=(\max+\min)/2$。

步骤 4：如果最大值和最小值相同，则为表示灰色，那么 S 定义为 0，而 H 也定义为 0。

步骤 5：否则，测试 L，并计算饱和度 S。

如果 $L<0.5$，则 $S=(\max-\min)/(\max+\min)$

如果 $L\geqslant0.5$，则 $S=(\max-\min)/(2.0-\max-\min)$

步骤 6：测试 RGB 三个分量，并计算出色调 H。

如果 $R=\max$，则 $H=(G-B)/(\max-\min)$

如果 $G=\max$，则 $H=2.0+(B-R)/(\max-\min)$

如果 $B=\max$，则 $H=4.0+(R-G)/(\max-\min)$

步骤 7：$H=H\times60.0$，如果 H 为负值，则有 $H=H+360$。

例如，RGB 颜色空间中的品红色的三个分量分别为(255,0,255)，按照上述步骤进行计算后，得到的 HSL 颜色空间对应的品红色的三个分量分别为(300,100,50)。HSL 颜色中色调如图 4-8 所示。

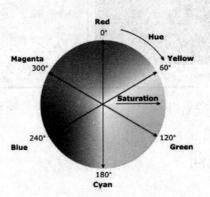

图 4-8　HSL 颜色空间中色调

打开 Photoshop 的拾色器，设置红、黄、绿、青、蓝、品红六种颜色，观察 RGB 颜色与 HSL 颜色之间的关系，如图 4-9 所示。

HSL 和 RGB 颜色对应关系实验表明：HSL 的色调 H＝0、60、120、180、240 和 300 时，分别对应纯光谱色(饱和度为 100％)的红、黄、绿、青、蓝和品红。

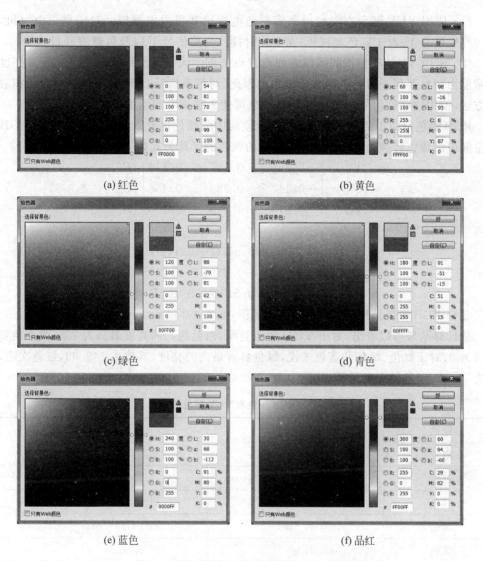

图 4-9　HSL 颜色和 RGB 颜色的对应关系

4.2.4　YUV 颜色空间

　　YUV 颜色空间指的是使用一个亮度信号 Y 以及两个色差信号 U 和 V 的颜色定义和颜色构造规则。现代彩色电视系统中,大多采用 YUV 颜色空间。具体实现时,首先采用三管彩色摄像机或彩色电荷耦合器件(Charge Coupled Device, CCD)摄像机,获得彩色图像信号,经过分色棱镜分成 $R_0 G_0 B_0$ 三个分量信号,分别经过放大和校正得到 RGB 信号,再经过矩阵变换电路得到亮度信号 Y、色差信号 $U = R - Y$ 和色差信号 $V = B - Y$,发送端再将这三个分量进行编码,使用同一信道发送出去。

　　使用 YUV 颜色空间具有以下优点。

（1）使用 YUV 颜色空间可以兼容彩色电视机和黑白电视机。对于黑白电视机，只接收亮度信号 Y；对于彩色电视机，需要同时接收亮度信号 Y 以及色差信号 U 和 V。

（2）使用 YUV 颜色空间可以方便地进行压缩。大量实验结果表明：人眼对亮度的分辨能力明显要强于对颜色的分辨能力。因此，对色差信号 U 和 V 可以采用大面积着色的方法，使用比亮度信号 Y 低的采样频率也可使人感觉不到图像的失真。

RGB 颜色空间中的颜色和 YUV 颜色空间中的颜色也可以相互转换。其中，RGB 颜色空间中的颜色转换为 YUV 颜色空间中的颜色的计算公式如下：

$$\begin{bmatrix} Y \\ U \\ V \end{bmatrix} = \begin{bmatrix} 0.299 & 0.587 & 0.114 \\ -0.147 & -0.289 & 0.436 \\ 0.615 & -0.515 & -0.100 \end{bmatrix} \begin{bmatrix} R \\ G \\ B \end{bmatrix}$$

或者

$$Y = 0.299R + 0.587G + 0.114B$$
$$U = -0.147R - 0.289G + 0.436B$$
$$V = 0.615R - 0.515G - 0.100B$$

部分 RGB 颜色转换为 YUV 颜色的示例，如表 4-3 所示。

从计算结果可以看出，对于 YUV 颜色空间，白色色光的亮度最高为 255，两个色差信号均为 0；对于红色、绿色和蓝色来说，绿色具有最高的亮度，其值为 149.69，红色次之，其值为 76.25，蓝色的亮度最低，其值为 29.07。

表 4-3　RGB 颜色和 YUV 颜色的转换

颜色	RGB 颜色	YUV 颜色
白色	255，255，255	255，0，0
红色	255，0，0	76.25，−37.49，156.83
绿色	0，255，0	149.69，−73.70，−131.33
蓝色	0，0，255	29.07，111.18，−25.50
黑色	0，0，0	0，0，0

4.2.5　YCbCr 颜色空间

YCbCr 颜色空间与 YUV 颜色空间类似，也是使用一个亮度信号和两个色差信号。YCbCr 颜色空间中的色差信号由 YUV 颜色空间中的色差信号 U 和 V 经过缩放和偏移获得，而 YCbCr 颜色空间中的亮度信号 Y 与 YUV 颜色空间中的亮度信号 Y 完全相同。

RGB 颜色空间中的颜色转换为 YCbCr 颜色空间中的颜色的计算公式如下：

$$Y = 0.299R + 0.587G + 0.114B$$
$$C_b = 0.564(B - Y)$$
$$C_r = 0.713(R - Y)$$

RGB 颜色和 YCbCr 颜色的对应关系，如图 4-10 所示。图 4-10(b)是图 4-10(a)的各个颜色对应的 RGB 分量值,图 4-10(c)根据上述公式计算的相应 YCbCr 分量值。

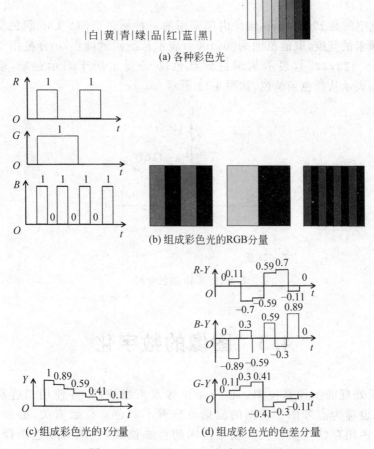

(a) 各种彩色光

(b) 组成彩色光的RGB分量

(c) 组成彩色光的Y分量

(d) 组成彩色光的色差分量

图 4-10　RGB 和 YCbCr 颜色的对应关系

4.2.6　YIQ 颜色空间

YIQ 颜色空间也与 YUV 颜色空间类似,也是使用一个亮度信号和两个色差信号。YIQ 颜色空间是电视制式 NTSC(National Television System Committee)选定的一种颜色空间。Y 仍然为亮度信号,I 和 Q 为色差信号。YIQ 颜色空间与 YUV 颜色空间是不同的,I 和 Q 的互相正交的坐标轴与 U 和 V 的互相正交的坐标轴之间有 33°的夹角。I 和 Q 与 U 和 V 之间的关系如下:

$$I = V \cdot \cos33° - U \cdot \sin33°$$
$$Q = V \cdot \sin33° + U \cdot \cos33°$$

人眼对处于红与黄之间,夹角为 123°的橙色及其相反方向的夹角为 303°的青色,具有最大的色彩分辨能力。I 轴就是"123°-0°-303°"的色差信号坐标轴。

4.2.7 Lab 颜色空间

Lab 颜色空间是 Photoshop 软件内部采用的一种颜色空间。Lab 颜色空间中,L 分量用于表示像素的亮度,取值范围为 $[0,100]$,表示从纯黑到纯白;a 分量用于表示色彩,取值范围为 $[-128,127]$,表示从绿色到红色;b 分量也用于表示色彩,取值范围为 $[-128,127]$,表示从蓝色到黄色,如图 4-11 所示。

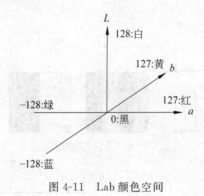

图 4-11 Lab 颜色空间

4.3 图像的数字化

计算机所处理的图像是位图。位图是由像素点组成的,并使用二进制数描述像素点的颜色,也称为点阵图。位图的质量与分辨率和色彩位数有关,分辨率越高,色彩位数越多,占用存储空间越大。根据位图的色彩位数,位图有单色图像、灰度图像和彩色图像。单色图像只有黑白之分,灰度图像也只有浓淡之分,而彩色图像具有丰富的色彩。

计算机能够处理图像,必须首先解决的是位图图像的编码,即将真实图像转变为计算机能够处理的二进制代码。图像的编码过程包括三个阶段:图像的采样、图像的量化和图像的编码,如图 4-12 所示。

图 4-12 图像 PCM 编码过程

4.3.1 图像的采样

图像的采样就是对连续图像在二维空间上进行离散化处理,将二维空间上的模拟的连续色彩信息转化为一系列有限的离散数值。显然,图像采样可以认为是空间域上的采样,声音采样可以认为是时间域上的采样,但这种对图像在空间维度的采样与对声音波形

多媒体技术基础及应用

在时间维度的采样的目的是一致的,都是使用一组离散值来近似表达连续信号。

采样时,分别在图像的横向和纵向上设置 N 和 M 个相等的间隔,得到 $N×M$ 个点组成的点阵,然后使用点阵中的"点"的属性和特征来描述和记录图像。这样的"点"称为图像的像素。像素是计算机系统生成和渲染图像的基本单位。一个 $10×10$ 的像素组成的位图如图 4-13 所示。

采样点间隔的选取是一个重要的问题,它决定了采样后的图像是否能够真实地反应原来的图像。间隔越小,像素点越多,图像就越逼真。

描述图像像素密度的指标是图像分辨率。需要指出的是,图像分辨率与显示分辨率是两个不同的概念。图像分辨率确定组成一幅图像的像素数目,而显示分辨率确定显示图像的区域大小。如果显示分辨率为 $640×480$,那么一幅图像分辨率为 $320×240$ 的图像正常情况下只能占据显示屏幕的 1/4。

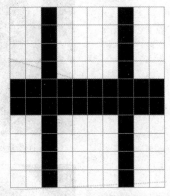

图 4-13　$10×10$ 的像素组成的位图

4.3.2　图像的量化

图像采样只是解决了图像在空间上的离散化。每个像素点的颜色和亮度仍然是连续的,也需要进行离散化。图像的量化是将连续量表示的像素值进行离散化,即将图像经过采样后,将落入某个区域的所有像素值使用同一个数值表示,即使用有限的离散数值来代替无限的连续量。这些有限的离散数值就是颜色数,颜色数是由像素深度决定的。

像素深度指的是存储每个像素所使用的二进制的位数,也称为量化位数。像素深度决定彩色图像的每个像素可能有的颜色数,或者确定灰度图像的每个像素可能有的灰度等级。显然,像素深度越大,表示图像的每个像素可以拥有更多的颜色,则可产生更为细致逼真的图像。但是,也会占用更大的存储空间。

如果使用 1 位二进制数进行图像量化,则只能表示黑白图像;如果使用 4 位二进制数进行图像量化,则可以表示 16 种颜色;如果使用 8 位二进制数进行图像量化,则有 256 种颜色;如果使用 3 个字节共 24 位二进制数进行图像量化,则有 16 777 216 种颜色。像素深度为 24 位的颜色称为真彩色。相同分辨率不同像素深度的图像的示例,如图 4-14 所示。

根据 RGB 颜色模型,任何一个颜色是红色、绿色和蓝色三种基本颜色的混合。因此,像素深度的二进制位数需要在三种基本颜色上进行分配。例如,对于真彩色图像,像素深度为 24 位,每个基本颜色使用 8 位。

使用二进制表示图像的像素时,除了 RGB 分量使用固定位数表示外,有时还需要增加 1 位或数位作为属性(attribute)位。例如,像素深度为 16 位的颜色,RGB 的每个分量使用 5 位二进制数,剩下 1 位作为属性位。属性位用来指定像素应该具有的性质。例如,在 CD-I 系统中,像素深度为 16 位,RGB 每个分量使用固定 5 位,其最高位用作属性位,表示图像是否透明(transparency),该位也称为透明位,记为 T。当显示器上已经存在一幅图像,另一幅图像部分或全部重叠在上面。对于重叠在上面的图像来说,当 $T=1$ 时,

(a) 像素深度为1位　　　　　　(b) 像素深度为2位

(c) 像素深度为8位　　　　　　(d) 像素深度为24位

图 4-14　相同分辨率(271×300)不同像素深度的图像示例

表示对应像素位是不透明的,只能看见重叠在上面的图像的像素位;当 $T=0$ 时,表示对应像素位是透明的,能看见重叠在下面的图像的像素位。

4.3.3　图像的编码

当进行图像采样和图像量化后,将图像中的每个像素的颜色使用不同的二进制代码进行记录,这个过程就是图像的编码。

例如,对于图 4-13 的位图,像素深度为 1 位,并设 0 表示黑色,1 表示白色,则该图像的二进制编码,如图 4-15 所示。

4.3.4　图像质量的影响因素

影响图像质量的因素可以归纳为:

(1) 图像分辨率越高,图像越逼真;

(2) 图像的像素深度越大,图像质量越好。

当然,图像质量越好,需要占用的存储空间越大。其计算公式如下所示。

1	1	0	1	1	1	1	0	1	1
1	1	0	1	1	1	1	0	1	1
1	1	0	1	1	1	1	0	1	1
1	1	0	1	1	1	1	0	1	1
0	0	0	0	0	0	0	0	0	0
0	0	0	0	0	0	0	0	0	0
1	1	0	1	1	1	1	0	1	1
1	1	0	1	1	1	1	0	1	1
1	1	0	1	1	1	1	0	1	1
1	1	0	1	1	1	1	0	1	1

图 4-15　10×10 的像素组成的位图的二进制编码

$$V_{image} = A \times d/8$$

V_{image}——是图像信息的存储容量,单位为字节(B);

A——是图像分辨率;

d——是图像的像素深度,单位为比特(bit)。

【**例 4.1**】 一幅分辨率为 352×288 的真彩色图像,至少占用多大的存储容量? 如果分辨率为 1024×768,至少占用多大的存储容量?

解:根据计算公式 $V_{image} = A \times d/8 = 352 \times 288 \times 24/8 = 304\ 128B$

$$304\ 228B/1024 = 297KB$$

若分辨率为 1024×768,则:

$$1024 \times 768 \times 24/8 = 2\ 359\ 296B$$

$$2\ 359\ 296B/(1024 \times 1024) = 2.25MB$$

4.4　图像的文件格式

为了解决图像信息的数据压缩问题,很多组织机构进行了大量的研究开发工作,并在此基础上推出了许多图像信息压缩方法,涌现了大量的图像处理软件。当应用这些图像处理软件时,需要保存为一定格式的图像文件,不同的图像文件格式就反映了不同图像信息压缩方法。使用不同的图像处理软件,可以得到不同存储格式的图像文件。常见的图像存储格式有.BMP、.GIF、.PNG 和.TIFF 等。

1. BMP 格式

BMP(BitMaP)图像文件格式是 Windows 采用的图像文件存储格式,Windows 环境下运行的所有图像处理软件都支持该格式。Window 3.0 以前的 BMP 图像文件与显示设备是相关的,称为设备相关位图(Device-Dependent Bitmap, DDB)文件格式;Windows 3.0 以后的 BMP 图像文件与显示设备是无关的,称为设备无关位图(Device-Independent Bitmap, DIB)文件格式,其目的是为了让 Windows 能够在任何类型的显示设备上显示 BMP 文件。

BMP 图像可以进行压缩也可不进行压缩,即使进行压缩处理,其压缩率也非常有限。因此,BMP 图像文件一般需要较大的存储空间。

2. GIF 格式

GIF(Graphics Interchange Format)图像文件格式是 CompuServe 公司开发的图像文件存储格式。GIF 文件内部分成许多存储块,用来存储多幅图像或者是决定图像表现行为的控制块,用以实现动画和交互式应用。

3. JPEG 格式

JPEG(Joint Photographic Experts Group)是遵从联合图像专家组制定的压缩标准

来进行压缩存储的图像文件格式。

联合图像专家组是国际化标准组织和国际电气和电子工程师学会联合组成的专家组,负责制定静态图像的数据压缩标准。JPEG 就是该组织开发的一种有损压缩算法标准,并且已经成为国际通用的标准。JPEG 牺牲了部分的图像数据来达到较高的压缩率,但是,这种压缩损失很少。一般来说,BMP 图像是不压缩的,导致其存储空间较大,而 JPEG 图像采用高效的压缩算法使得存储空间较小,如图 4-16 所示。

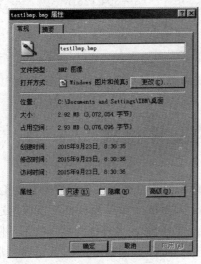 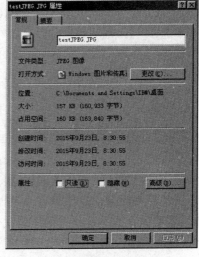

(a) BMP图像　　　　　　　　　(b) JPEG图像

图 4-16　BMP 和 JPEG 图像

4．TIFF 格式

TIFF(Tag Image File Format)称为标记图像文件格式,是 Alaus 和 Microsoft 公司为扫描仪和桌面出版系统研制开发的通用图像文件格式。TIFF 的存储格式可以压缩也可以不压缩,压缩的方法也不止一种。TIFF 支持的颜色从单色到真彩色。

5．PNG 格式

PNG(Portable Network Graphic)流式网络图像文件格式是 20 世纪 90 年代开始开发的图像文件存储格式,其目的是企图替代 GIF 和 TIFF 文件格式,同时增加了一些 GIF 文件格式所不具备的特性。PNG 用来存储灰度图像时,灰度图像的深度可达 16 位,存储彩色图像时,彩色图像的深度可多达 48 位。

PNG 图像使用无损数据压缩算法,压缩效率通常比 GIF 要高,提供 Alpha 通道控制图像的透明度,支持 Gamma 校正机制用来调整图像的亮度。由于 PNG 格式的图像具有 Alpha 通道控制图像的透明度,PNG 图像的背景可以是透明的。因此,可以将一个人物 PNG 图叠加到 JPEG 背景图中,如图 4-17 所示。

(a) 没有叠加人物的草原场景

(b) 叠加了人物的草原场景

图 4-17　叠加 PNG 图片的草原场景

4.5　使用 Photoshop 进行图像处理

4.5.1　Adobe Photoshop 软件介绍

　　Photoshop 是 Adobe 公司旗下最为出色的图像处理软件之一。它不仅提供强大的绘图工具，可以直接绘制艺术图形，还能直接从扫描仪和数码相机等设备采集图像，并对它们进行修改，调整图像的色彩、亮度和大小等，而且还可以增加特殊效果，使得现实生活中很难遇到的景象十分逼真地进行展现。其基本功能包括如下。

　　（1）图像编辑。图像编辑是图像处理的基础，可以对图像进行各种变换，如放大、缩小、旋转、倾斜、镜像和透视等，也可以进行复制、去除斑点、修补和修饰图像的残损等；

　　（2）图像合成。图像合成是通过图层工具合成完整的且具有明确意义的图像；

　　（3）校色调色。校色调色工具提供对图像的颜色进行明暗、色偏的调整和校正，也可在不同颜色模式之间进行切换以满足不同领域如网页设计、印刷和多媒体等方面的应用；

（4）特效制作。特效制作由滤镜和通道等工具来完成，包括图像的特效创意和特效文字制作等，如油画、浮雕和素描等。

打开 Photoshop 图像处理软件（其版本号为 8.0.1），执行操作："文件"→"打开"，选择文件"红色汽车.bmp"，如图 4-18 所示。

图 4-18　Photoshop 软件主界面

4.5.2　Adobe Photoshop 中的图像处理

典型的图像处理包括图像文件格式转换、规则区域选择和不规则区域选择、渐变纹理设置、变换处理、色彩调整和滤镜处理。其中，规则区域选择包括矩形选择、椭圆选择和圆形选择；不规则区域选择包括套索选择、多边形套索选择、磁性套索选择和魔棒选择；色彩调整包括曲线和色阶调整；变换处理包括缩放、旋转、斜切、扭曲和翻转等；滤镜包括扭曲、纹理和锐化等。

1. 图像的文件格式转换

通过图像文件格式转换，比较不同格式图像文件的大小。

（1）准备一个 BMP 格式的图像文件，如"红色汽车.bmp"。

（2）执行操作："文件"→"打开"，选择该文件。

（3）执行操作："文件"→"存储为"，打开"存储力"对话框，如图 4-19 所示。

（4）分别选择 GIF、JPEG、PNG 和 TIFF 四种格式，进行文件格式转换，比较各种不同文件格式的文件大小。

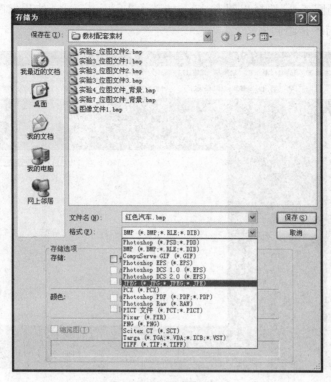

图 4-19　文件保存界面

2. 图像的渐变填充

通过该实验,掌握规则区域选择和图像的渐变填充。

(1) 执行操作:"文件"→"新建",打开文档新建界面,建立图像文档,选择 RGB 颜色模式,背景为白色,大小可以任意,如图 4-20 所示。这里,颜色模式为 RGB 颜色、8 位,表示每一个颜色分量分配 8 个二进制位,共计 24 个二进制位(3 个字节)来表示颜色,这种颜色通常称为真彩色。

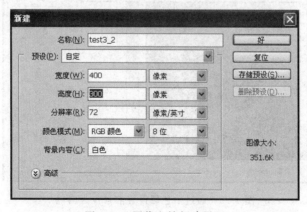

图 4-20　图像文档新建界面

（2）使用"椭圆工具"选择出圆形选区，如图 4-21 所示；这里，使用椭圆工具仅是选择一个圆形选区，而不是绘制椭圆。

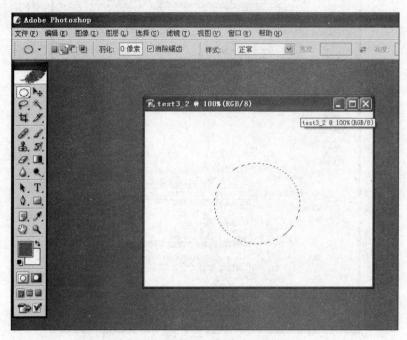

图 4-21　使用椭圆工具选择圆形选区

（3）前景色选择为白色，背景色选择为红色。双击工具栏上的"设置前景色"图标，打开拾色器界面，设置前景色为白色，如图 4-22 所示；双击工具栏上的"设置背景色"图标，设置背景色为红色，如图 4-23 所示；图 4-22 中的"＃FFFFFF"和图 4-23 中的"＃FF0000"是颜色的十六进制表示形式，每两个十六进制数对应一个 RGB 分量。"＃FFFFFF"对应为"255 255 255"，是白色；"＃FF0000"对应为"255 0 0"，是红色。

图 4-22　通过拾色器设置前景色为白色

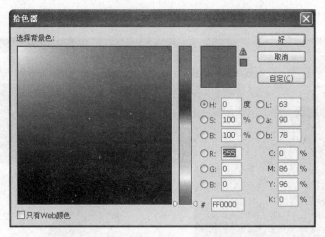

图 4-23　通过拾色器设置背景色为红色

（4）单击"渐变工具"按钮，选择填充为"前景到背景"和"径向渐变"模式，产生渐变填充，如图 4-24 所示。

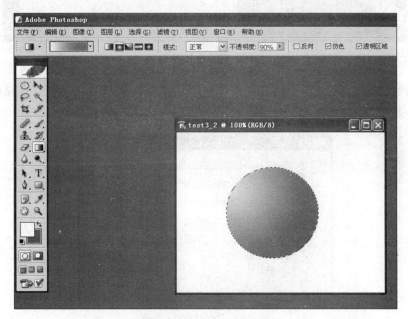

图 4-24　使用渐变工具进行径向渐变的填充

（5）执行操作："选择"→"修改"→"收缩"，弹出收缩选取界面，将收缩量设置为 10 个像素，如图 4-25 所示。

图 4-25　"收缩选区"界面

（6）单击"好"按钮，收缩效果如图 4-26 所示。

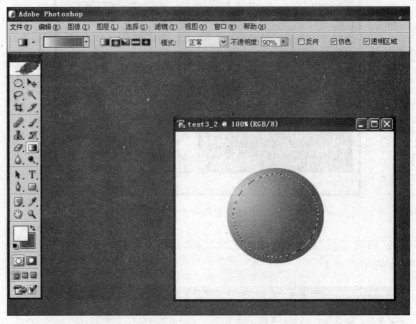

图 4-26　收缩效果

（7）执行操作："选择"→"存储区域"，保存选择区域，如图 4-27 所示；存储的区域可以在以后使用时随时调用，尤其是对于不规则区域的选择。

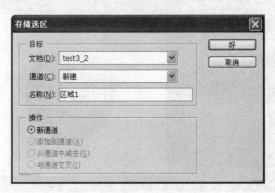

图 4-27　"存储选区"界面

（8）执行操作："选择"→"羽化"，羽化 1 个像素；羽化操作可以使得所选择区域周边变得柔和和朦胧。

（9）执行操作："编辑"→"变换"→"旋转 180°"，将选择区域旋转 180°，如图 4-28 所示。

（10）执行操作："选择"→"载入选区"，读取保存的选择区域，选择保存的区域："区域 1"。

（11）执行操作："选择"→"修改"→"收缩"，将选择区域缩小 1 个像素。

　多媒体技术基础及应用

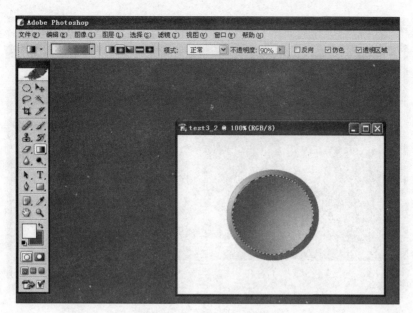

图 4-28　选区旋转效果

（12）执行操作："编辑"→"变形"→"旋转 180°"。至此，一个按钮制作完成，效果如图 4-29 所示。

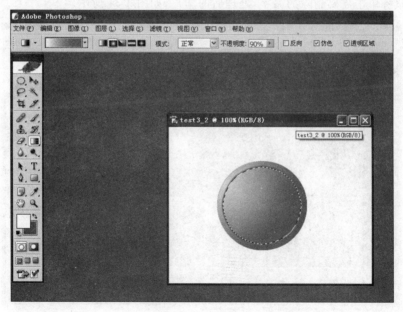

图 4-29　按钮效果

3. 使用仿制图章删除斑点

通过该实验，掌握使用仿制图章删除斑点的方法。

（1）执行操作："文件"→"打开"，选择文件"带有标识的图像. bmp"，如图 4-30 所示。

图 4-30　打开带有文字的图片

（2）单击"仿制图章工具"按钮，不透明度和流量均为 100％，按下 Alt 键，鼠标单击需要仿制的源点。

（3）鼠标单击需要删除的文字，处理后的图片，如图 4-31 所示。

图 4-31　使用仿制图章工具处理后的图片

4. 图像的几何变换和滤镜纹理化效果

通过该实验，掌握图像的几何变换及滤镜特效操作。

（1）准备相框和照片两个文件，如"相框.jpg"和"照片.jpg"。

（2）执行操作："文件"→"新建"，新建文档，尺寸设置为 400×300 像素（如果单位是英寸，后续填充和变换操作可能出现问题），背景填充为白色，颜色模式为 RGB，如图 4-32 所示。

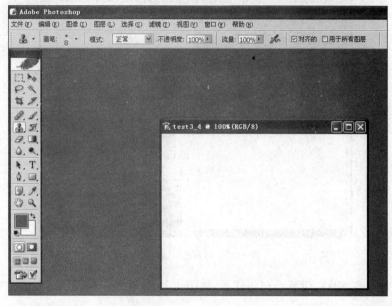

图 4-32　新建文档

（3）执行操作："选择"→"全选"，再将背景色设置为黄色，单击"渐变工具"按钮，设置为径向渐变，模式为溶解，在选区中从左至右拖动鼠标，进行填充，如图 4-33 所示。

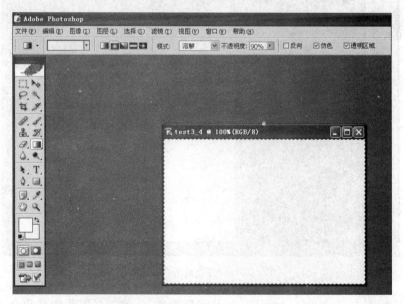

图 4-33　使用渐变工具进行填充

（4）执行操作："滤镜"→"纹理"→"纹理化"，弹出纹理化设置界面，如图 4-34 所示，选择染色玻璃纹理。

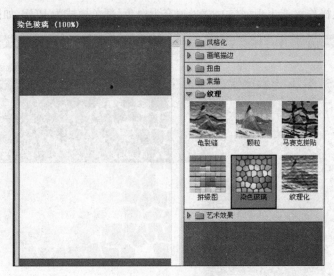

图 4-34　纹理化设置界面

（5）单击"好"按钮，设置纹理的背景，如图 4-35 所示。

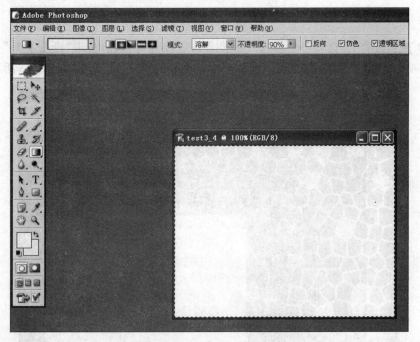

图 4-35　纹理化后的背景效果

（6）执行操作："文件"→"打开"，打开相框图片，并将相框图片调整到合适大小，如图 4-36 所示；调整的方法是：选中相框图片，执行操作："选择"→"全选"，再执行操作："编辑"→"变换"→"缩放"，然后拖动边界矩形小按钮到合适位置。

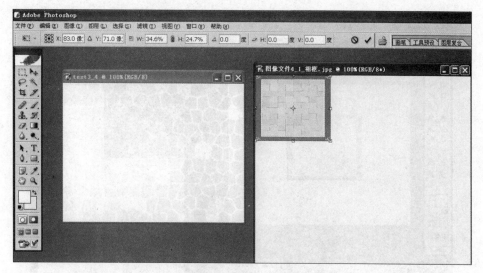

图 4-36 打开相框图片并调整到合适尺寸

（7）单击"移动工具"按钮，使用鼠标左键将相框图片拖曳复制到新建图像中，调整为合适大小，再执行操作："图层"→"图层样式"→"斜面和浮雕"，为相框设置浮雕效果，如图 4-37 所示。

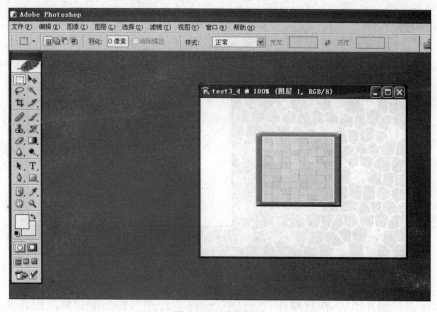

图 4-37 浮雕效果

（8）执行操作："文件"→"打开"，打开照片图片，将照片调整到合适大小，如图 4-38 所示。

（9）单击"移动工具"按钮，使用鼠标左键将照片拖曳复制到新建图像中，调整为合适大小，如图 4-39 所示。

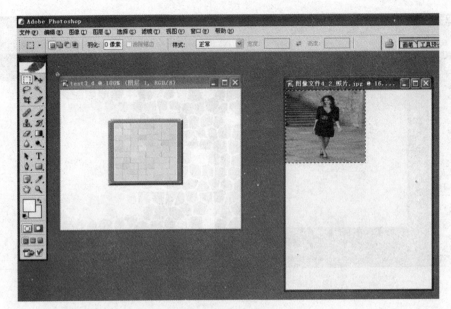

图 4-38　打开照片

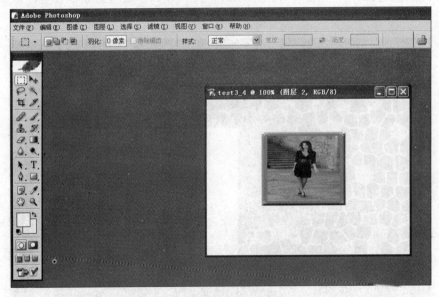

图 4-39　拖动照片到背景

　　（10）选择照片图层，执行操作："图层"→"向下合并"，将相框和照片图合并为一个图层，并命名该图层为"相框照片"，如图 4-40 所示。

　　（11）选中"相框照片"图层，执行操作："编辑"→"变换"→"斜切"，将相框调整成如图 4-41 所示效果。

　　（12）执行操作："图层"→"新建"→"图层"，新建一个图层，将其命名为"阴影"，如图 4-42 所示。

———————— 多媒体技术基础及应用

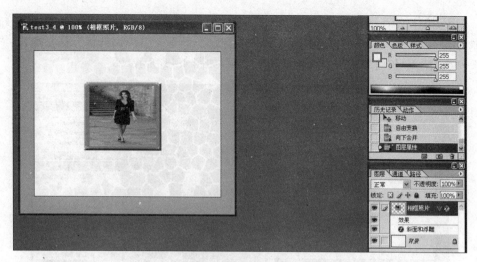

图 4-40　合并图层

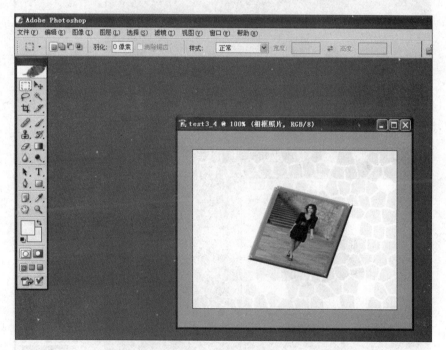

图 4-41　变换斜切效果

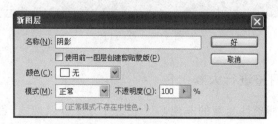

图 4-42　新建图层

（13）按住 Ctrl 键的同时，单击"图层"面板中的"相框照片"图层，载入相框选区。将前景色设置为浅灰色，然后再选中"阴影"图层，按 Alt＋Del 键填充选区。执行操作："编辑"→"变换"→"扭曲"，将阴影调整成如下效果，如图 4-43 所示。

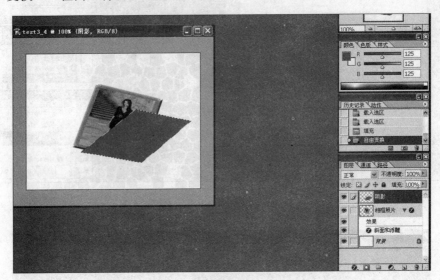

图 4-43　相框阴影效果

（14）将"阴影"图层拖动到"相框照片"图层下，执行操作："滤镜"→"模糊"→"高斯模糊"，调整适当的"半径"参数，最后的效果如图 4-44 所示。

图 4-44　数码相框

5. 使用色彩调整进行人物上色

通过该实验，掌握磁性套索的非规则区域选择方法以及曲线、色阶等图像颜色调整方法。

　多媒体技术基础及应用

（1）准备一个带有人物的黑白照片，如"黑白人物.bmp"。

（2）执行操作："文件"→"打开"，打开该文件，如图 4-45 所示。

图 4-45　打开黑白照片

（3）执行操作："图像"→"调整"→"自动色阶"，执行自动色阶。

（4）选取磁性套索工具，在图像中仔细选择人物衣服的区域，得到衣服的选区，如图 4-46 所示。

图 4-46　利用磁性套索进行选择

(5) 执行操作:"选择"→"存储选区",在打开的"存储选区"对话框中,将新建通道命名为"衣服",如图 4-47 所示。

图 4-47　存储选区

　　(6) 执行操作:"图像"→"调整"→"色相/饱和度",调整各参数。

　　(7) 执行操作:"图像"→"调整"→"色彩平衡",调整各参数,如图 4-48 所示。

图 4-48　执行色彩平衡

　　(8) 使用同样的方法仔细地选择人物的皮肤部分,得到皮肤选区,并存储皮肤选区。

　　(9) 执行操作:"图像"→"调整"→"曲线",调整各参数。

　　(10) 调整皮肤选区的色相/饱和度和色彩平衡。

　　(11) 选择人物的头发部分,得到头发选区,存储选区,并按同样的方法调整。

　　(12) 选择照片的背景部分,得到背景选区,存储选区,并按同样的方法调整,最后得到的人物上色效果,如图 4-49 所示。

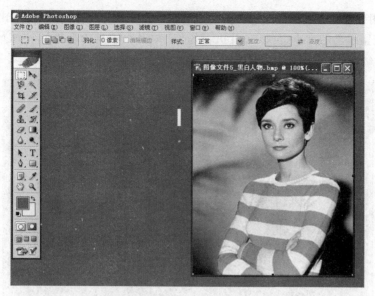

图 4-49　人物上色的效果

6. 使用套索和滤镜制作水中倒影

通过该实验,掌握磁性套索的非规则区域选择方法、放缩和翻转等变换处理以及水波等滤镜特效使用方法。

(1) 准备两个文件,一个是水鸟,一个是湖水,如"水鸟.bmp"和"湖水.bmp"。

(2) 执行操作:"文件"→"打开",打开这两个文件,如图 4-50 所示。

图 4-50　打开水鸟和湖水文件

第 4 章　图像处理技术基础 —————— **133**

（3）使用磁性套索工具和移动工具，将水鸟复制到湖水图像上，产生新图层 1，命名为
"水鸟"，并调整水鸟的大小（可以通过执行操作"编辑"→"自由变换"→"缩放"实现），如
图 4-51 所示（水鸟位置和大小可自由调整，尽可能保证合成后的图片接近真实情况）。

图 4-51　使用套索工具和移动工具选择并移动水鸟

（4）利用磁性套索工具，选择鸟的腿部需要删除的区域，并按下 Del 键进行删除，其
结果如图 4-52 所示。

图 4-52　利用套索工具选择删除区域

（5）选择背景层（湖水层），使用椭圆选框工具以水鸟腿部入水处为中心点，按住 Alt
键画椭圆，执行操作："滤镜"→"扭曲"→"水波"，设置水波纹，如图 4-53 所示。

图 4-53　设置水波效果

（6）选择"水鸟"图层，选择水鸟水下的腿部部分，利用橡皮擦工具进行删除，如图 4-54 所示。

图 4-54　利用橡皮擦工具进行删除

（7）在图层面板上选择水鸟图层，复制一新图层，用来做倒影层；选定该图层，执行操作："编辑"→"变换"→"垂直翻转"，将倒影移动到合适位置，如图 4-55 所示。

（8）选择图层面板中的透明度，调整倒影层的不透明度为 $10\%\sim20\%$，如图 4-56 所示。

图 4-55　执行垂直翻转的效果

图 4-56　调整图层的透明度

（9）选定倒影层，执行操作："滤镜"→"扭曲"→"波纹"，扭曲倒影，如图 4-57 所示，即完成倒影制作。

7. 使用蒙版制作特效

（1）打开一副素材图像，如"日出.jpg"，如图 4-58 所示。

多媒体技术基础及应用

图 4-57　使用扭曲滤镜制作水中倒影

图 4-58　打开蒙版素材

（2）执行操作："文件"→"新建"，打开文档新建界面，建立图像文档，选择 RGB 颜色模式，背景为白色，并将打开的图像素材移动到该文档中，如图 4-59 所示。

（3）选择"套索"工具，设置"羽化"值为 15，拖出一个不规则区域，如图 4-60 所示。

（4）在"图层"控制面板下边，单击"添加图层蒙版"，如图 4-61 所示。

图 4-59　新建图像文档

图 4-60　利用套索工具选择一个不规则区域

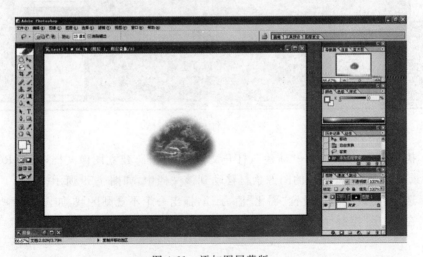

图 4-61　添加图层蒙版

　———————————————————　多媒体技术基础及应用

8. 使用色阶进行图像增强

图像增强指的是将图像中感兴趣的部分突出,而衰减不需要的部分。例如,由于光照度不够均匀造成图像灰度过于集中,从而无法突出显示感兴趣的部分,就需要进行图像增强。本小节通过使用色阶工具调整色阶,并在直方图中观察像素值分布来进行图像增强。直方图是一种用于显示图像中像素值分布的工具,具体的像素值与选择的通道有关。当选择"红色"通道时,其显示的是图像中所有像素的红色分量的分布;当选择"绿色"通道时,其显示的时图像中所有像素的绿色分量的分布;而当选择 RGB 通道时,其显示的是图像中所有像素的三个分量的加权和(灰度强度)的分布。这里的分布指的是每种像素值的像素数目所占的比例,这也是直方图纵坐标的含义。

(1) 打开一副素材图像,如"需要增强的图像.bmp",并调整图片显示大小,如图 4-62 所示。

图 4-62　打开需要增强的图像

对于图 4-62,通过观察直方图可以得出:像素值集中于中间。因此,需要进行图像增强。

(2) 执行操作:"图像"→"调整"→"色阶",拖动输入色阶的左边调整按钮向右至合适位置,拖动输入色阶的右边调整按钮向左至合适位置,如图 4-63 所示。

(3) 单击"好"按钮,确定色阶调整结果,如图 4-64 所示。

再观察直方图,像素值分布更加均匀。图像中对比度更强,突出显示了光亮部分,图像得到了增强。

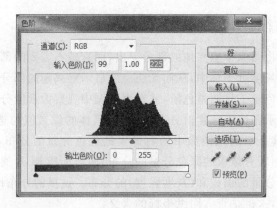

图 4-63　调整色阶

图 4-64　色阶调整结果

本 章 小 结

  图像是一种重要的感觉媒体,图像处理技术是多媒体技术的重要研究内容。

  颜色的基本特性包括物理特性和心理特性两个方面。物理特性包括波长、光通量和光强。心理特性包括色调、饱和度和明度。

  颜色的物理特性和心理特性之间存在一定的关系:①图像的色调由波长决定;②图像的明度不仅由光强决定,还与物体表明的反射系数或吸收系数有关。

  图像的数字化过程包括采样、量化和编码三个过程。

  多媒体技术基础及应用

图像的文件格式种类繁多,常见的包括 BMP、GIF、JPEG、TIFF 和 PNG 等。GIF 图像文件格式支持动画,PNG 图像的背景可以是透明的。一般来说,BMP 格式的文件存储空间较大,而 JPEG 格式的文件存储空间较小。

Photoshop 是 Adobe 公司开发的数字图像处理软件,能够非常直观方便地实现对图像文件的处理。Photoshop 中典型的图像处理包括图像文件格式转换、规则区域选择和不规则区域选择、渐变纹理设置、变换处理、色彩调整和滤镜处理。其中,规则区域选择包括矩形选择、椭圆选择和圆形选择;不规则区域选择包括套索选择、多边形套索选择、磁性套索选择和魔棒选择;色彩调整包括曲线和色阶调整;变换处理包括缩放、旋转、斜切、扭曲和翻转等;滤镜包括扭曲、纹理和锐化等。

习　题

一、选择题

1. 下面不是颜色的物理特性的是(　　)。

    A. 波长　　　　　　　B. 光通量　　　　　　C. 光强　　　　　　D. 色调

2. 下面纯光谱色的色光中,其波长最长的是(　　)。

    A. 红色　　　　　　　B. 橙色　　　　　　　C. 黄色　　　　　　D. 绿色

3. 下面各种电磁波中,频率最高的是(　　)。

    A. 红外线　　　　　　B. 红色色光　　　　　C. 蓝色色光　　　　D. 紫外线

4. 对于 RGB 颜色空间中的相加混色模型,当红蓝等量相加而绿为 0 时得到的颜色是(　　)。

    A. 品红　　　　　　　B. 黄色　　　　　　　C. 青色　　　　　　D. 白色

5. 对于 CMYK 颜色空间中的相减混色模型,白色-红色可以得到的颜色是(　　)。

    A. 品红　　　　　　　B. 黄色　　　　　　　C. 青色　　　　　　D. 白色

6. 下面颜色空间中,与 YUV 颜色空间最接近的颜色空间是(　　)。

    A. RGB 颜色空间　　　　　　　　　　　B. CMYK 颜色空间

    C. HSL 颜色空间　　　　　　　　　　　D. YCbCr 颜色空间

7. 支持动画的图像文件格式是(　　)。

    A. BMP　　　　　　　B. GIF　　　　　　　C. JPEG　　　　　　D. TIFF

8. 下列属于矢量图形的特点的是(　　)。

    A. 放大后会失真　　　　　　　　　　　B. 由点阵组成

    C. 无限放大都不会失真　　　　　　　　D. 缩小后会更清晰

9. 下列文件格式中,均为图像文件格式的是(　　)。

    A. GIF、TIFF、BMP、PCX、TGA

    B. GIF、TIFF、BMP、PCX、WAV

    C. GIF、TIFF、BMP、DOC、TGA

D. GIF、TIFF、BMP、PCX、TXT

10. 下列不属于 Photoshop 中变换处理的是(　　)。

    A. 缩放　　　　　　B. 旋转　　　　　　C. 翻转　　　　　　D. 锐化

11. 下列不属于 Photoshop 8.0.1 支持的颜色模型的是(　　)。

    A. RGB　　　　　　B. Lab　　　　　　C. YUV　　　　　　D. CMYK

12. Photoshop 中,经常用来删除图片上文字的工具是(　　)。

    A. 仿制图章工具　　B. 渐变工具　　　　C. 移动工具　　　　D. 套索工具

二、简答题

1. 简述颜色的物理特性。

2. 简述颜色的心理特性。

3. 简述颜色的物理特性和心理特性之间的关系。

4. 简述图像的数字化过程。

5. 简述 Photoshop 软件中规则区域和不规则区域的常见选择方法。

6. 简述 Photoshop 软件中常见的色彩调整方法。

7. 简述图像增强的原理。

第 **5** 章 视频处理技术基础

随着视频处理技术的发展,出现了越来越多的有关视频的应用,如数字电视、视频会议、视频点播和网上电影等。

本章首先介绍视频的基本概念,然后重点介绍模拟视频和数字视频,对视频数字化涉及的一些基本技术进行简单说明;最后以 Premiere 视频制作软件为平台介绍视频的相关处理技术。

5.1 视频的基本概念

视频实际是一系列静态图像序列,如图 5-1 所示。单位时间内连续地播放若干幅静态图像就能得到动态图像组成的视频。每一幅独立的图像称为一帧。帧是构成视频的基本图像单元。连续播放的速率一般为 20fps(帧/秒)或 30fps(帧/秒),人的眼睛就不会感觉失真。

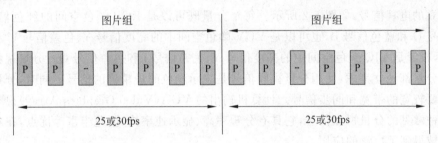

图 5-1 视频示例

人眼对每秒播放一定帧数的多幅静态图像序列之所以不会感觉失真或"停顿",是由于人眼的视觉暂留效应。视觉暂留(Persistence of Vision)是光对人眼的视网膜所产生的视觉,在光停止作用后,仍保留一段时间的现象。视觉暂留,又称为视觉残留。例如,人眼直视太阳数秒后,人眼将残留一个强光源的影像。视觉暂留效应产生的根本原因是人的视觉神经的反应时间是二十四分之一秒,具有一定的时间差。

维基网站给出了视频暂留的定义,如下:

Persistence of vision refers to the optical illusion whereby multiple discrete images blend into a single image in the human mind and believed to be the explanation for motion perception in cinema and animated films.

动画也是一种视频。动画是物体随时间变化的行为或动作，是利用计算机图形技术进行绘制而获得的，而视频则是模拟信号源（如电视和电影等）经过数字化处理后的图像和同步伴音的混合体。因此，动画与视频虽然都是一帧一帧图像的组合，但其来源或制作方式不同。

视频信息分为模拟视频和数字视频两类。数字视频是以数字化的形式表示和记录的连续图像的信息，可以直接在计算机等多种数字设备上存储、传递和播放。而模拟视频的信息在时间和幅度上都是连续的图像信号，不能直接由数字计算机进行处理。为了在计算机等各种数字视频信息处理设备中处理模拟视频，需要进行数字化处理，即对模拟视频信息进行二进制编码。

5.1.1 模拟视频

模拟视频指的是每一帧图像都是实时获取的自然景物真实图像序列。日常生活中的电视、电影都是模拟视频。模拟视频具有成本低和还原性好等优点，视频画面往往会给人一种身临其境的感觉。但是，模拟视频的最大缺点是不论记录的图像信号有多好，经过长时间的存放之后，信号和画面的质量将大大降低，或者经过多次复制之后，画面失真非常明显。

1. 模拟视频信号的分类

根据视频信号中对图像的亮度信号和色差信号的编码方式，模拟视频信号可以分为如下几类。

（1）分量视频信号。分量视频信号（Component Video Signal）指的是每个分量可以作为独立的电视信号，如图 5-2 所示。每个分量既可以是 RGB 颜色空间的红色信号 R、绿色信号 G 和蓝色信号 B，也可以是 YUV 颜色空间中的亮度信号 Y、色差信号 U 和色差信号 V，或者是 YIQ 颜色空间中的亮度信号 Y、色差信号 I 和色差信号 Q。分量视频信号对每个分量都独立考虑，使用分量视频信号是表示颜色的最精确的信号。同时，分量视频信号需要较宽的带宽和同步信号。计算机输出的 VGA（Video Graphics Array）视频信号就是一种常见的分量视频信号，它具有分辨率高、显示速率快、颜色丰富等优点，在彩色显示器领域得到了广泛的应用。

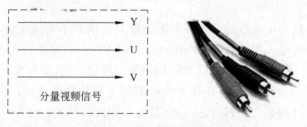

图 5-2　分量视频信号

（2）复合视频信号。复合视频信号（Composite Video Signal）是将色差信号在亮度信号上进行编码，作为单个信号与亮度信号拥有相同的带宽，如图 5-3 所示。这种类型的视频信号一般不含伴音信号,传输时对伴音信号单独设置通道。

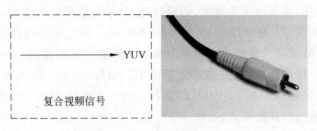

图 5-3 复合视频信号

(3) 分离视频信号。分离视频信号(Separated Video Signal)是一种介于分量视频信号和复合视频信号之间的一种方案,将亮度信号和色差信号分成两路独立的模拟信号,一路用于传输亮度信号,一路用于传输色差信号,如图 5-4 所示。这种信号由于将亮度信号和色差信号分开传送,可以减少相互的干扰。

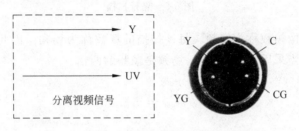

图 5-4 分离视频信号

(4) 射频信号。为了实现模拟视频信号的远距离传输,必须将亮度信号、色差信号、伴音信号和同步信号调制成一个单一的高频信号,这种高频信号就是射频信号,如图 5-5 所示。当电视接收设备接收射频信号时,首先将其还原成电视信号,然后再分别还原视频信号和伴音信号。

图 5-5 射频信号

2. 电视模拟视频

传统的电视视频也是一种模拟视频。电视图像的播放是基于扫描技术实现的。扫描分为水平扫描和垂直扫描。水平扫描指的是扫描点从画面左侧匀速移动到右侧,垂直扫描指的是水平扫描线按均匀间隔在垂直方向上移动。垂直扫描又称为场扫描。电视扫描是水平扫描和垂直扫描的综合。水平扫描所能分辨的点数称为水平分辨率。垂直扫描的行数称为垂直分辨率。显然,相同尺寸的扫描范围内,水平分辨率越大,分辨的点数越多,点的尺寸越小;同样,垂直分辨率越大,扫描线越多,显示的图像越清晰。

一般电视标准规定:每秒播放 25 帧或 30 帧图像。当电视每秒播放 25 帧时,人眼仍然会感到闪烁,容易疲劳。其解决方法是分两次来播放一幅图像,25 个完整帧/秒的播放就变为 50 个半帧/秒的播放,人眼感到舒服多了。而且,由于一幅图像的行数高达 625,且是隔行扫描,即先扫描 1、3、5、7…行,然后再扫描 2、4、6、8…行,人眼感受到的仍然是连续活动的图像。隔行扫描的示意,如图 5-6 所示。

1/50s完成奇场   1/50s完成偶场   整幅图像

图 5-6 隔行扫描

每秒传送的图像帧数称为帧频。每秒扫描的场数称为场频。因此,当采用逐行扫描时,帧频等于场频;当采用隔行扫描时,场频是帧频的两倍。

对于逐行扫描

$$f_{\text{Field}} = f_{\text{Frame}}$$

对于隔行扫描

$$f_{\text{Field}} = 2f_{\text{Frame}}$$

这里,f_{Field} 是场频,f_{Frame} 是帧频。

因此,对于 NTSC(National Television System Committee)电视制式来说,其规定的帧频为 30Hz,则如果是隔行扫描,其场频为 60Hz;对于 PAL(Phase Alternation Line)和 SECAM(SEquential Couleur Avec Memoire)电视制式来说,其规定的帧频为 25Hz,如果是隔行扫描,其场频为 50Hz。

3. 模拟电视制式

电视信号的标准又称制式,可以简单地理解为用来实现电视图像或声音信号所采用的一种技术规则或标准。具体说来,电视制式主要规定如下。

(1)电视图像信号的传输规则或标准;

(2)电视图像信号的显示规则或标准。

一般来说,电视制式包括模拟电视制式和数字电视制式。对于模拟电视来说,又分为黑白电视制式和彩色电视制式。黑白电视制式规定的主要内容包括图像和伴音的调制方式、图像信号的极性、图像和伴音的载频差、频带宽度、频道间隔以及扫描行数。目前世界各国所采用的黑白电视制式包括 A、B、C、D、E、F、G、H、I、K、K1、L、M 和 N 制式,共计 13种(其中 A、C、E 已不采用),中国采用的是 D、K 制式。

彩色电视制式主要包括 NTSC、PAL、SECAM 三种,如表 5-1 所示。中国大部分地区使用 PAL 制式,日本、韩国及东南亚地区与美国等欧美国家使用 NTSC 制式,俄罗斯则使用 SECAM 制式。

NTSC 制式是 1952 年由美国国家电视标准委员会制定的彩色电视标准。采用正交平衡调幅的技术。美国、加拿大等大部分西半球国家以及中国台湾、日本、韩国和菲律宾等均采用 NTSC 制式。

PAL 制式是 1962 年由西德制定的彩色电视标准。采用逐行倒相正交平衡调幅的技术，克服了 NTSC 制式相位敏感造成色彩失真的缺点。西德、英国等一些西欧国家、新加坡、中国、澳大利亚和新西兰等国家和地区采用 PAL 制式。

SECAM 法文的缩写，意为顺序传送彩色信号和存储恢复彩色信号制，是由法国 1956 年提出、1966 年制定的一种新的彩色电视制式。该制式克服了 NTSC 制式相位失真的缺点。法国、东欧和中东一带采用 SECAM 制式。

表 5-1　各种不同电视制式的技术指标

电 视 制 式	NTSC	PAL	SECAM
帧频/Hz	30	25	25
垂直分辨率	525	625	625
亮度宽度/MHz	4.2	4.43	4.25
色度带宽/MHz	1.3(I) 0.6(Q)	1.3(U) 1.3(V)	>1.0(U) >1.0(V)
声音载波/MHz	4.5	6.5	6.5

从表 5-1 可以看出，PAL 电视制式和 SECAM 电视制式比较接近，每秒传输图像的帧数都是 25，垂直分辨率都是 625，都是采用 YUV 颜色空间。对于 NTSC、PAL 和 SECAM 三种模拟电视制式来说，亮度信号使用带宽都远远大于色度信号使用带宽，这也证明了使用 YUV 颜色空间或 YIQ 颜色空间可以方便对数据进行压缩。

5.1.2　数字视频

数字视频指的是基于二进制编码且能够被数字计算机处理的视频信号。与模拟视频相比，数字视频具有以下特点。

（1）数字视频可以不失真地进行多次复制，而模拟视频每复制一次，则会产生一次误差积累，造成信号失真。日常生活的经验也证明了这点，一个使用数字硬盘存储的电影在被拷贝到另一个硬盘上重新进行播放不会产生任何的失真，而一个胶片电影经过多次翻录后则极有可能造成图像画面的局部失真。

（2）模拟视频长时间存放后视频质量会降低，而数字视频可以进行长时间存储。例如，一个数字硬盘存储的电影经过几年甚至几十年后重新播放不会有任何失真，而一个胶片电影存放几十年后可能会产生画面的模糊。

（3）可以对数字视频进行非线性编辑，方便进行特技效果处理等。非线性编辑指的是借助计算机来进行数字化制作，对素材的调用可以瞬间实现，不必在磁带上进行顺序寻找，突破单一的时间顺序编辑限制，具有简便、随机的特点。非线性编辑是相对于传统的以时间顺序进行的线性编辑而言的。数字视频由于是以二进制编码形式进行存储,且是存放在随机访问的硬盘上,可以使用视频处理工具如 Premiere 等进行非线性编辑,也可方便地进行特效处理。

数字视频的一个最大规模的应用是数字电视。与模拟电视制式类似,数字电视也必须具有相应的标准。1997 年,数字视频广播(Digital Video Broadcasting,DVB)联盟发表了数据电视技术规范,包括卫星电视传输标准 DVB-S(Satellite)、有线电视传输标准 DVB-C(Cable)和地面数字电视传输标准 DVB-T(Terrestrial)。其中,DVB-S 规定了卫星数字广播调制标准,使原来传送一套 PAL 制式节目的频道可以传播四套数字电视节目,大大提高了卫星传输的效率。DVB-C 规定了在有线电视传播数字电视的调制标准,使原来传送一套 PAL 制式节目的频道可以传播四至六套数字电视节目。DVB-S 和 DVB-C 这两个全球化的卫星和有线传输方式标准,目前已作为世界统一标准被大多数国家所接受。而对于地面数字电视传输标准,则有三个,分别为欧盟的 DVB-T 标准、美国的先进电视制式委员会(Advanced Television System Committee,ATSC)标准和日本的综合业务数字广播(Integrated Services Digital Broadcasting,ISDB)标准。数字电视标准如表 5-2 所示。

表 5-2　数字电视标准

电视标准	DVB-S	DVB-C	DVB-T	ATSC	ISDB
视频编码	MPEG-2	MPEG-2	MPEG-2	MPEG-2	MPEG-2
音频编码	MPEG-2	MPEG-2	MPEG-2	AC-3	MPEG-2
复用方式	MPEG-2	MPEG-2	MPEG-2	MPEG-2	MPEG-2
带宽	—	—	8M	6M	27M

当前,世界各国都根据本国的具体情况,慎重地选择地面数字电视传输标准。从世界范围看,除了美国外,还有加拿大、阿根廷、韩国等国家采用美国的 ATSC 标准。而欧洲所有国家和澳大利亚、新加坡、印度等国则选用了欧洲联盟的 DVB-T 标准。

目前,我国已经公布了自己的地面数字电视传输标准(Digital Television Terrestrial Multimedia Broadcasting,DTMB),实现了固定电视和公共交通移动电视的数字电视信号传送,并成为第四个地面数字电视传输国际标准。

5.2　视频数字化

5.2.1　视频数字化的方法

如果需要在数字计算机中处理模拟视频,必须要将模拟视频转换为数字视频,这就是视频的数字化。一般来说,视频数字化有两种方法。

多媒体技术基础及应用

（1）复合数字化（Recombination Digitalization）

复合数字化指的是首先使用一个高速的模/数（Analogy/Digital）转换器对全彩色电视信号进行数字化，然后再分离亮度和色差信号，最后再转换成 RGB 分量。

（2）分量数字化（Component Digitalization）

分量数字化指的是首先将复合视频信号中的亮度和色差信号分离，得到 YUV 或 YIQ 分量，然后使用三个模/数转换器对三个分量分别进行数字化，最后再转换成 RGB 分量。

不管是复合数字化还是分量数字化，数字化的过程都是要将模拟信号经过采样、量化和编码的过程转为数字信号，如图 5-7 所示。

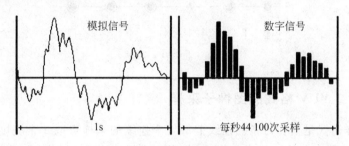

图 5-7　模拟信号和数字信号

5.2.2　图像子采样

模拟视频转换为数字视频的过程，同样也涉及采样的问题。对彩色电视图像进行采样时，可以采用两种采样方法：（1）使用相同的采样频率对图像的亮度信号和色差信号进行采样；（2）使用不同的采样频率对图像的亮度信号和色差信号进行采样。

对于第二种采样方法，对色差信号使用的采样频率比对亮度信号使用的采样频率低，这就是图像子采样。图像子采样是根据人的视觉系统所具有的特性：人眼对色差信号的敏感程度比对亮度信号的敏感程度低。基于这个特性可以对组成图像像素颜色的亮度信号和色差信号使用不同的采样率，即对亮度信号的采样率高于对色差信号的采样率。

下面以 YUV 颜色空间为例，说明几种常见的图像子采样。

1. 4：4：4 YUV 格式的图像子采样

这种图像采样格式不是真正的子采样格式，它是指在每条扫描线上每 4 个连续的采样点取 4 个亮度 Y 样本、4 个红色色差 U 样本和 4 个蓝色色差 V 样本，共有 12 个样本表示 4 个像素，每个像素使用 3 个样本表示，如图 5-8 所示。扫描线编号隔行顺序递增，说明此为隔行扫描。压缩比为 3：3＝1.0。实际上，4：4：4 YUV 格式的图像采样不是一种图像子采样。

采样前的 4 个像素：$[Y_1 U_1 V_1]$，$[Y_2 U_2 V_2]$，$[Y_3 U_3 V_3]$，$[Y_4 U_4 V_4]$；

4：4：4 采样后的码流为：$Y_1 U_1 V_1 Y_2 U_2 V_2 Y_3 U_3 V_3 Y_4 U_4 V_4$；

采样后的 4 个像素：$[Y_1 U_1 V_1]$，$[Y_2 U_2 V_2]$，$[Y_3 U_3 V_3]$，$[Y_4 U_4 V_4]$。

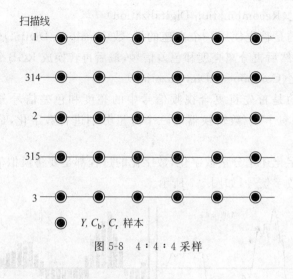

◉ Y, C_b, C_r 样本

图 5-8　4:4:4 采样

2. 4:2:2 YUV 格式的图像子采样

这种子采样格式是指在每条扫描线上每 4 个连续的采样点取 4 个亮度 Y 样本、2 个红色色差 U 样本和 2 个蓝色色差 V 样本,共有 8 个样本表示 4 个像素,平均每个像素使用 2 个样本表示,如图 5-9 所示。压缩比为 3:2=1.5。

采样前的 4 个像素:$[Y_1 U_1 V_1]$,$[Y_2 U_2 V_2]$,$[Y_3 U_3 V_3]$,$[Y_4 U_4 V_4]$;

4:2:2 采样后的码流为:$Y_1 U_1 Y_2 V_2 Y_3 U_3 Y_4 V_4$;

采样后的 4 个像素:$[Y_1 U_1 V_2]$,$[Y_2 U_1 V_2]$,$[Y_3 U_3 V_4]$,$[Y_4 U_3 V_4]$。

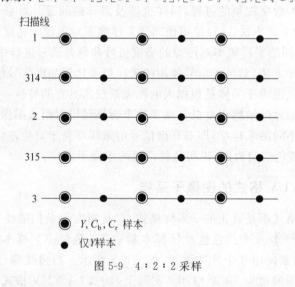

◉ Y, C_b, C_r 样本

● 仅 Y 样本

图 5-9　4:2:2 采样

3. 4:1:1 YUV 格式的图像子采样

这种子采样格式是指在每条扫描线上每 4 个连续的采样点取 4 个亮度 Y 样本、1 个红色色差 U 样本和 1 个蓝色色差 V 样本,共有 6 个样本表示 4 个像素,平均每个像素使

———————— 多媒体技术基础及应用

用 1.5 个样本表示，如图 5-10 所示。压缩比为 3:1.5＝2。

采样前的 4 个像素：$[Y_1\ U_1\ V_1]$，$[Y_2\ U_2\ V_2]$，$[Y_3\ U_3\ V_3]$，$[Y_4\ U_4\ V_4]$；

4:1:1 采样后的码流为：$Y_1\ U_1\ Y_2\ Y_3\ V_3\ Y_4$；

采样后的 4 个像素：$[Y_1\ U_1\ V_3]$，$[Y_2\ U_1\ V_3]$，$[Y_3\ U_1\ V_3]$，$[Y_4\ U_1\ V_3]$。

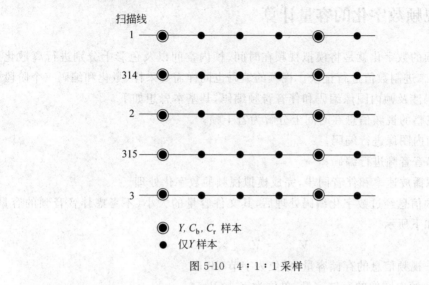

图 5-10　4:1:1 采样

4. 4:2:0 YUV 格式的图像子采样

这种子采样格式是指在每条扫描线上每 4 个连续的采样点上取 4 个亮度 Y 样本、2 个红色色差 U 样本或者 2 个蓝色色差 V 样本，共有 6 个样本表示 4 个像素，平均每个像素使用 1.5 个样本表示，如图 5-11 所示。压缩比为 3:1.5＝2。

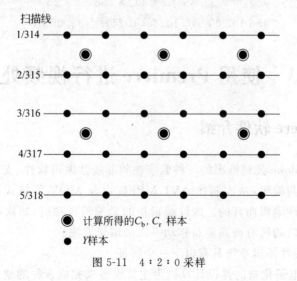

图 5-11　4:2:0 采样

采样前的 8 个像素：$[Y_1\ U_1\ V_1]$，$[Y_2\ U_2\ V_2]$，$[Y_3\ U_3\ V_3]$，$[Y_4\ U_4\ V_4]$，$[Y_5\ U_5\ V_5]$，$[Y_6\ U_6\ V_6]$，$[Y_7\ U_7\ V_7]$，$[Y_8\ U_8\ V_8]$；

4：2：0 采样后的码流为：$Y_1 U_1 Y_2 Y_3 U_3 Y_4 Y_5 Y_6 V_6 Y_7 Y_8 V_8$；

采样后的 8 个像素：$[Y_1 U_1 V_6]$，$[Y_2 U_1 V_6]$，$[Y_3 U_3 V_8]$，$[Y_4 U_3 V_8]$，$[Y_6 U_1 V_6]$，$[Y_7 U_1 V_6]$，$[Y_8 U_3 V_8]$，$[Y_8 U_3 V_8]$。

5.2.3　视频数字化的容量计算

　　模拟视频的数字化就是将模拟视频在时间、帧内空间以及色彩上分别进行离散化处理，并最终以二进制数值进行记录。视频的编码也同样需要采样、量化和编码三个阶段。

　　视频编码涉及帧内图像编码和伴音音频编码，其基本思想如下。

　　(1) 将完整的视频信息在时间上分解为若干帧；

　　(2) 对帧内图像进行编码；

　　(3) 对伴音音频进行编码；

　　(4) 考虑播放速率和伴音同步，完成模拟视频的数字化处理。

　　一个视频信息经过数字化编码处理后，其文件容量的大小（不考虑伴音音频的容量）的计算公式如下所示。

$$V_{\text{video}} = V_{\text{image}} \times v \times t$$

V_{video}——视频信息的存储容量，单位为字节（B）；

V_{image}——帧内图像的存储容量，单位为字节（B）；

v——播放速率；

t——播放时间。

　　【例 5.1】　帧内真彩色图像的分辨率为 352×288，播放速率是 25fps，则 1min 的视频信息至少需要多大的存储容量？

　　解：根据计算公式 $V_{\text{video}} = V_{\text{image}} \times v \times t = 352 \times 288 \times 3 \times 25 \times 60 = 456\,192\,000\text{B}$
　　　　　　　　$456\,192\,000\text{B}/(1024 \times 1024) = 435.06\text{MB}$

5.3　使用 Premiere 进行视频处理

5.3.1　Premiere 软件介绍

　　Premiere 是 Adobe 公司推出的一种数字视频非线性编辑软件，支持使用多轨视频和多轨声音进行合成与编辑，从而制作 AVI、MPEG 以及 MOV 等格式的动态视频。非线性编辑是相对于线性编辑而言的。线性编辑指的是编辑视频时，每次插入或删除一段视频都需要将该点以后的所有视频重新移动一次的编辑方法。

　　一般说来，非线性编辑系统具有以下三个特征。

　　(1) 电子化。电子化指的是以计算机为主要设备来完成素材的快速传递、管理、编辑和输入输出等操作。

　　(2) 非线性。非线性指的是素材不必按单一顺序排列，可任意调动、组合或插入视频/音频元素。

（3）随机性。随机性指的是编辑人员可随机查询特定的素材段或者素材点，而无须按正常先后顺序到达指定位置，这是由多媒体系统的实时性决定的。

对于非线性系统来说，最重要的特点是访问的随机性。内存是一种典型的随机访问设备，属于非线性系统范畴。对于线性系统来说，最重要的特点是访问的顺序性。传统硬盘是一种典型的顺序访问设备。

非线性编辑指的是用户可以在任何时刻随机访问所有素材。显然，非线性编辑的效率更高。本书以 Premiere Pro CS6 软件为例，介绍视频的制作过程。

5.3.2　使用 Premiere 软件制作公司宣传视频

一个完整的 Premiere 视频制作过程包含新建项目、导入资源、加载资源、添加特效、视频渲染和保存输出六个步骤。

1. 新建项目

双击 Adobe Premiere Pro 软件的可执行文件或快捷方式，启动 Adobe Premiere Pro 并进入欢迎界面，如图 5-12 所示。

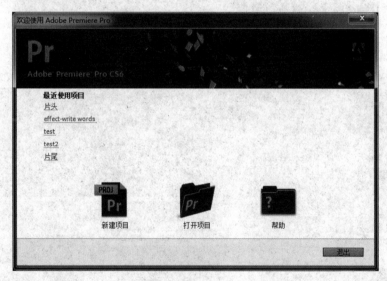

图 5-12　Premiere 的启动欢迎界面

单击"新建项目"按钮，输入项目名称 introduction，并选择存放的路径，单击"确定"按钮，进入新建序列界面，如图 5-13 所示。

选择默认的 DV-PAL 下的标准 48kHz，单击"确定"按钮，新建"序列 1"，进入 Premiere 工作界面，如图 5-14 所示。该界面包括最上方的菜单栏和工作区的四个窗口区域。

四个窗口区域说明如下。

图 5-13　新建序列

图 5-14　Premiere 工作界面

（1）左上方工作区域包括源窗口、特效控制台窗口、调音台窗口和元数据窗口；源窗
口用于预览导入的资源，包括图片、声音和视频等；特效控制台窗口用于进行特效的详细
设置，常见的特效包括音频特效、音频过渡特效、视频特效和视频切换特效等；调音台窗口

用于调节各个音轨的音量大小及平衡等;元数据窗口用于显示相关元数据,如日期、持续时间和文件类型等,使用元数据可以方便地对资源进行跟踪和管理。

(2) 右上方工作区域是视频预览窗口;该窗口用于预览整体的视频。

(3) 左下方工作区域包括项目资源窗口、媒体浏览窗口、信息窗口、效果窗口和历史窗口;其中,项目资源窗口存放所有导入的资源,可能包括视频、声音、图片和字幕等;媒体浏览窗口用于快速浏览本地计算机上的各种媒体资源;信息窗口显示选中资源的详细信息;效果窗口提供包括音频特效、音频过渡特效、视频特效和视频切换特效等各种特效进行选择;历史窗口显示操作者历史操作。

(4) 右下方工作区域是时间线窗口;时间线窗口是所有资源编辑组合窗口,这些资源基于时间线进行叠加。

现在以一个最后完成的视频展示各个窗口,方便对各个窗口功能的理解。源窗口如图 5-15(a)所示,显示地图图片;特效控制台窗口如图 5-15(b)所示,显示一个缩放的特效;调音台窗口如图 5-15(c)所示,显示主音轨的音量和左右平衡;元数据窗口如图 5-15(d)所示,显示一个声音文件的采样频率和持续时间等信息;视频预览窗口如图 5-15(e)所示,显示视频切换特效;资源窗口如图 5-15(f)所示,显示该工程所包含的各种资源文件;媒体浏览窗口如图 5-15(g)所示,按照资源管理器的方式显示本机所有媒体文件;信息窗口如图 5-15(h)所示,显示一个静态图片的相关信息;效果窗口如图 5-15(i)所示,显示各种可供选择的特效,包括音频特效、音频过渡特效、视频特效和视频切换特效;历史窗口如图 5-15(j)所示,显示数个历史操作;时间线窗口如图 5-15(k)所示,显示所有音频轨和视频轨。

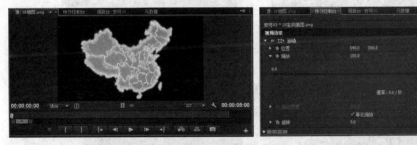

(a) 源窗口   (b) 特效控制台窗口

(c) 调音台窗口   (d) 元数据窗口

图 5-15　Premiere 各个工作窗口示意

(e) 视频预览窗口   (f) 资源窗口

(g) 媒体浏览窗口   (h) 信息窗口

(i) 效果窗口   (j) 历史窗口

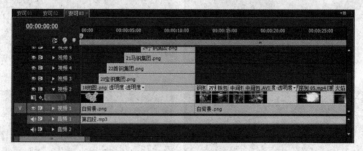

(k) 时间线窗口

图 5-15 （续）

2. 导入资源

执行操作："文件"→"导入"，进入导入界面，打开资源文件夹（可以将所有资源存放在资源文件夹中，方便进行管理），选中所有资源文件，如图 5-16 所示。本次一共导入 19 个资源文件，其中 10 个为 PNG 图片文件、5 个 JPG 图片文件、2 个 AVI 视频文件、1 个 MP4 视频文件以及 1 个 MP3 声音文件（该声音文件是解说声）。

图 5-16　导入资源

其后，在资源窗口中可以看到所导入的资源，如图 5-17 所示。

图 5-17　资源窗口

3. 加载资源

加载资源就是要将导入的资源加载到时间线窗口中，这些资源需要按照时间顺序在时间线窗口中进行组合。

首先，从资源窗口中拖动"解说声音.mp3"资源到"音频 1"轨，并通过缩放工具调整至合适的大小，如图 5-18 所示。

缩放工具，如图 5-19 所示。一般来说，当单击"缩放工具"按钮后，单击时间线窗口中

图 5-18　拖动解说声音资源到音频轨

的资源,呈现放大的效果;如果同时按下 Alt 键,再单击时间线窗口中的资源,则呈现缩小的效果。

图 5-19　缩放工具

分别拖动两次"白背景.png"资源文件到"视频 1"轨,第一个"白背景"资源所占的时间段为:00:00:00:00 ~ 00:00:11:23,第二个"白背景"资源所占的时间段为 00:00:11:24~00:00:37:07,如图 5-20 所示。

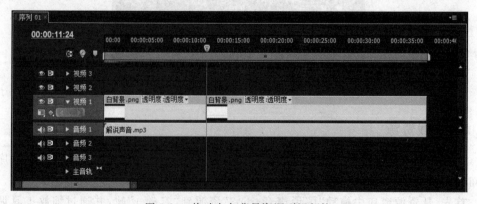

图 5-20　拖动白色背景资源到视频轨

这里,确定资源开始时间和结束时间的方法是使用"波纹编辑工具"。例如,对于第一

　　多媒体技术基础及应用

个"白背景"资源,其结束时间为 00:00:11:23。首先在播放位置编辑框中输入 00:00:11:24,
如图 5-21 所示。

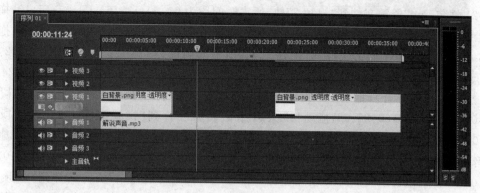

图 5-21　输入播放位置

然后,单击"波纹编辑工具",如图 5-22 所示。

图 5-22　波纹编辑工具

拖动第一个"白背景"资源的结束时间到播放位置,如图 5-23 所示。

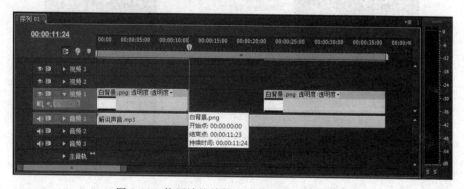

图 5-23　使用波纹编辑工具拖动资源结束时间

第二个"白背景"资源的开始时间和结束时间,也可采用波纹编辑工具拖动到合适
位置。

下面的过程为使用上述方法拖动资源到各个视频轨道。

拖动"地图.png"资源文件到"视频 2"轨,所占时间段为 00:00:00:00~00:00:11:23;拖动"20 钢包.jpg"资源文件到"视频 2"轨,所占时间段为 00:00:11:24~00:00:13:15;拖动"21 铁包.jpg"资源文件到"视频 2"轨,所占时间段为 00:00:13:16~00:00:15:10;拖动"22 中间包.jpg"资源文件到"视频 2"轨,所占时间段为 00:00:15:11~00:00:16:24;拖动"23 中间包视频.avi"资源文件到"视频 2"轨,所占时间段为 00:00:17:00~00:00:22:13(由于"23 中间包视频.avi"中含有伴音,需要执行"解除视音频链接"功能,如图 5-24 所示,然后再删除伴音);拖动"24 出钢过程.mp4"资源文件到"视频 2"轨,所占时间段为 00:00:22:14~00:00:26:08;拖动"25 火焰.jpg"资源文件到"视频 2"轨,所占时间段为 00:00:26:09~00:00:28:06(该视频中同样含有伴音,需要先解除视音频链接,然后再删除伴音);拖动"26 中间包点火视频.avi"资源文件到"视频 2"轨,所占时间段为 00:00:28:07~00:00:33:06(该视频同样需要删除伴音);拖动"27 江南冷轧.jpg"资源文件到"视频 2"轨,所占时间段为 00:00:33:07~00:00:34:20;拖动"31 节能 30%.png"资源文件到"视频 2"轨,所占时间段为 00:00:35:11~00:00:37:07。这里,每个资源所占的时间段(包括开始时间和结束时间),主要是根据解说声音的同步来确定的。

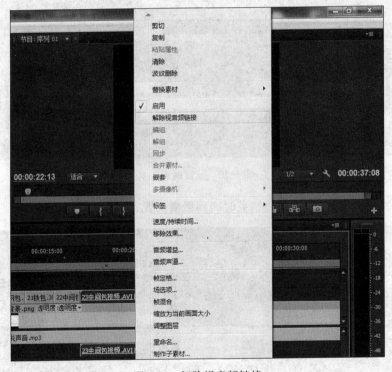

图 5-24 解除视音频链接

拖动"10 宝钢集团.png"资源文件到"视频 3"轨,所占时间段为 00:00:01:23~00:00:11:23;拖动"30 节能文字.png"资源文件到"视频 3"轨,所占时间段为 00:00:35:11~00:00:37:07。当视频轨道数量不够时,可执行右键"添加轨道"命令,进入添加视音轨界面,如图 5-25 所示。

拖动"11 首钢集团.png"资源文件到"视频 4"轨,所占时间段为 00:00:02:20~00:

多媒体技术基础及应用

图 5-25 "添加视音轨"界面

00:11:23;拖动"12 马钢集团.png"资源文件到"视频 5"轨,所占时间段为 00:00:04:15~00:00:11:23;拖动"13 宁钢集团.png"资源文件到"视频 6"轨,所占时间段为 00:00:06:07~00:00:11:23;拖动"14 东北特钢.png"资源文件到"视频 7"轨,所占时间段为 00:00:07:18~00:00:11:23;拖动"15 新余特钢.png"资源文件到"视频 8"轨,所占时间段为 00:00:09:08~00:00:11:23。

所有资源添加完成之后,如图 5-26 所示。

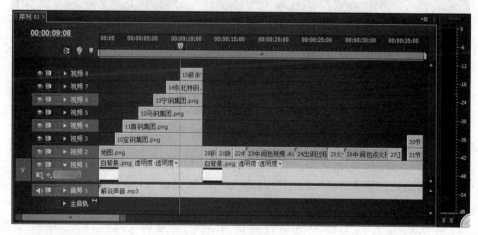

图 5-26 资源加载完成

4. 添加特效

当所有资源加载完成后,可以单击播放,查看视频。此时,还没有任何视频特效和切换特效。本项目将要完成的特效如下。

(1) 各个公司标识地图上的缩放和运动特效;

(2) 各个静态图片之间以及静态图片与视频之间的切换;

（3）节能文字和数字的动画效果。

首先实现各个公司标识在地图上的缩放和运动特效。

"宝钢集团"图片的缩放和运动特效的开始位置为 00：00：01：23，结束位置为00：00：02：19。

选中"视频3"轨中"宝钢集团"图片，拖动到播放位置 00：00：01：23 处，刚好能在视频预览窗口中看见"宝钢集团"标识，如图 5-27 所示。打开特效控制台窗口，并选中运动特效中的位置和缩放按钮，即生成特效的开始关键帧，如图 5-27 的特效控制台中的小三角形。

图 5-27　定位"宝钢集团"图片的特效开始点

选中"视频3"轨中"宝钢集团"图片，拖动到播放位置 00：00：02：19 处，拖动特效控制台中的缩放滑动按钮至缩小 30％处，鼠标左击视频预览窗口中的"宝钢集团"图片，并拖动到中国地图的上海位置，如图 5-28 所示。

"首钢集团"图片的缩放和运动特效的开始位置为 00：00：02：20，结束位置为00：00：04：14。根据上述方法，制作"首钢集团"图片的缩放和运动特效如图 5-29所示。

"马钢集团"图片的缩放和运动特效的开始位置为 00：00：04：15，结束位置为00：00：06：06。根据上述方法，制作"马钢集团"图片的缩放和运动特效，如图 5-30 所示。

"宁波钢铁"图片的缩放和运动特效的开始位置为 00：00：06：07，结束位置为00：00：07：17。根据上述方法，制作"宁波钢铁"图片的缩放和运动特效，如图 5-31所示。

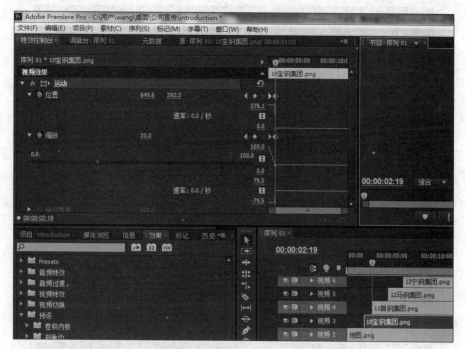

图 5-28　制作"宝钢集团"图片的缩放和运动特效

图 5-29　制作"首钢集团"图片的缩放和运动特效

图 5-30   制作"马钢集团"图片的缩放和运动特效

图 5-31   制作"宁波钢铁"图片的缩放和运动特效

"东北特钢"图片的缩放和运动特效的开始位置为 00∶00∶07∶18,结束位置为 00∶00∶09∶07。根据上述方法,制作"东北特钢"图片的缩放和运动特效如图 5-32 所示。

"新余钢铁"图片的缩放和运动特效的开始位置为 00∶00∶09∶08,结束位置为 00∶00∶10∶08。根据上述方法,制作"新余钢铁"图片的缩放和运动特效如图 5-33 所示。

多媒体技术基础及应用

图 5-32   制作"东北特钢"图片的缩放和运动特效

图 5-33   制作"新余钢铁"图片的缩放和运动特效

下面实现各个静态图片之间以及静态图片与视频之间的切换特效。首先,需要调整各个静态图片和视频在屏幕中的位置显示。例如,对于"钢包"图片,拖动播放位置至"钢包"图片,使用鼠标左键选中时间线窗口中的钢包并在视频预览窗口中双击,即可选中钢包图片,使用鼠标左键进行拖动或调整边角按钮至合适位置和大小,如图 5-34 所示。其他图片和视频也可按照此方法进行调整。

图 5-34　调整"钢包"图片的位置和大小

打开效果窗口,展开视频切换特效,拖动"擦除"中的"双侧平台门"特效至钢包和铁包图片之间,制作一个切换特效,如图 5-35 所示。

图 5-35　制作切换特效

其他静态图片之间以及图片与视频之间的切换特效,根据上述方法制作,不再赘述。
最后,制作节能文字和数字的动画效果。拖动视频切换特效中的缩放的"交叉缩放"

　多媒体技术基础及应用

特效至"视频 3"轨上的节能文字图片前,并使用波纹编辑工具将该特效的开始位置拖动
到 00:00:34:21 处,以保持与前面的图片内容紧密衔接,如图 5-36 所示。

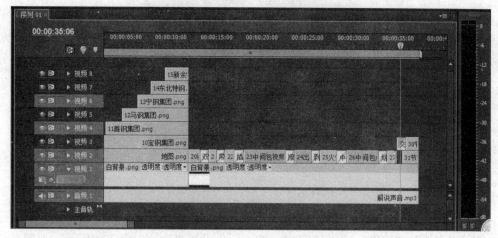

图 5-36 制作节能文字的交叉缩放特效

对于节能数字的特效,希望制作一个由屏幕中心快速放大的效果以达到强调的
目的,可考虑使用缩放特效来实现。参考前述的图片缩放特效进行制作,如图 5-37
所示。

图 5-37 制作节能数字的缩放特效

5. 视频渲染

至此,视频制作完成,可单击播放,在预览窗口中查看效果。如果没有问题,则进
行视频渲染。视频渲染指的是将各种资源、特效等进行组合,生成最终视频的帧
序列。

执行"序列"→"Render Effects in Work Area"(工作区渲染),视频渲染过程如图 5-38

所示。

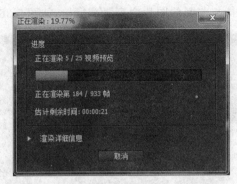

图 5-38　视频渲染

6. 视频输出

执行"文件"→"导出"→"媒体"命令,进入导出设置界面,如图 5-39 所示。视频默认
以 AVI 格式输出。单击"导出"按钮,完成视频导出。

图 5-39　导出设置

AVI 格式导出的文件往往较大,在不特别影响视频质量的前提下,可考虑使用其他
格式进行导出,如 MPEG2 格式。AVI 和 MPEG2 格式导出的视频文件大小比较,如
图 5-40 所示。

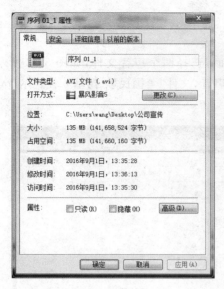 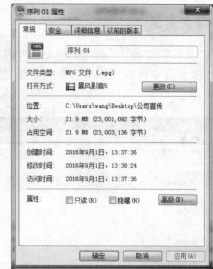

(a) AVI格式　　　　　　　　　　(b) MPEG2格式

图 5-40　不同格式视频文件大小比较

5.3.3　使用 Premiere 软件制作打字特效

这里,仍然按照新建项目、导入资源、加载资源、添加特效、视频渲染和保存输出共六个步骤进行讲述。有些简单的步骤不再赘述。

1. 新建项目

新建项目,如图 5-41 所示。

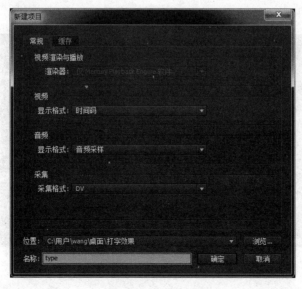

图 5-41　新建项目

2. 导入资源

执行"文件"→"导入"命令,进入导入界面,选择两个声音文件,如图 5-42 所示。其中,文件"键盘打字声音.mp3"是敲击键盘的声音,文件"美国民歌 扬基·杜德尔.mp3"作为背景声音。

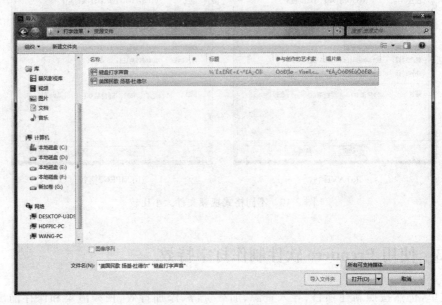

图 5-42 导入资源界面

3. 加载资源

拖动"键盘打字声音.mp3"10 次到"音频 1"轨,拖动"美国民歌 扬基·杜德尔.mp3"到"音频 2"轨,如图 5-43 所示。

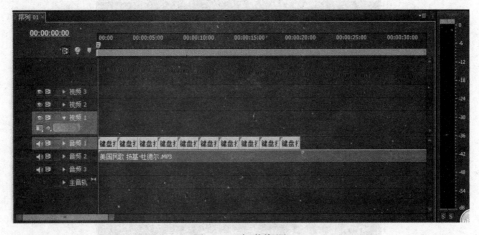

图 5-43 加载资源

双击"音频 2"上"美国民歌 扬基·杜德尔.mp3"的声音,在源窗口中,通过"标记入点"和"标记出点"选择需要的音乐部分,如图 5-44 所示。

图 5-44　通过标记入点和出点选择部分音乐

通过鼠标左键拖动来调整背景音乐的起点,并调整调音台的主音轨音量来减少背景音乐的音量,如图 5-45 所示。

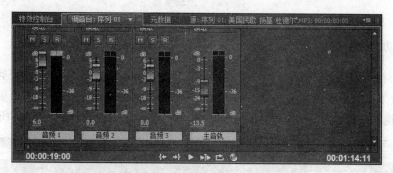

图 5-45　使用调音台调整背景音乐的音量

执行"文件"→"新建"→"字幕"命令,新建一个字幕,如图 5-46 所示。

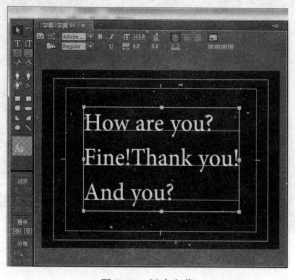

图 5-46　新建字幕

第 5 章　视频处理技术基础 ——————

然后将该字幕分别拖动到"视频 1"、"视频 2"和"视频 3"轨各一次，使得第一个字幕的时间段为 00:00:00:00～00:00:08:24，第二个字幕的时间段为 00:00:03:00～00:00:08:24，第三个字幕的时间段为 00:00:06:00～00:00:08:24，如图 5-47 所示。

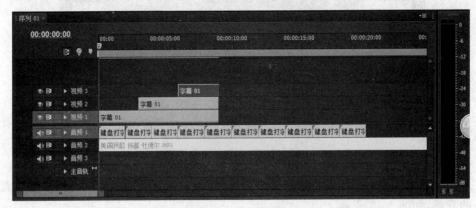

图 5-47　加载字幕

4．添加特效

使用的特效为裁剪特效。选中"视频 1"轨上的字幕，打开效果窗口，拖动视频特效中变换的裁剪特效至特效控制台两次，分别用于控制水平方向和垂直方向的裁剪。展开第一个裁剪特效，拖动底部缩放按钮，使得预览窗口中只有第一行文字可见，如图 5-48 所示。

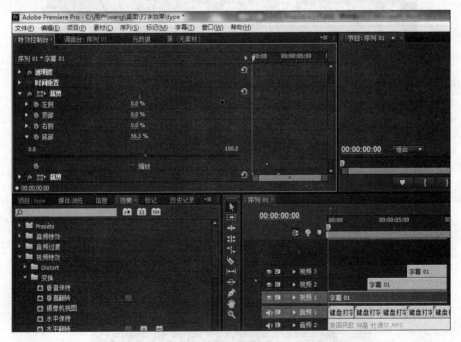

图 5-48　第一个裁剪特效

　多媒体技术基础及应用

展开第二个裁剪特效,单击右侧按钮,生成第一个关键帧,并拖动缩放按钮至第一行文字不可见,如图 5-49 所示。

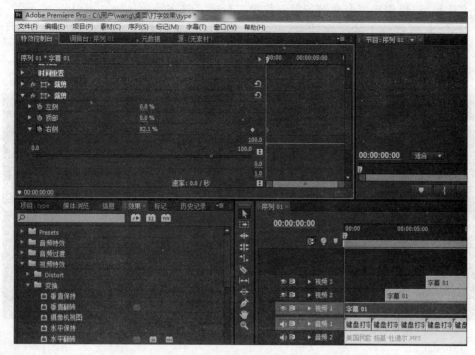

图 5-49　使用第二个裁剪特效生成第一个关键帧

然后将播放位置拖动到"视频 1"轨的字幕结束处,在特效控制台窗口中单击"添加/移除关键帧"按钮,生成第二个关键帧,拖动缩放按钮至第一行文字完全可见。至此,第一行文字的打字效果制作完毕,如图 5-50 所示。

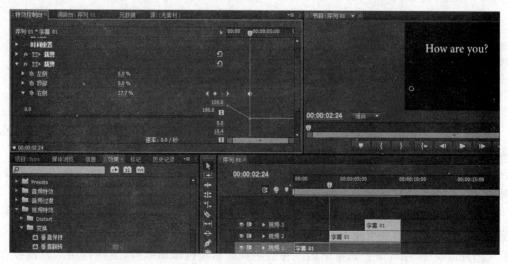

图 5-50　使用第二个裁剪特效制作第一行文字打字特效

对于"视频2"轨上的文字动画,基本过程与前述操作类似,也是使用两个裁剪特效分别控制水平方向和垂直方向的裁剪。其中,使用第一个裁剪特效的底部按钮缩放使得前两行文字可见;使用第二个裁剪特效制作第二行文字打字特效。

对于"视频3"轨上的文字动画,只需要使用一个裁剪特效来生成第三行文字打字特效。

全部三行文字打字特效,制作完毕如图5-51所示。

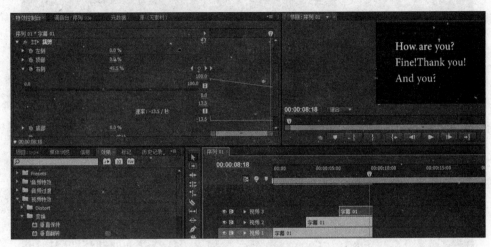

图5-51　全部三行文字打字特效

5. 视频渲染

执行"序列"→"Render Effects in Work Area"(工作区渲染),完成视频渲染。

6. 视频输出

执行"文件"→"导出"→"媒体"命令,单击"导出"按钮,视频以AVI格式导出。

本 章 小 结

视频是一种重要的感觉媒体,视频处理技术已经在包括数字电视、视频会议、视频点播和网上电影等各个方面得到了大规模应用。

视频包括模拟视频和数字视频,模拟视频转换为数字视频的过程称为视频数字化。视频数字化有复合数字化和分量数字化两种方法。

对视频的图像进行采样时,采用图像子采样的方法。图像子采样指的是对色差信号使用的采样频率比对亮度信号使用的采样频率低。

Premiere是Adobe公司推出的一种数字视频非线性编辑软件,支持使用多轨视频和多轨声音进行合成与编辑,从而制作AVI、MPEG以及MOV等格式的动态视频。

非线性编辑是相对于线性编辑而言的。线性编辑指的是编辑视频时,每次插入或删除一段视频都需要将该点以后的所有视频重新移动一次的编辑方法。

Premiere 的特效控制台窗口用于进行特效的详细设置,常见的特效包括音频特效、音频过渡特效、视频特效和视频切换特效等。

习　题

一、选择题

1. 下面最能满足模拟视频(包括视频及伴音)进行远距离传输的信号是(　　)。

  A. 分量视频信号   B. 复合视频信号

  C. 分离视频信号   D. 射频信号

2. 中国大陆采用的彩色电视制式是(　　)。

  A. NTSC 制式   B. PAL 制式

  C. SECAM 制式   D. DK 制式

3. 中国采用的地面数字电视传输标准是(　　)。

  A. DTMB   B. DVB-T   C. ATSC   D. ISDB

4. 下面不是数字视频的优点的是(　　)。

  A. 数字视频可以不失真的进行多次复制

  B. 数字视频可以进行长时间存储

  C. 数字视频进行非线性编辑

  D. 数字视频的逼真度最高

5. Premiere 软件中进行原始素材片断入点和出点设置的窗口是(　　)。

  A. 源窗口   B. 特效控制台窗口

  C. 调音台窗口   D. 元数据窗口

二、简答题

1. 简述模拟视频信号的四种类型。

2. 简述电视隔行扫描依据的原理。

3. 简述模拟的彩色电视制式。

4. 简述图像子采样。

5. 简述视频数字化的两种方法。

6. 简述非线性编辑系统。

第 6 章 动画制作技术基础

随着动画制作技术的发展,出现了越来越多的有关动画的应用,如游戏、动画电影、虚拟现实和模拟培训等。

本章首先介绍动画的原理及分类,然后简要介绍动画的制作过程,最后以 Flash CS 动画制作软件为平台介绍动画的相关制作技术。

6.1 动画的原理

动画的英文为 Animation。Webster 词典给出的解释是:由一系列图画构成的运动图像,通过每幅图像的细微改变来模拟目标动作。本质上,动画是一系列的静态图像。动画之所以能产生运动的感觉,还是源于人眼的视觉暂留效应。

为了进行图像的识别,图像在人脑中需要停留一定的时间,远远长于在视网膜上的成像时间。当一系列静态离散图像以一定的速率闪烁时,只要每次时间间隔足够小(一般小于 50ms),人脑即能将前后观察的图像连续起来,形成运动图像。

6.2 动画的分类

按照制作工艺进行分类,动画可以分为单线平涂动画、水墨动画、剪纸动画、木偶动画和计算机动画。

单线平涂动画指的是采用单线平涂技法制作的动画,如图 6-1 所示。单线平涂是一种中国画的技法,讲究轮廓钩线,色彩平涂。这种动画制作方式工艺简单、易于操作。

水墨动画指的是使用中国水墨画方式制作的动画,如图 6-2 所示。水墨动画没有清晰的轮廓线,通过水墨在宣纸上的自然渲染,浑然天成,一个场景就是一幅水墨画。这种动画制作方式工艺复杂,需要消耗大量人力。

剪纸动画指的是使用剪纸工艺制作的动画,如图 6-3 所示。剪纸动画可以配合适当的喷画,作为造型的辅助手法。

木偶动画是以立体木偶而非平面素描或绘画来拍摄的动画,是一种立体动画,如图 6-4 所示。木偶动画中的角色大都以木材为主,同时辅助以石膏、橡胶、海绵、钢铁和金属丝等。

图 6-1　单线平涂动画

图 6-2　水墨动画

图 6-3　剪纸动画

图 6-4　木偶动画

　　计算机动画指的是采用图形与图像处理技术,并借助于动画制作软件生成的一系列的画面所组成的动画。计算机动画也是基于人眼的视觉暂留效应,采用连续播放静止图像而产生物体运动的效果。

　　计算机动画又可以分为二维计算机动画(如图 6-5 所示)和三维计算机动画(如图 6-6所示)。常见的二维计算机动画制作软件有 Flash CS 和 Animo 等;常见的三维动画制作软件有 3D MAX 和 MAYA 等。

图 6-5　二维计算机动画

图6-6　三维计算机动画

　　此外,对于计算机动画,还有一些动画开发平台,支持快速的导入外部模型,并提供强大的驱动开发接口。主要包括如下几种。

　　(1) 二维计算机动画开发平台 Scratch

　　Scratch 是一款由麻省理工学院设计开发的面向青少年编程的简易工具,如图 6-7 所示。使用这款软件,使用者无须掌握任何编程语言,可以通过鼠标拖动模块进行组合构成完整的程序。基本的模块包括:动作、外观、声音、画笔、数据、事件、控制、侦测以及数字逻辑运算等。

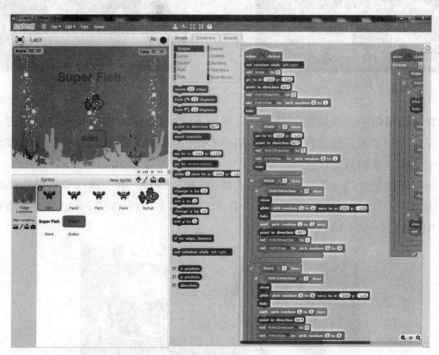

图6-7　二维计算机动画开发平台 Scratch

　　(2) Funcode 二维计算机动画开发平台

　　Funcode 是由上海锐格软件公司开发的一款支持 C、C++ 和 Java 等编程语言的游戏开发平台,如图 6-8 所示。该平台通过将游戏的模型设计和驱动开发进行分离,大大简化了游戏开发过程。模型设计阶段,游戏开发者专注于场景和角色的设计,模型可以是开发平台提供的模板图形,也可以是从外部导入的图片;驱动开发阶段,游戏开发者集中于角色与角色之间、角色与环境之间的交互,开发平台提供基本的游戏框架代码,开发者只需关注交互的内容,相关函数的调用由平台进行了封装,开发者无须关注这些具体函数运行机制和调用细节。

(a) 模型设计

(b) 驱动开发

图 6-8　二维计算机动画开发平台 Funcode

（3）Unity3D 三维计算机动画开发平台

Unity3D 是 Unity Technologies 公司开发的一款支持实时三维动画的跨平台综合游戏开发平台,如图 6-9 所示,支持 C♯ 和 Java Script 开发语言。Unity3D 平台开发的游戏可以发布至 Windows、Mac、iPhone、Windows Phone 8 和 Android 平台，也可以基于 Unity Web Player 发布网页游戏，支持 Mac 和 Windows 环境下的网页浏览。

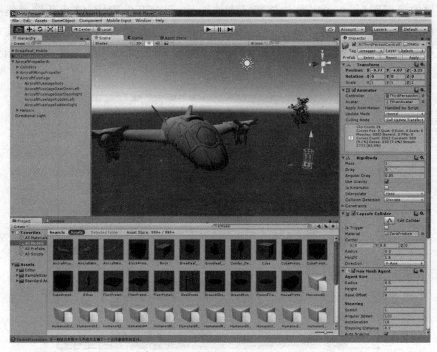

图 6-9　三维计算机动画开发平台 Unity3D

6.3　计算机动画的制作过程

一般来说，计算机动画的制作过程包括：脚本策划、角色设计、场景设计、分镜头设计、原画制作、分镜头动画制作和合成。

（1）脚本策划

脚本是对整个动画过程的文字性描述，包括事件发生的时间、地点、场景以及角色的特征、形体、对话等，有的还涉及布景、灯光和语音效果等。

《人生路》的脚本：一个婴儿慢慢地从地上爬起来，头上出现一个大大的问号，不远处出现一片光芒，并慢慢地浮现文字提示"要开始生活了"。这个婴儿摇摇晃晃地往前走，捡到一个娃娃，满脸喜悦，玩了一会就扔了。突然，被前面一个石头绊倒了，坐在地上哇哇大哭。一个坚强有力的大手很快伸过来扶起他，婴儿继续往前走。同时，慢慢长大……

（2）角色设计

角色设计指的是动画中所涉及的人物设计。图 6-10 为一个动画角色示例。

（3）场景设计

场景设计指的是动画角色所活动的舞台。一个完整的动画需要设计多个场景。如图 6-11 所示为一个动画场景。

图 6-10　动画角色

图 6-11　动画场景

（4）分镜头设计

分镜头是将动画脚本文字转换成视听形象的中间媒介。一个完整的分镜头包括：镜头号、景别、画面内容、背景音乐、镜头长度等。其中，画面内容通常根据剧本来进行绘制，是对动画的构思蓝图。分镜头设计示例如图 6-12 所示。

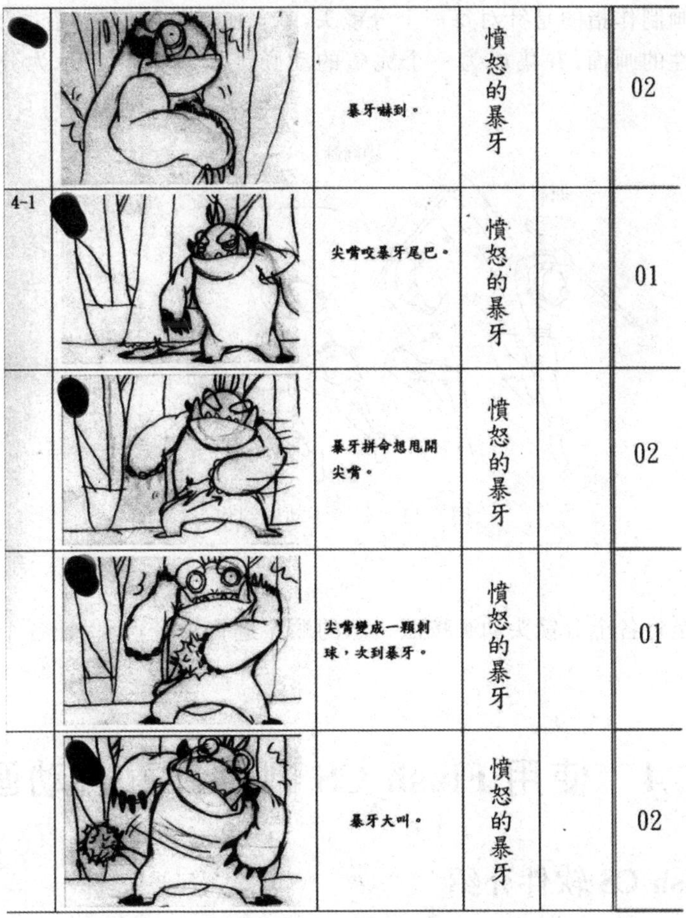

	暴牙吓到。	愤怒的暴牙	02
4-1	尖背咬暴牙尾巴。	愤怒的暴牙	01
	暴牙拼命想甩开尖背。	愤怒的暴牙	02
	尖背变成一颗刺球，扎到暴牙。	愤怒的暴牙	01
	暴牙大叫。	愤怒的暴牙	02

图 6-12　分镜头设计

（5）原画制作

原画指的是动画创作中一个场景的起始和终点画面，即动画中的关键画面，又可以理解为计算机动画制作软件中的关键帧。图 6-13 为步行中的原画。

图 6-13　步行中的原画

（6）分镜头动画制作

分镜头动画制作指的是针对每一个分镜头，基于所设计的原画，借助于计算机生成非关键性或过渡性的画面，并集成为一个完整的动画。如图 6-14 所示为分镜头动画制作示例。

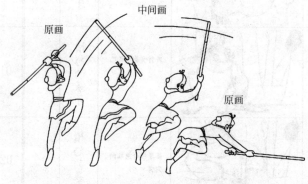

图 6-14　分镜头动画制作

（7）合成

合成指的是将各个分镜头动画按照一定的顺序进行组合，以保证各个分镜头之间过渡自然。

6.4　使用 Flash CS 制作计算机动画

6.4.1　Flash CS 软件介绍

Flash 是一种交互式矢量多媒体技术，又是一个动画制作软件的名称。Flash CS 与矢量图形处理软件 Illustrator 和位图图像处理软件 Photoshop 完美地结合在一起,三者之间不仅实现了用户界面上地互通,还实现了文件的互相转换。当然,最为重要的是,Flash 支持脚本语言 ActionScript,它包含多个类库,这些类库涵盖了图形、算法、矩阵、XML 和网络传输等诸多范围,为开发者提供了一个丰富的开发环境。

下面介绍一些动画相关的基本知识。

1. 动画和动画分类

动画指的是由若干幅静止的图像连续播放而形成的,每一幅静止的图像就是一帧。从动画的定义可知,动画与视频是类似的。但是,实际应用中,动画和视频还是有些区别的,最显著的区别是,动画可以提供人机交互接口按照人所激发的事件进行操作,这些事件可能是一次鼠标左键的按下或释放等,而视频则没有人机交互接口。

动画中帧的概念类似于视频中的帧。动画中的帧可以分为关键帧、空白关键帧和过渡帧。关键帧指的是用来定义动画变化、更改状态的帧,通常定义了一个过程的起始和终结,一般使用"·"标识;空白关键帧指的是没有包含任何内容的关键帧,只起到标识作用且无任何图像的关键帧,一般使用"。"标识;过渡帧指的是起始关键帧动作向结束关键帧动作变化的过渡部分。关键帧和过渡帧的示意,如图 6-15～图 6-18 所示。

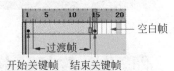

图 6-15　关键帧和过渡帧

图 6-16　起始关键帧

一般来说,动画有以下四种类型。

(1)逐帧动画。逐帧动画指的是在时间上逐幅绘制帧内容,动画中的每一帧都是关键帧;

图 6-17　过渡帧

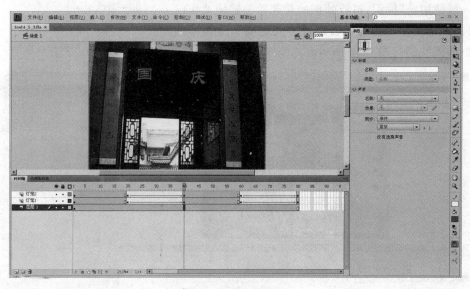

图 6-18　结束关键帧

（2）补间动画。补间动画有两种，一种是动作补间动画，另一种是形状补间动画；动作补间动画指的是物体由一个状态变换到另一个状态，可能是位置或者角度等的变化；形状补间动画指的是物体由一个物体变化到另一个物体，可能是圆形渐变到正方形或者红色渐变到蓝色；

（3）引导线动画。引导线动画指的是在引导层上绘制引导线，使对象按照绘制的路径进行运动的动画；

（4）遮罩动画。遮罩动画指的是只有遮罩层内有内容的地区可以显示下层图像信息的动画。

2．元件与实例

Flash 动画中的元件是一种可重复使用的对象。一般来说，元件有三种类型。

（1）影片剪辑类元件。该类元件可以独立于主时间轴播放，将影片剪辑元件放到主场景时，会循环不停地播放；

（2）图片类元件。该类元件适用于静态图像的重复使用，或创建与主时间轴关联的动画；

（3）按钮类元件。该类元件可定义鼠标弹起、按下、点击和经过四种状态下元件的动作，多用于制作具有交互要求的动画。

元件定义后被保存在库中，需要时可拖至场景中相应的图层。实例是元件在舞台上的一次具体使用。可以修改单个实例的属性，而不会影响其他实例或原始元件。

元件与实例的关系类似于模具和产品的关系。一个元件可以生成多个实例，而一个模具也可以生产多个产品。

3．动作脚本

动作脚本（Action Script，AS）指的是一条命令语句或者一段代码，当某事件发生或某条件成立时，就会发出命令来执行设置的语句和代码。使用动作脚本可以制作交互性的动画。当点击某个按钮时，可以进行响应。例如，对于如下代码：

on(press){gotoAndStop(10);}，当点击按钮时，跳转到第 10 帧并停止播放；

on(press){gotoAndPlay(10);}，当点击按钮时，跳转到第 10 帧并开始播放。

动作脚本是与事件关联的，当某事件发生时，即执行相应的动作。Flash 中常见的事件包括以下几类。

（1）鼠标按下（press）：指的是鼠标在按钮上单击下去；

（2）鼠标释放（release）：指的是鼠标在按钮上单击下去后的释放；

（3）鼠标滑过（rollOver）：指的是鼠标移到按钮上；

（4）鼠标滑离（rollOut）：指的是鼠标移到按钮上并离开；

（5）鼠标拖过（dragOver）：指的是在按钮上按下鼠标然后指针滑出按钮区域，再次滑入按钮区域时触发；

（6）鼠标拖离（dragOut）：指的是在按钮上按下鼠标然后指针滑出按钮区域时触发；

（7）外部释放（releaseOutside）：指的是鼠标在按钮上按下去然后移动到按钮外部释放；

（8）按键（keyDown）：指的是按下键盘上某个键。

4．Adobe Flash CS 软件主界面

打开 Adobe Flash CS 动画制作软件（其版本号是 CS4 10.0.2），其主界面如图 6-19 所示。该主界面主要包括菜单栏、工具栏、时间轴窗口、场景窗口、属性窗口和库窗口等。其中，菜单栏包含有常见的命令操作，如文件、编辑、视图、修改、文本、命令和控制等；工具栏包含有常见的工具，如选择工具、套索工具、任意变形工具、文本工具和颜料工具等；时间轴窗口显示所有图层，每个图层又以帧的方式显示内容；场景窗口显示操作的对象；属

性窗口显示选中对象的属性,库窗口显示所有元件。

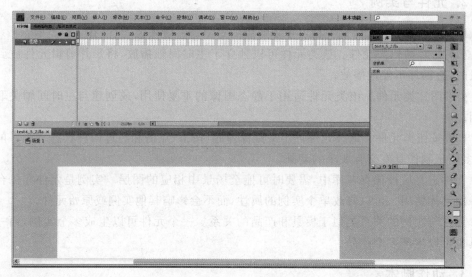

图 6-19 Flash CS 软件主界面

6.4.2 使用 Flash CS 制作简易 Flash 课件

本节介绍使用 Flash CS 制作简易 Flash 课件,重点是了解 Flash CS 软件的基本操作和掌握动作脚本的使用。

(1) 执行操作:"文件"→"新建",在"新建文档"界面选择"Flash 文件(ActionScript 2.0)",点击"确定"按钮,再执行操作:"修改"→"文档",将文档属性调整为:800×600 像素,帧频为 24fps,将该文件保存为"test4_5_2",如图 6-20 所示。

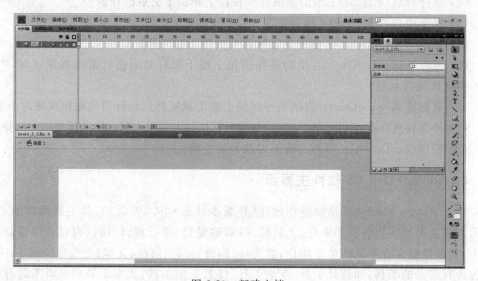

图 6-20 新建文档

（2）执行操作："文件"→"导入"→"导入到库"，将"Flash 背景文件 1. bmp"导入到当前库，如图 6-21 所示。

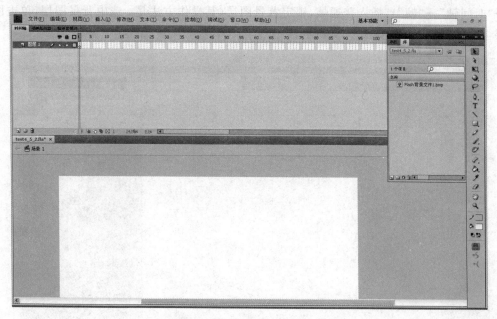

图 6-21　导入背景文件到当前库

（3）创建课件背景：从库中拖动"Flash 背景文件 1. bmp"到舞台，使其与舞台边界对齐。如果图片尺寸与舞台尺寸不相同，可以使用右侧的任意变形工具对图片进行拖拉操作，如图 6-22 所示。

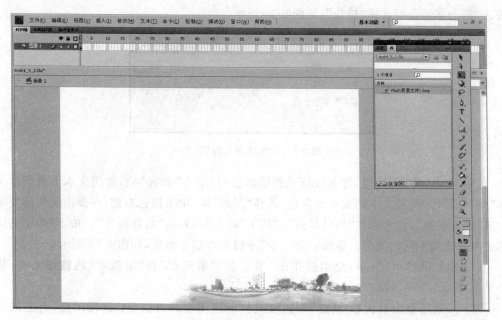

图 6-22　拖动库中背景图片至舞台

（4）选中图层 1，单击鼠标右键，在弹出的快捷菜单中选择"属性"，通过图层属性对话框，修改图层 1 名称为"背景"。单击背景图层，在 60 帧处按 F5（也可以执行操作："插入"→"时间轴"→"帧"），插入普通帧，锁定背景图层（其操作方法是：选中背景图层，单击图层上面的"锁"图标），如图 6-23 所示。

图 6-23　插入普通帧

（5）制作按钮元件，执行操作："插入"→"新建元件"，弹出创建新元件界面，名称中输入"第一章"，类型选择"按钮"，如图 6-24 所示。

图 6-24　"创建新元件"界面

（6）点击"确定"按钮，进入按钮元件编辑窗口，单击"弹起"帧；使用文本工具创建文本"第一章"，并调整文本的大小及颜色；选择"弹起"帧，单击鼠标右键，在弹出的快捷菜单中选择"复制帧"，再分别在"指针经过"、"按下"帧上粘贴；将"指针经过"、"按下"两帧对应的文本修改成不同的颜色。最终，"第一章"按钮元件制作效果，如图 6-25 所示。

（7）重复第（5）、（6）步，分别制作出"第二章""第三章"和"第四章"的按钮元件，如图 6-26 所示。

（8）回到场景编辑状态，新建"按钮"图层（新建图层的方法是：选择图层，右击鼠标弹出菜单中执行"插入图层"）；取消"背景"图层的锁定状态，将制作好的按钮元件分别拖

　　　　多媒体技术基础及应用

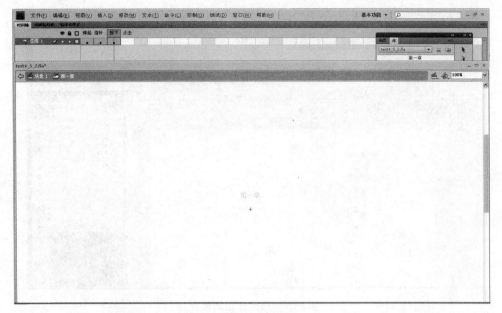

图 6-25　按钮制作

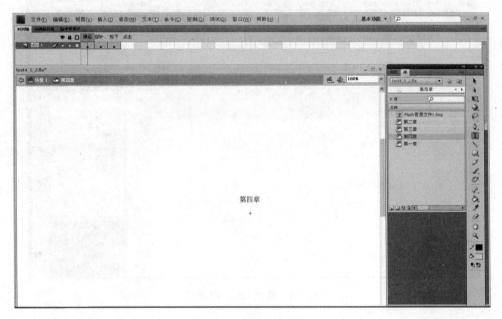

图 6-26　制作四个按钮

动到课件背景放置按钮的位置(此时需要选中按钮图层),并使用工具箱中的"任意变形工具",调整按钮元件大小,使文字按钮的大小刚好与背景中按钮大小适合,如图 6-27 所示。

(9)新建"第一章"图层,在第 10 帧处插入空白关键帧。选择工具箱中的文本工具,在舞台上输入"第一章"文本内容,并调整文本的大小及颜色。选择第 19 帧插入空白关键帧,此时舞台效果如图 6-28 所示。

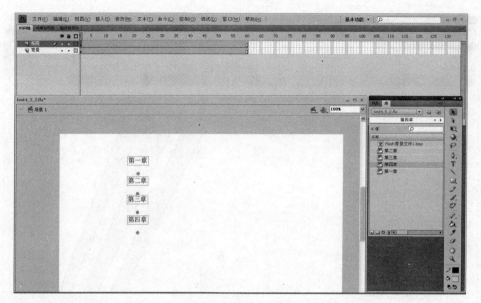

图 6-27　拖动按钮到舞台

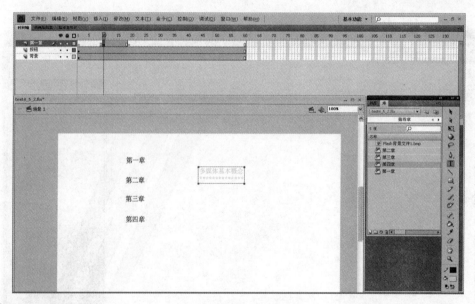

图 6-28　新建"第一章"图层

（10）新建"第二章"图层，在第 20 帧处插入空白关键帧。选择工具箱中的文本工具，在舞台上输入"第二章"文本内容，并调整文本的大小及颜色。选择第 29 帧插入空白关键帧。此时舞台效果如图 6-29 所示。

（11）新建"第三章"图层，在第 30 帧处插入空白关键帧。选择工具箱中的文本工具，在舞台上输入"第三章"文本内容，并调整文本的大小及颜色。选择第 39 帧插入空白关键帧。此时舞台效果如图 6-30 所示。

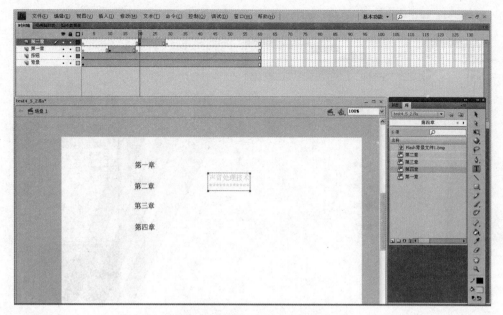

图 6-29　新建"第二章"图层

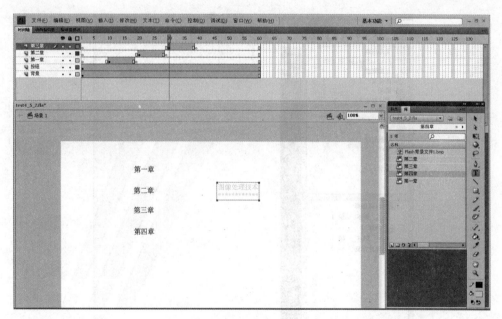

图 6-30　新建"第三章"图层

（12）新建"第四章"图层，在第 40 帧处插入空白关键帧。选择工具箱中的文本工具，在舞台上输入"第四章"文本内容，并调整文本的大小及颜色。此时舞台效果如图 6-31 所示。

（13）新建"脚本图层"，单击第 1 帧，右击鼠标弹出菜单中执行"动作"，打开动作面板，为第 1 帧添加动作脚本 stop()，如图 6-32 所示。

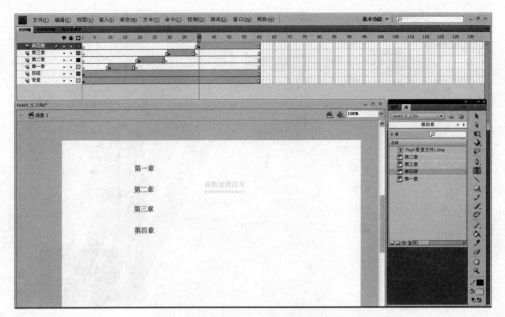

图 6-31　新建"第四章"图层

图 6-32　添加动作脚本

（14）选择"按钮"图层，单击"第一章"按钮实例，打开动作面板，添加脚本：on(press) {gotoAndStop(10);}，如图 6-33 所示。

图 6-33 为按钮添加动作脚本

（15）选择"按钮"图层，单击"第二章"按钮实例，打开动作面板，添加脚本：on(press) {gotoAndStop(20);}。

（16）选择"按钮"图层，单击"第三章"按钮实例，打开动作面板，添加脚本：on(press) {gotoAndStop(30);}。

（17）选择"按钮"图层，单击"第四章"按钮实例，打开动作面板，添加脚本：on(press) {gotoAndStop(40);}。

（18）执行操作："控制"→"测试影片"，或者按下"Ctrl＋Enter"，测试影片，如图 6-34 所示。

（19）执行操作："文件"→"发布设置"命令，在弹出的发布设置对话框中，选中"Flash 类型"，并且修改保存的文件名字为"简易课件"，如图 6-35 所示。

（20）执行操作："文件"→"发布"，在选定的目录下生成一个"简单课件. swf"文件。

6.4.3 使用 Flash CS 创建形状补间动画

形状补间动画指的是物体由一个物体变化到另一个物体，可能是圆形渐变到正方形或者红色渐变到蓝色。本节介绍使用 Flash CS 创建一种形状补间动画——文字变形动画。

（1）执行操作："新建"→"文件"，在新建文档界面选择"Flash 文件（ActionScript 2.0）"，然后单击"确定"按钮，创建新文档；鼠标右键单击文档空白处，弹出菜单中执行"文档属

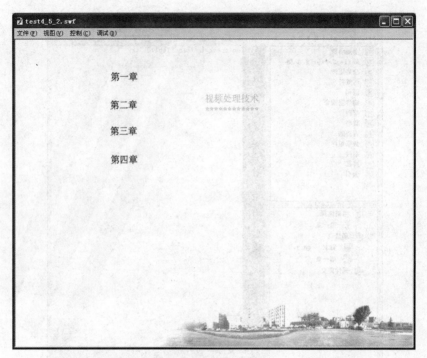

图 6-34　测试动画

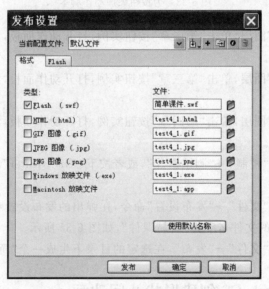

图 6-35　发布设置

性",将尺寸设置为 500×400 像素,背景色为白色,如图 6-36 所示。

（2）创建背景图层。单击图层 1 的第 1 帧,执行操作:"文件"→"导入"→"导入到舞台",将名为"Flash 背景文件 2.jpg"图片导入到场景中,单击刚导入的图片,在屏幕右侧的属性窗口解开宽高比值锁定,设置宽:500、高:500、X:0 和 Y:0,如图 6-37 所示;再选

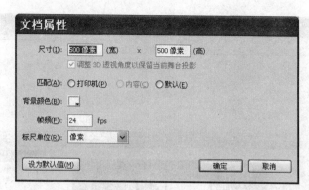

图 6-36　"文档属性"界面

择第 80 帧,按键盘上的 F5 键(或执行操作:"插入"→"时间轴"→"帧"),增加一个普通帧,如图 6-38 所示。

图 6-37　属性设置界面

(3) 创建灯笼元件。执行操作:"插入"→"新建元件",元件类型选择为"图形",命名为"灯笼",如图 6-39 所示。

执行操作:"窗口"→"颜色",打开"颜色"面板,设置各项参数,渐变的颜色为白色到红色,如图 6-40 所示。

选择工具箱中的"椭圆工具",如图 6-41 所示。

设置"笔触颜色"为无,绘制出一个椭圆做灯笼的主体,大小为 80×60 像素,如图 6-42 所示。

执行操作:"窗口"→"颜色",打开"颜色"面板,设置各项参数,渐变的颜色为深黄色到浅黄色且为线性渐变填充,从左到右三个填充色块的颜色值分别为:♯FF9900、

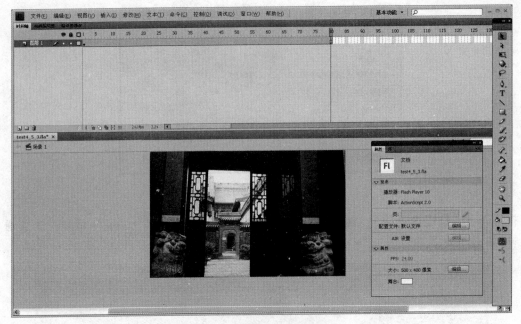

图 6-38　插入背景图片

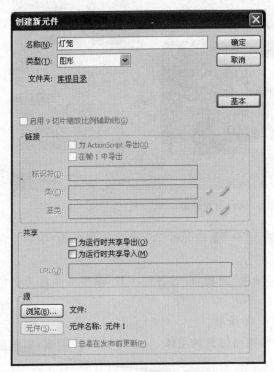

图 6-39　新建元件对话框

图 6-40　渐变颜色设置

　多媒体技术基础及应用

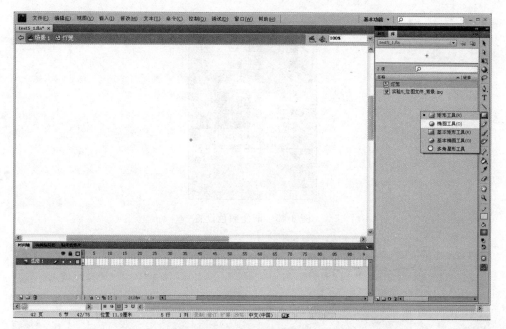

图 6-41　选择椭圆工具

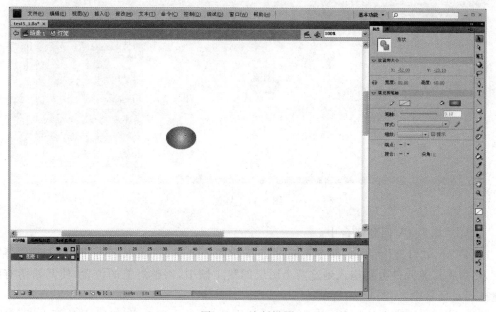

图 6-42　绘制椭圆

♯FFFF00、♯FFCC00，如图 6-43 所示。

选择工具箱上的"矩形工具"，设置"笔触颜色"为无，绘制出一个矩形，大小为 50×15 像素，复制这个矩形，分别放在灯笼的上下方，再画一个小的矩形，长宽为 10×30 像素，作为灯笼上面的提手。最后，使用线条工具，在灯笼的下面画几条黄色线条做灯笼穗，如图 6-44 所示。

图 6-43　渐变颜色设置

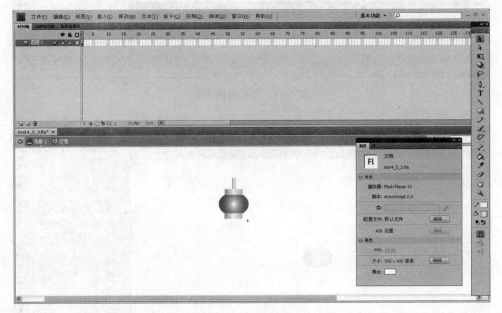

图 6-44　灯笼

单击"场景 1"，回到舞台中。

（4）导入"灯笼"元件到两个图层中。新建两个图层，依次取名为"灯笼 1"和"灯笼 2"，然后将灯笼元件分别拖入到这两个图层的第 1 帧中，调整灯笼的位置，使其错落有致地排列在场景中，如图 6-45 所示。

依次选中各层中的灯笼，执行操作："修改"→"分离"，将各层中的元件分离为形状。

在第 20、40 帧处为各图层添加关键帧，如图 6-46 所示。

（5）把文字转为形状取代灯笼。选取"灯笼 1"图层，在第 40 帧处用文字"国"取代灯笼（先删除灯笼，再用文字工具在灯笼原位置输入文字），在"属性"面板上，设置文本类型为"静态文本"，字体为"华文隶书"，字体大小为"50"，颜色为"红色"，单击时间轴下方的

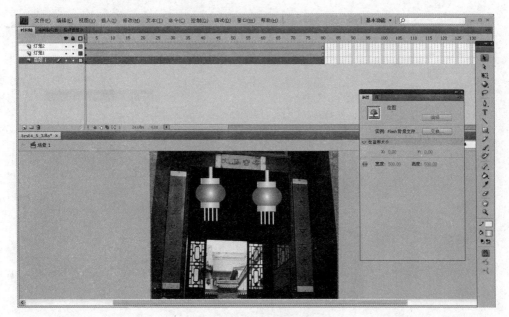

图 6-45　拖入灯笼到舞台

图 6-46　为灯笼层添加关键帧

"绘图纸外观"按钮,移动"国"字对齐原灯笼位置,如图 6-47 所示。

对"国"字执行操作:"修改"→"分离",把文字转为形状。

依照以上步骤,在第 40 帧处的"灯笼 2"图层上使用"庆"字取代另外一个灯笼,并执行"分离"操作,其效果如图 6-48 所示。

(6)设置文字形状到灯笼形状的转变。在"灯笼"各图层的第 60 帧及 80 帧处,分别

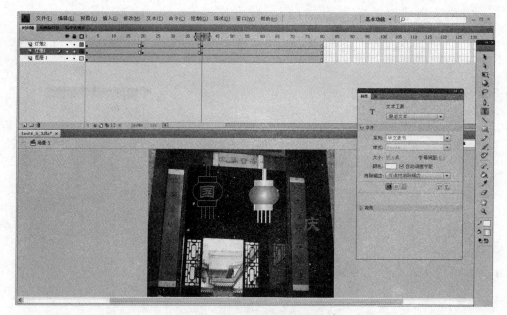

图 6-47　执行"绘图纸外观"按钮

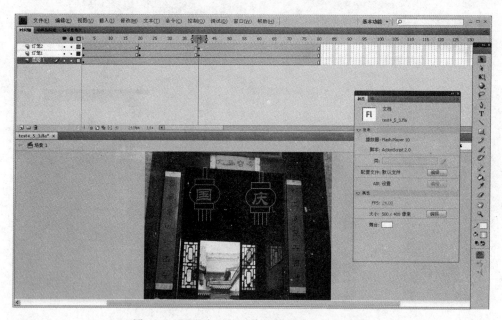

图 6-48　用文字形状取代灯笼形状及文字分离

添加关键帧,在第 80 帧处各"灯笼"图层中的内容为"文字图形",应该把它们换成"灯笼",具体方法是分别复制第 20 帧中的"灯笼"图形,再分别粘贴到第 80 帧中,当然,首先应清除第 80 帧处两个"灯笼"图层中的内容,如图 6-49 所示。

(7) 创建形状补间动画。在"灯笼"各图层的第 20、60 帧处单击帧,右键弹出菜单中执行"补间形状",如图 6-50 所示。

　　　　　　　　　　多媒体技术基础及应用

图 6-49　复制帧

图 6-50　创建补间形状

（8）发布文件，执行操作："文件"→"发布"。

6.4.4　使用 Flash CS 创建动作补间动画和引导线动画

动作补间动画指的是物体由一个状态变换到另一个状态，可能是位置或者角度等的变化。引导线动画指的是在引导层上绘制引导线,使对象按照绘制的路径进行运动的动画。本节介绍使用 Flash CS 创建一个含有动作补间和引导线的动画——地球自转和卫星公转动画,其中,地球自转动画基于动作补间技术,卫星公转动画基于引导线技术。

(1) 使用 Photoshop 制作地球文件。

启动 Photoshop,新建一个大小为 300×300 像素的 8 位 RGB 文件,背景为透明,如图 6-51 所示。

图 6-51　创建 Photoshop 背景文件

打开"Flash 地球.jpg"图片,使用"磁性套索工具"勾画好地球选区,如图 6-52 所示。

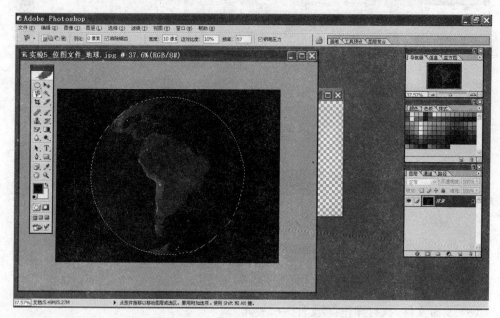

图 6-52　使用磁性套索工具选择地球

将选择的地球移动到新建文档上,如图 6-53 所示。

将该文件存储为"地球.gif",以备后用。

(2) 启动 Flash CS,新建文档,设置为 500×400 像素,如图 6-54 所示。

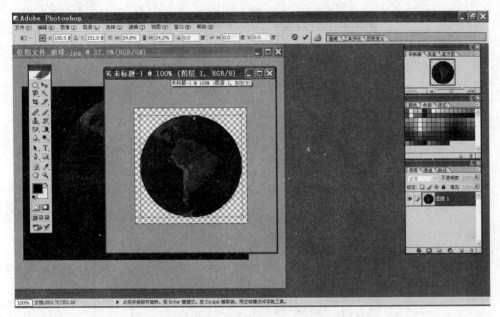

图 6-53　调整地球的大小和位置

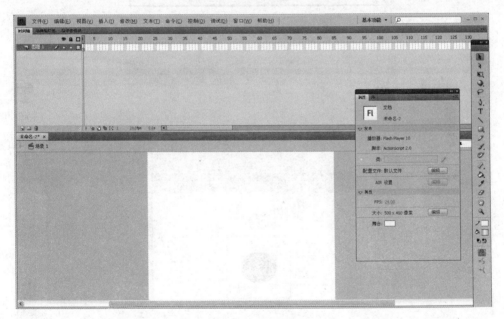

图 6-54　新建文档

（3）执行操作："插入"→"新建元件"，在创建新元件对话框中，名称栏输入"自转地球"，类型选"影片剪辑"，如图 6-55 所示，单击"确定"。

（4）执行操作："文件"→"导入"→"导入到库"，将"地球.gif"图片导入到库中，将库中的"地球.gif"图片拖入到"自转地球"的图层 1 的第 1 帧中，如图 6-56 所示。

（5）在时间轴的第 15 帧处右击鼠标，选择"插入关键帧"快捷菜单命令，插入一关键

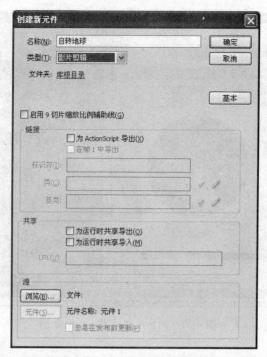

图 6-55　"创建新元件"对话框

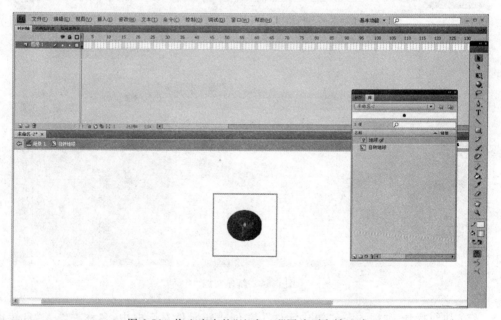

图 6-56　拖入库中的"地球.gif"图片到自转地球

帧,再执行操作:"修改"→"变形"→"逆时针旋转 90 度"菜单命令,如图 6-57 所示。

同理,在 30 帧处插入关键帧,执行操作:"修改"→"变形"→"逆时针旋转 90 度"菜单命令;在 45 帧处插入关键帧,执行操作:"修改"→"变形"→"逆时针旋转 90 度"菜单命

多媒体技术基础及应用

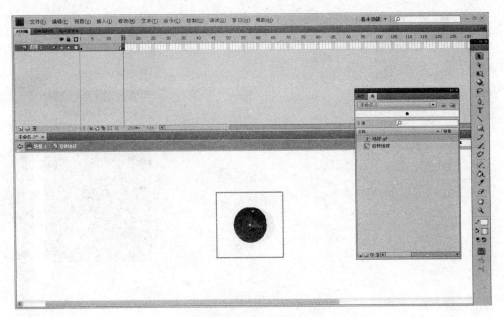

图 6-57　执行变形旋转命令

令;在 60 帧处插入关键帧,执行操作:"修改"→"变形"→"逆时针旋转 90 度"菜单命令,如图 6-58 所示。

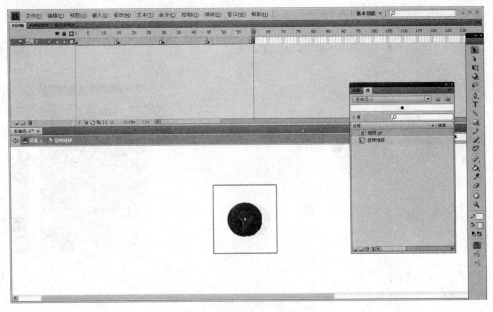

图 6-58　执行多个变形旋转命令

　　(6)鼠标分别选中第 1 帧、15 帧、30 帧和 45 帧,右击鼠标弹出菜单执行"创建补间动画",如图 6-59 所示;对应"属性"窗口中,设置旋转 0 次,方向为逆时针,+90°。

　　(7)插入新的图层为"图层 2",设置笔触颜色为无,填充颜色为放射状填充

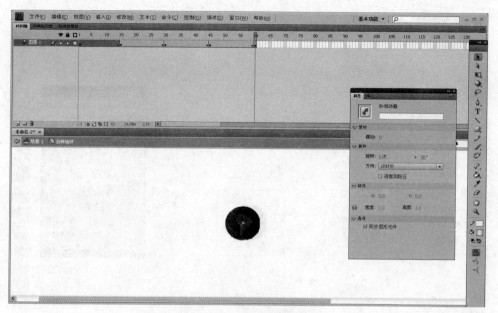

图 6-59　设置补间动画

（♯cc9966、♯3300ff）；使用椭圆工具绘制一个 30×30 像素的圆（代表人造卫星），如图 6-60 所示，执行操作："修改"→"组合"，将人造卫星组合，并在图层 2 第 60 帧处插入关键帧。

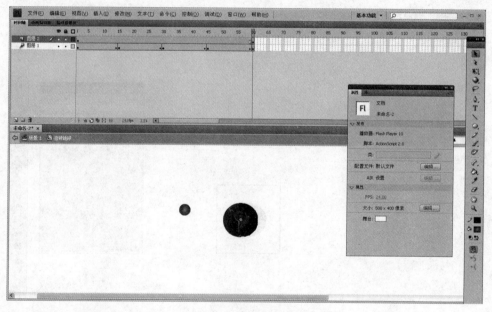

图 6-60　图层 2 第 1 帧处制作人造卫星

（8）鼠标右击时间面板执行"添加传统运动引导层"按钮，添加"引导层"图层，设置填充颜色为无，笔触颜色为任意色，单击"引导层"图层第 1 帧，用椭圆工具画一个大小适中的椭圆，如图 6-61 所示。

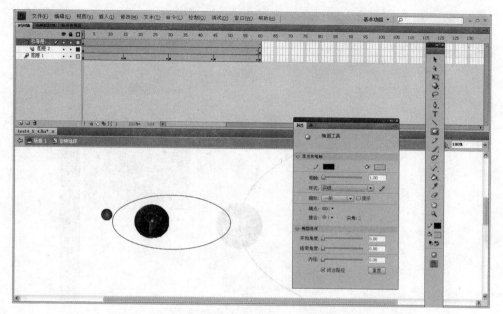

图 6-61　卫星运动引导层椭圆

（9）将舞台显示比例暂时设置为 400％，单击图层 2 第 1 帧，单击"任意变形工具"，将"人造卫星"的中心控制点对准椭圆线的起点（可用键盘上下左右移动键），如图 6-62 所示。

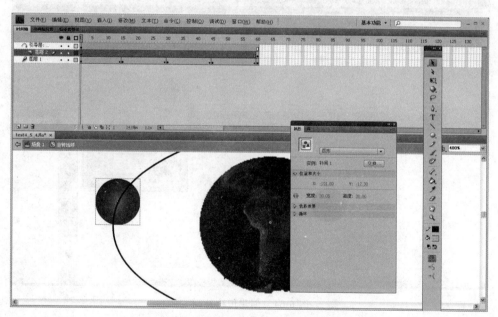

图 6-62　人造卫星中心控制点对准椭圆线起点

（10）单击图层 2 第 60 帧，将人造卫星移动到椭圆线的另一个点（终点）处，如图 6-63 所示。

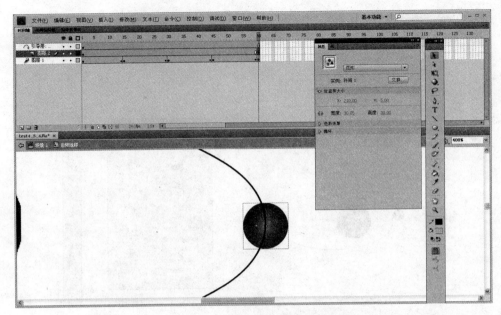

图 6-63 人造卫星中心控制点对准椭圆线终点

（11）单击图层 2 的第 1 帧，右击鼠标执行"创建传统补间"，如图 6-64 所示；将舞台显示比例设置为 100%，执行操作："控制"→"播放"菜单命令，观看动画效果。

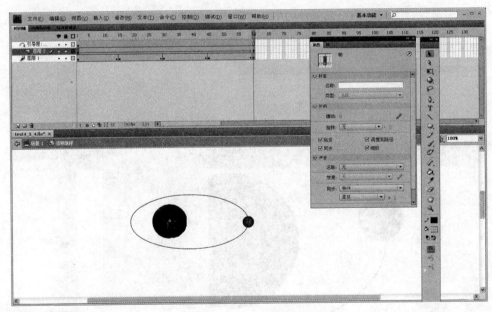

图 6-64 创建传统补间

（12）最后，将库中的"自转地球"拖动到场景 1 中，如图 6-65 所示，并进行发布。

多媒体技术基础及应用

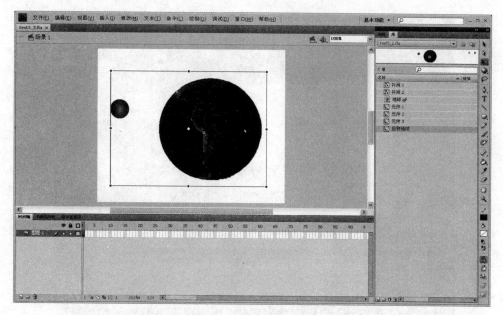

图 6-65 拖动自转地球到舞台

6.4.5 使用 Flash CS 创建小球碰撞动画

执行操作："文件"→"新建",打开新建文档界面,如图 6-66 所示。选择"Flash 文件(ActionScript 3.0)"类型,单击"确定"按钮。

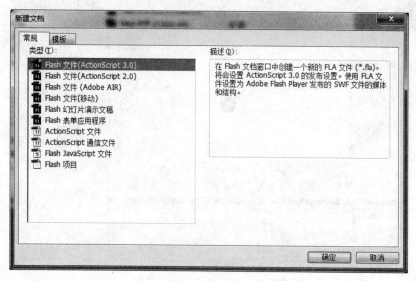

图 6-66 新建文档界面

进入场景编辑界面后,执行操作："文件"→"保存",将文件保存为 BallCollision. fla,如图 6-67 所示。

图 6-67　场景编辑主界面

使用椭圆工具,并按下 Shift 键,在场景中绘制一个圆,并使用渐变颜色进行填充,使得圆形具有一定的立体效果,如图 6-68 所示。

图 6-68　绘制并渐变填充圆形

使用选择工具选择小球,并在右击鼠标弹出菜单中执行"转换为元件"命令,如图 6-69 所示。

多媒体技术基础及应用

图 6-69　执行"转换为元件"命令

　　将元件命名为 ball,同时确保元件类型为"影片剪辑",然后删除场景中的小球。此时,在库中建立一个名为 ball 的图形元件,如图 6-70 所示。

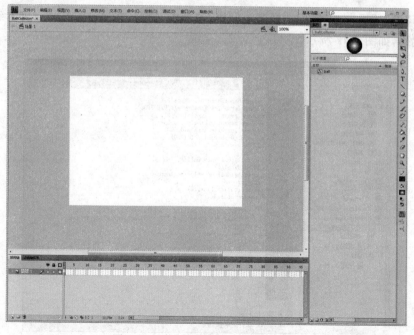

图 6-70　建立名字为 ball 的图形元件

右键选择库中的 ball 元件并执行"属性"命令,在元件属性窗口中单击"高级"按钮,勾选"为 ActionScript 导出"和"在帧 1 中导出"两个选项,如图 6-71 所示。

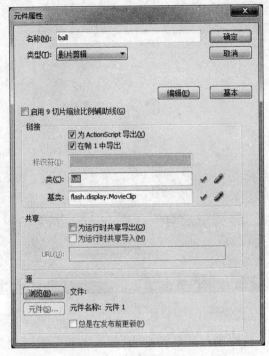

图 6-71 "元件属性"界面

单击"确定"后,右击鼠标选择第一帧执行"动作"命令,在 ActionScript 脚本编辑窗口中输入代码,如图 6-72 所示。

图 6-72 输入 ActionScript 脚本

多媒体技术基础及应用

其中,代码如下。

```
// line
var myShape:Shape=new Shape();
myShape.graphics.lineStyle(1,0x00FF00);
myShape.graphics.lineTo(400,0);
myShape.graphics.lineTo(400,500);
myShape.graphics.lineTo(0,500);
myShape.graphics.lineTo(0,0);
addChild(myShape);
```

创建一个绘图对象,并绘制一个左上角坐标为(0,0),右下角坐标为(400,500)的矩形。

代码如下。

```
// ball
var ball1:ball=new ball();
addChild(ball1);
var xflag:Boolean,yflag:Boolean;
var p:uint= 6;
setInterval(collide,10);
```

创建一个元件 ball 对象,并设置刷新函数为 collide。

代码如下。

```
function collide()
{
    if(ball1.x<0||ball1.x>400-ball1.width) xflag=!xflag;
    if(ball1.y<0||ball1.y>500-ball1.height) yflag=!yflag;
    if(xflag)
        ball1.x+=p;
    else
        ball1.x-=p;
    if(yflag)
        ball1.y+=p;
    else
        ball1.y-=p;
}
```

定义 collide 函数,当球触碰到上述定义的矩形边缘,则进行反弹。

执行"控制"→"测试影片",可以看到小球的碰撞动画,如图 6-73 所示。

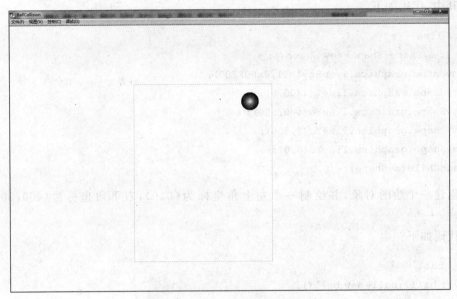

图 6-73　小球碰撞动画运行界面

本 章 小 结

　　动画是一系列的静态图像。动画之所以能产生运动的感觉,还是源于人眼的视觉暂留效应。

　　按照制作工艺进行分类,动画可以分为单线平涂动画、水墨动画、剪纸动画、木偶动画和计算机动画。

　　计算机动画的制作过程包括:脚本策划、角色设计、场景设计、分镜头设计、原画制作、分镜头动画制作和合成。

　　Flash CS 软件中的动画类型包括逐帧动画、补间动画、引导线动画和遮罩动画。其中,补间动画又可分为形状补间动画和动作补间动画。动作补间动画指的是物体由一个状态变换到另一个状态,可能是位置或者角度等的变化。形状补间动画指的是物体由一个物体变化到另一个物体,可能是圆形渐变到正方形或者红色渐变到蓝色。

　　Flash CS 软件中使用动作脚本可以制作交互性的动画。动作脚本指的是一条命令语句或者一段代码,当某事件发生或某条件成立时,就会发出命令来执行设置的语句和代码。常见的事件包括鼠标按下(press)、鼠标释放(release)、鼠标滑过(rollOver)、鼠标滑离(rollOut)、鼠标拖过(dragOver)、鼠标拖离(dragOut)、外部释放(releaseOutside)和按键(keyDown)。

习 题

一、选择题

1. Flash CS 软件中将文字变为形状以制作形状补间动画的操作是(   )。
   - A. 分离
   - B. 任意变形
   - C. 字体大小设置
   - D. 旋转

2. 正方形变为平行四边形的动画属于(   )。
   - A. 动作补间动画
   - B. 形状补间动画
   - C. 引导线动画
   - D. 遮罩动画

3. 下面不是 Flash CS 软件中支持的元件类型的是(   )。
   - A. 图片
   - B. 按钮
   - C. 影片剪辑
   - D. 文字

4. 下面动画中,每一帧都是关键帧的是(   )。
   - A. 补间动画
   - B. 逐帧动画
   - C. 引导线动画
   - D. 遮罩动画

5. Flash CS 软件的动作脚本中,鼠标移到按钮上并离开的事件是(   )。
   - A. 滑过(rollOver)
   - B. 滑离(rollOut)
   - C. 拖过(dragOver)
   - D. 拖离(dragOut)

6. 下列是三维动画制作工具的是(   )。
   - A. Unity3D
   - B. Scratch
   - C. Flash CS
   - D. Funcode

二、简答题

1. 简述 Flash CS 软件中的四种动画类型。
2. 简述关键帧、过渡帧和空白关键帧的区别。
3. 简述 Flash CS 软件中补间动画的两种类型。
4. 简述 Flash CS 软件中的动作脚本以及动作脚本的各种触发事件。

第 **7** 章 多媒体压缩技术基础

多媒体信息的特点之一是大数据量,因此需要对多媒体信息进行压缩。

本章首先介绍数据压缩的基本概念和基本原理,然后介绍行程编码、哈夫曼编码和算术编码三种无损压缩编码技术以及预测编码和交换编码两种有损压缩编码技术。最后,重点对图像压缩标准 JPEG 和视频压缩标准 MPEG 进行介绍。

7.1 数据压缩概述

7.1.1 数据压缩的基本概念

计算机中,任何信息最终都以数据文件的形式保存。虽然可以利用各种编码技术记录并表示各种数值、字符、图形、图像、声音和视频等多媒体信息,但是,这些信息往往需要很大的存储空间。例如,一个每帧都为真彩色图像且分辨率为 352×288 的视频,若播放速率是 25 帧/秒,则 1 分钟的视频大约占用 435.06MB 的存储空间;一幅分辨率为 1024×768 的真彩色图像大约占用 2.25 MB 的存储空间;一个采样频率为44.1kHz,量化位数为 16 位的立体声声音,若播放时间为 60s,则大约占用 10MB 的存储空间;一个陆地卫星,其水平分辨率为 2340,垂直分辨率为 3240,4 个波段,量化位数为 7 位,一幅图像的数据量为 25.31MB。若以每天 30 幅图像计算,每年所产生的图像数据量为 270.61GB。

多媒体信息需要较大的存储空间,同时也需要较长的传输时间。因此,绝大多数的实际应用中,都对多媒体信息进行压缩处理。但是,这种处理都是在保证数据基本不丢失的前提下进行的。如果某个压缩处理造成的数据失真非常严重并导致无法正常使用,则压缩处理没有任何意义。当然,不同应用场合对数据失真的容忍度是不一样的。例如,一个医疗的病灶照片就比一个生活中风景照片具有更加严格的数据保真要求,也就是说对压缩处理所造成的数据失真要求更加严格。

关于数据压缩,需要明确几个基本概念。

1. 压缩

压缩指的是应用数据压缩技术,除去原来媒体文件中的冗余数据,减少存储容量并重新记录成为一个占用较小存储空间的新文件。冗余数据的存在是多媒体信息能够进行压缩的前提。冗余数据可以简单地理解为不需要或不必要的数据。例如,张三同学的高等数学、多媒体和大学物理3门功课的成绩分别是80、85和81,其平均成绩经过计算为82,如果保存数据时保存了80、85、81和82这4个数据,则存在数据冗余。这是因为,82这个平均成绩数据是可以计算出来的,是不必要保存的数据。

因此,可以简单地理解为,压缩就是对数据进行去除冗余处理后,保留必要的信息。使用下列公式描述。

$$数据＝信息＋冗余$$

2. 解压缩

解压缩指的是将压缩后的数据文件还原为压缩前的数据文件。解压缩是压缩的逆过程。

3. 压缩比

压缩比指的是压缩前后的文件大小或数据量之比。压缩比是衡量压缩效率的重要指标。例如,压缩比为30∶1,则意味着原始文件大小是压缩后文件大小的30倍。MP3音乐格式文件的压缩比可达10∶1或12∶1,则意味着采用MP3压缩格式的文件,其压缩后的文件大小只有原始音乐文件大小的1/10到1/12。

7.1.2 数据压缩的分类

1. 有损压缩和无损压缩

根据压缩过程是否有数据损失,压缩可以分为有损压缩和无损压缩。

无损压缩指的是数据在压缩过程中不会产生任何损失的数据压缩方法。无损压缩对应的解压缩过程产生的数据是对原始数据的完整复制。无损压缩大多用于文本文件压缩,少量应用于静态图像文件的压缩。

当数据文件中的冗余数据很少时,使用无损压缩技术不能得到明显的压缩效果,此时,需要考虑有损压缩。

有损压缩指的是以牺牲一些数据质量来达到较大压缩比的数据压缩方法。但是,这种数据损失要求是在允许的范围内,是用户可接受的。有损压缩主要应用于影像节目、可视电话和视频会议等多媒体应用。为了获得更高的压缩比,需要对数据进行重新组织整理,剔除某些对用户来说不重要、不敏感或者可以忽略的原始数据,然后再进行压缩。有损压缩大多用于声音、图像和视频文件压缩。

有损压缩是不可逆的,不能完整地还原为原来的文件。

当然,不管是有损压缩还是无损压缩,进行数据压缩的前提是要保证媒体信息的不失真。如果压缩过程中,丢失了一些足以影响媒体质量的重要信息,则可以认为压缩方法是无效的。

研究数据压缩时,有必要引入一些标准来评价数据压缩的质量。这里,以图像压缩为例,介绍客观保真度准则和主观保真度准则。

客观保真度准则包括均方根误差和均方根信噪比。设输入图像由 $N \times N$ 个像素组成,$f(x,y)$ 为其像素的灰度值。通过使用压缩算法对图像进行压缩,再进行重建后,像素的灰度值为 $g(x,y)$。

$e(x,y)=g(x,y)-f(x,y)$ 为压缩前后图像的像素灰度值之差。

均方根误差定义如下:

$$RMS = \sqrt{\frac{1}{N^2}\sum_{y=0}^{N-1}\sum_{x=0}^{N-1}(g(x,y)-f(x,y))^2}$$

均方根信噪比定义如下:

$$\frac{S}{N} = \frac{\sum_{y=0}^{N-1}\sum_{x=0}^{N-1}(g(x,y))^2}{\sum_{y=0}^{N-1}\sum_{x=0}^{N-1}(g(x,y)-f(x,y))^2}$$

主观保真度准则主要依赖于人眼的判断。例如,图像压缩后的质量很好,没有任何干扰信息;图像压缩后的质量非常之差,无法观看。

2. 磁盘压缩和软件压缩

根据压缩过程中的实现方式来分,数据压缩可以分为磁盘压缩和软件压缩。

磁盘压缩是在文件的存储设备上设定一个特殊的区域,对存储到该区域的文件先压缩后存储。磁盘压缩不需要专门的数据压缩软件,而由操作系统完成和管理。一般来说,当磁盘剩余空间较大时,没有必要使用磁盘压缩。对于 Windows XP 操作系统来说,查看磁盘分区的属性时,如果选中"压缩驱动器以节约磁盘空间"的选项,则该磁盘分区在存储任何文件时都需要进行压缩,打开文件时则先进行解压缩。Windows XP 操作系统的"压缩驱动器以节约磁盘空间"的选项,如图 7-1 所示。

软件压缩则需要使用专门的压缩软件工具对文件进行压缩。数据压缩技术可以应用到文本、图形图像、声音数据和视频数据等各种类型的文件。当前,最为流行的压缩软件是 WinRAR,其主界面如图 7-2 所示。

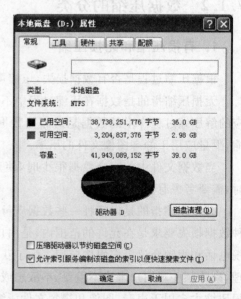

图 7-1　磁盘压缩

图 7-2　软件压缩

7.2　基于数据冗余的数据压缩

数据压缩的对象是数据信息中的冗余部分。数据之所以能够被压缩,就是因为数据信息中存在这种冗余。数据文件中不可避免地存在着大量的冗余数据。这些冗余数据不仅增加了文件的容量,还占用了大量的存储空间和内存空间,并需要较长的传输时间。数据压缩就是要去掉信息中的冗余部分,同时保证压缩后的数据文件中仍然保留足够多的数据反映原来事物的信息,当需要的时候可以进行恢复。

常见数据冗余包括空间冗余、时间冗余、结构冗余、信息熵冗余、视觉冗余、听觉冗余和常识冗余。

1. 空间冗余

空间冗余是静态图像中存在的最主要的一种数据冗余。空间冗余可以理解为静态图像中存在着大片相同颜色的像素,存储时没有必要将这些相同颜色的像素逐个进行存储。空间冗余的示例,如图 7-3 所示。该幅图像的背景存在着大片相同颜色(白色)的像素,则

图 7-3　图像空间冗余的示例

可以使用其中任意一点的颜色来代表其他相同颜色的像素从而达到压缩的目的。基于图像中的空间冗余，可以使用无损压缩的游程长度编码方法进行压缩。

2. 时间冗余

时间冗余是视频或动画中存在的一种数据冗余。视频或动画都是由一系列图像组成的，序列图像可以看成是同一时间轴上的一组连续图像，相邻图像往往包含着相同的背景，而不同的仅仅是移动物体的位置。由于一般视频每秒播放 25 幅或 30 幅图像，则对于相邻图像来说，这种移动物体位置的差别是很小的。时间冗余的示例，如图 7-4 所示。该视频片断是由八个静态图像组成的。每个图像的背景几乎相同，只是人的动作略微不同。实际对该视频进行编码时，无须对每一个静态图像都进行完整的编码。或者说，可以对其中一个静态图像进行完整的编码，其他图像的编码只关注与该静态图像不同的部分。因此，时间上相邻图像之间存在着很大的相同部分，这就是时间冗余。基于视频中的时间冗余，可以使用运动补偿的相关压缩算法进行压缩。

图 7-4　视频时间冗余的示例

3. 结构冗余

结构冗余也是静态图像中存在的一种数据冗余。结构冗余指的是静态图像中存在着非常规律的纹理结构。例如，布纹和墙砖等图像。这些图像可以通过重复一定的局部区域来生成整幅图像，而不必逐点存储各个像素的颜色。结构冗余的示例，如图 7-5 所示。对于这幅图像来说，整个图像的像素分布具有非常良好的规律，可以基于这种规律来减少存储的像素数目。如第 10 行上的像素，其颜色都为白色，因此只需要存储一个行号和白色像素的信息就可以存储整个一行的像素。

假设该图像是一个真彩色图像，每个像素的颜色使用 3 个字节来表示。基于图像的逐点表示方法，该图像一共有 10×10＝100 个像素，每个像素的颜色占 3 个字节，则需要 300 个字节来存储该图像。如果利用该图像的结构冗余，则只需要存储黑色像素的坐标即可。黑色像素的坐标可以使用(x,y)来表示,如下所示。

黑色:(1,5)、(2,8)、(4,5)、(4,8)、(6,7)、(7,7)、(8,7)、(9,7)。

假设每一个坐标信息需要2字节进行存储,1字节用于存储横坐标,另一个坐标用于存储纵坐标。8个黑色像素的坐标需要16字节进行存储。再考虑黑色和白色颜色的存储,共需要的存储空间为16+3+3=22字节。与逐点表示的300字节存储空间相比,22字节的存储空间已经达到了非常高的压缩比。

图像结构冗余的其他示例如图7-6所示。

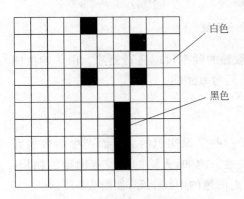

图 7-5　图像结构冗余的示例

图 7-6　图像结构冗余的其他示例

4. 信息熵冗余

信息熵冗余指的是数据所携带的信息量少于数据本身所反映出来的信息量的数据冗余。信息熵冗余是哈夫曼编码的基础。有关信息熵的概念,在后续章节中介绍。

5. 视觉冗余

视觉冗余是静态图像中存在的一种数据冗余。如果在图像处理过程中引入噪声而使得图像发生一些变化,但这些变化不能被人的视觉系统所感知,这些噪声就是视觉冗余。通常情况下,人眼对亮度的变化敏感,对色差的变化相对不敏感;对静止图像敏感,对运动图像相对不敏感;对图像的水平线条和竖直线条敏感,对斜线相对不敏感;对整体结构敏感,对内部细节相对不敏感;对低频信号敏感,对高频信号相对不敏感,低频信号指的是图像中没有变化或变化较为平缓的部分,高频信号指的是图像中边沿或突变的细节,如图7-7所示。

基于人的视觉系统对亮度变化比对色差变化更加敏感的视觉冗余,视频数字化开发了图像子采样的压缩方法。基于人的视觉系统对图像内部区域比对物体边缘更加敏感的视觉冗余,开发了基于离散余弦变换的有损压缩编码。

6. 听觉冗余

听觉冗余是声音媒体中存在的一种数据冗余。人耳对不同频率的声音的敏感性是不同的,人耳并不能觉察所有频率的变化,对某些频率不敏感。因此,存储声音信息时,只需

(a) 完整的图像　　　　(b) 图像的低频部分　　　　(c) 图像的高频部分

图 7-7　图像的高频和低频

要将那些人耳敏感的频率进行保存,那些人耳不敏感的频率可以进行删除。由等响度曲线可知,人的耳朵对于 3800Hz 左右频率的声音是最为敏感的。

7. 知识冗余

知识冗余指的是多媒体信息处理过程中由于一些常识知识的加入而产生的数据冗余。图像的理解与某些基础知识有相当大的相关性。例如,人脸的图像有固定的结构:嘴的上方有鼻子,鼻子的上方有眼睛,鼻子位于正面图像的中线上等,如图 7-8 所示。

图 7-8　人脸图像识别

7.3　无损压缩

无损压缩在压缩时不丢失任何数据,还原后的数据与原始数据完全一致。无损压缩具有可恢复性和可逆性,不存在任何误差。常见的无损压缩编码方法包括游程长度编码、哈夫曼编码和算术编码等。

7.3.1　游程长度编码

图像信息能够进行压缩,因为图像信息本身存在着很大的数据冗余。例如,很多图像中存在着空间冗余,即一块或多块颜色相同的像素点组成的区域,该区域中的像素的亮度往往也相同。当对这样的图像进行编码时,就无须对每个像素进行逐点记录。

游程长度编码(Run Length Encoding, RLE)是一种典型的图像文件压缩方法。现实世界中经常存在这样的图像,他们具有许多颜色相同的图块。对于这些图块,许多连续的像素点都具有相同的颜色。这里连续的顺序是:先左而右,后上而下。对于这些图像,无须存储每个像素点的颜色值,而仅需要存储一个像素的颜色值以及具有相同颜色值的像素数目,便可达到数据压缩的目的。这种图像文件压缩编码的方法称为"游程长度编码",也称为"行程长度编码"。具有相同颜色并且是连续的像素的数目就是游程长度或行程长度。

使用游程长度编码的压缩算法所能获得的压缩比的大小,主要依赖于图像信息的特点。显然,图像中具有相同颜色的图像块越大,即游程长度越长,压缩比越大。当进行解压缩时,参考压缩规则,还原后得到的数据与压缩前的图像数据完全相同,没有丝毫损失,因此,游程长度编码是一种无损压缩技术。

游程长度编码的方法特别适用于由大块颜色相同的图像,即对含有空间冗余较大的图像压缩效果较好,许多图像文件都使用该方法进行压缩。但是,游程长度编码方法对于颜色丰富的自然图像是不适用的。这是因为,在彩色图像中,同一行上具有相同颜色的连续像素的数目很小,而连续几行具有相同颜色值的情况就更为少见。此时,如果使用游程长度编码的方法,不仅不能达到对图像压缩的目的,有时可能使得压缩后的图像数据比原来的图像数据更大。

【例 7.1】 一幅图像分辨率为 32×32 的图像,如图 7-9 所示。采用 8 位的像素深度或量化位数,量化等级为 256。假设使用二进制数 11111111 表示白色,00000000 表示黑色,10100000 表示黄色。则使用游程长度编码的方法进行压缩的压缩比是多少?

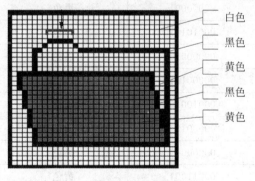

图 7-9 游程长度编码的图像

逐行扫描整个图像发现:该图像首先由 167 个连续的白色像素,然后是 5 个连续的黑色像素,接着又是 26 个白色像素……因此,如果使用逐点记录像素的方法进行编码,得到的二进制数据为

```
11111111
11111111
 …
```

11111111 (共 167 个连续的 11111111)

00000000

00000000

…

00000000 (共 26 个连续的 00000000)

…

由于图像的分辨率为 32×32,每个点的量化位数为 8,该二进制数据需要占用的存储空间为 32×32B。

当采用游程长度编码方法后,前 167 个白色像素的编码为"10100111 11111111",其中,第一个字节的"10100111"表示重复的白色像素数目 167,第二个字节"11111111"表示重复的像素的颜色是白色。这样,对于前 167 个字节,就被压缩为 2 个字节。其余的像素,按照类似的方法进行压缩处理。对于前 9 行的像素,由原来 32×9=288 个字节变为 30 个字节,图像的压缩效率非常明显,压缩比达到 288:30=48:5。采用游程长度编码压缩方法的前 9 行二进制编码,如表 7-1 所示。

表 7-1 采用游程长度编码压缩方法的图像前 9 行的编码

重复次数(十进制)	重复次数(二进制)	像素颜色	像素颜色(二进制)
167	10100111	白色	11111111
5	00000101	黑色	00000000
26	00011010	白色	11111111
1	00000001	黑色	00000000
5	00000101	黄色	10100000
1	00000001	黑色	00000000
23	00010111	白色	11111111
2	00000010	黑色	00000000
7	00000111	黄色	10100000
18	00010010	黑色	00000000
5	00000101	白色	11111111
1	00000001	黑色	00000000
25	00011001	黄色	10100000
1	00000001	白色	11111111
1	00000001	黑色	00000000

7.3.2 哈夫曼编码

哈夫曼编码是一种基于信息熵理论和信息熵冗余的无损压缩编码。首先,介绍信息熵理论的相关内容。

1. 信息熵理论

哈夫曼编码是一种基于信息熵理论的统计编码,其目标是找到最佳的数据压缩编码,数据压缩的理论极限是信息熵。如果要求编码过程中不丢失信息,就是要保存信息熵,因此哈夫曼编码又称为熵编码。

假设一个消息发送模型,如图 7-10 所示。

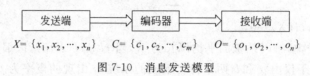

图 7-10　消息发送模型

其中,

$X=\{x_1,x_2,\cdots,x_n\}$ 是发送的消息,该消息由 n 个消息单元组成;

$C=\{c_1,c_2,\cdots,c_m\}$ 是编码的符号集,共有 m 个码元,每个发送的消息单元是从该集合中选择 $k(0<k\leqslant m)$ 个码元进行编码;

$O=\{o_1,o_2,\cdots,o_n\}$ 是接收的消息,也由 n 个消息单元组成。

例如,当从发送端发送"zhangsan"字符串到接收端时,则 $X=\{\text{zhangsan}\}$,$C=\{a,b,c,\cdots,z\}$,$O=\{\text{zhangsan}\}$。此时,当发送端发出一个随机消息单元 $x_i(i=1,2,\cdots,n)$ 后,接收端收到一个相应的消息单元 $o_i(i=1,2,\cdots,n)$。从数量上说,这个消息单元中含有多大的信息量呢?

信息论中,信息是使用不确定性来进行度量的。一个消息的可能性越小,其信息量越大;消息的可能性越大,其信息量越小。数学上,所传输的信息是其出现概率的单调下降函数。因此,信息量指的是从 N 个相等时间中选出一个事件所需要的信息度量,换句话说,就是在辨识 N 个事件中特定的一个事件的过程中所需提问"是或否"的最少次数。

例如,从 64 个从大到小或从小到大排列的数中选定一个数,可以先提问"是否大于 32",不论回答"是"或"否"都将消除一半的数,如此询问下去,只要提问 6 次便可确定选定的数。因此,从 64 个数中选定一个数需要的信息量为 $\log_2 64=6$ 个。

假设从 n 个消息单元组成的消息中发送消息单元 x_i 的概率为 $p(x_i)$,并且发送任意一个消息单元的概率都相等,即 $p(x_i)=1/n$。因此,接收消息单元 x_i 可获得的信息量为

$$I(x_i)=\log_2 n=-\log_2 \frac{1}{n}=-\log_2 p(x_i)$$

其中,$p(x_i)$ 是发送端发出 x_i 的先验概率。$I(x_i)$ 的含义是:发送端发出消息单元 x_i 后,接收端接收到信息量的度量。

信息量实际是一种不确定性的度量。不确定性指的是接收者在没有收到消息单元 x_i 之前,并不确定究竟会收到 $\{x_1,x_2,\cdots,x_n\}$ 中的哪一个消息单元,即存在不确定性。只有当接收者收到信号 x_i 后,才能消除这种不确定性,这就是通过接收所获得的信息量。显然,当随机事件 x_i 发生的先验概率 $p(x_i)$ 很大时,$I(x_i)$ 很小。极限情况下,$p(x_i)$ 等于 1 时,$I(x_i)$ 为 0,即不含任何信息量。例如,"太阳从东方升起"是一个人人共知的事实,毫

无信息价值。

当发送端发出 n 个消息单元 x_i 的平均信息量就称为信源 X 的熵(entropy),计算如下

$$H(X) = -\sum_{i=1}^{n} p(x_i) \cdot \log_2 p(x_i)$$

当事件是等概率发生时,其系统熵值最大。例如,当 $n=8$ 时

$$H(X) = -\sum_{i=1}^{8} \frac{1}{8} \cdot \log_2 \frac{1}{8} = 3$$

而当 $p(x_i)=1$ 时,$H(X)=0$。

实际编码过程中,编码系统的平均码长为 $\overline{N}$,当 $\overline{N}=H(X)$ 时,该编码为最佳编码。

【例 7.2】 对于仅由 a 和 b 两个符合组成的系统,a 出现的概率为 p,b 出现的概率为 $1-p$,计算系统的信息熵,并讨论 p 取何值时该信息熵最大。

解:根据信息熵的计算公式

$$H = -\sum_{i=1}^{n} p(x_i) \cdot \log_2 p(x_i)$$

$$= -p \cdot \log_2 p - (1-p) \cdot \log_2 (1-p)$$

$H(p)$ 的函数图像如图 7-11 所示。可以看出,当 $p=1/2$ 时,系统信息熵 H 取最大,且最大值为 1。对二元系统使用等长整数个二进制位进行编码时,1 是其最小编码长度。

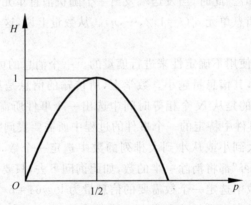

图 7-11 二元系统的信息熵

【例 7.3】 设有 8 个符号组成的系统,每个符号出现的概率如表 7-2 所示。求该系统的信息熵。

表 7-2 符号的出现概率

符号	A	B	C	D	E	F	G	H
出现概率	0.30	0.25	0.15	0.15	0.07	0.04	0.03	0.01

解:根据信息熵的计算公式

$$H = -\sum_{i=1}^{n} p(x_i) \cdot \log_2 p(x_i)$$

多媒体技术基础及应用

$$=-(0.3 \cdot \log_2 0.3 + 0.25 \cdot \log_2 0.25 + 0.15 \cdot \log_2 0.15 + 0.15 \cdot \log_2 0.15$$
$$+0.07 \cdot \log_2 0.07 + 0.04 \cdot \log_2 0.04 + 0.03 \cdot \log_2 0.03 + 0.01 \cdot \log_2 0.01)$$
$$\approx 2.51$$

信息熵 2.51 是对该系统进行无损压缩编码的极限编码长度。当对该系统使用等长整数个二进制位进行编码时,至少需要 3 位二进制数。

如果对该系统使用 3 位二进制数进行编码,由于 3>2.51,实际使用的二进制位数超过了系统信息熵,就会存在信息熵冗余。

当然,如果 8 个符号以等概率方式出现,则系统的信息熵为

$$H = -\sum_{i=1}^{n} p(x_i) \cdot \log_2 p(x_i) = -8 \cdot \frac{1}{8} \cdot \log_2 \frac{1}{8} = 3$$

此时,系统的信息熵为 3。显然,当系统中各个符号以等概率方式出现时,信息熵最大。

2. 哈夫曼编码

哈夫曼编码的码长是变化的,对于出现频率高的信息,编码的长度较短;而对于出现频率低的信息,编码长度较长。这样,处理全部信息的总码长一定小于实际信息的符号长度。

编码步骤如下。

(1) 将信号源的符号按照出现概率递减的顺序排列;

(2) 将两个最小出现概率进行合并相加,得到的结果作为新符号的出现概率;

(3) 重复进行步骤 1 和 2 直到概率相加的结果等于 1 为止;

(4) 在合并运算时,概率大的符号用编码 0 表示,概率小的符号用编码 1 表示,或者概率大的符号用编码 1 表示,概率小的符号用编码 0 表示;

(5) 记录下概率为 1 处到当前信号源符号之间的 0,1 序列,从而得到每个符号的编码。

【例 7.4】 设信号源为 $s=\{a, b, c, d, e\}$,对应的概率为 $p=\{0.25, 0.22, 0.20,$ $0.18, 0.15\}$,给出哈夫曼编码,计算平均码长和编码效率。若使用 ASCII 编码,计算编码效率。

解:根据哈夫曼编码的步骤,给出每个符号的编码,如图 7-12 所示。

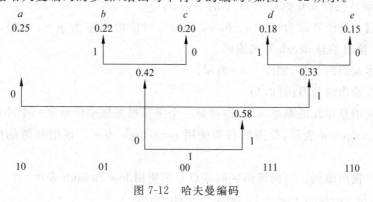

图 7-12 哈夫曼编码

根据哈夫曼编码过程可知,消息单元 a、b、c、d 和 e 的编码分别是 10、01、00、111 和 110。平均码长是各个消息单元的编码长度的加权之和。编码效率等于信息熵与平均码长相除。

平均码长 $L=2\times0.25+2\times0.22+2\times0.20+3\times0.18+3\times0.15=2.33$

信息熵 $H=-(0.25\times\log_2 0.25+0.22\times\log_2 0.22+0.20\times\log_2 0.20$
$+0.18\times\log_2 0.18+0.15\times\log_2 0.15)$
$=2.30$

对于哈夫曼编码,平均码长为 2.33,信息熵为 2.30。哈夫曼编码的编码效率 $E=H/L=2.30/2.33=98.71\%$。

对于 ASCII 编码,平均码长为 8,信息熵依然为 2.30。ASCII 编码效率 $E=H/L=2.30/8=28.75\%$。

不难看出,信息熵是某一系统进行无损压缩时的极限编码长度。

对于哈夫曼编码,具有两个重要的性质。

(1) 唯一前缀性质。任何一个符号的哈夫曼编码不能作为另一个哈夫曼编码的前缀。例如,例 7.4 中,符号 a 的编码为 10,不是 b 的编码 01,c 的编码 00,d 的编码 111,e 的编码 110 的前缀。这种前缀唯一性保证了解码时无歧义性。

(2) 最优性质。两个频率最低的符号具有相同长度的哈夫曼编码,但编码的最后一位是不同的;出现频率较高的符号的编码长度比出现频率较低的符号的编码长度短。最优性质从哈夫曼编码过程可以看出。

7.3.3 算术编码

算术编码是 20 世纪 60 年代由 P. Elias 提出,其基本原理是将编码的消息表示成实数 0~1 之间的一个间隔,取该间隔中任意一个数表示消息。

算术编码是图像压缩的主要算法之一,是一种无损数据压缩方法,也是一种熵编码的方法。与其他熵编码方法比较,其不同在于,其他的熵编码方法通常是把输入的消息分割为符号,然后对每个符号进行编码,而算术编码是直接把整个输入的消息编码为一个数,该数是一个满足条件 $0.0\leqslant x<1.0$ 的小数 x。

【例 7.5】 设信号源为 $s=\{a,b,c,d,e\}$,对应的概率为 $p=\{0.25,0.22,0.20,0.18,0.15\}$,给出消息 decab 算术编码。

解:算术编码的步骤,如图 7-13 所示。

(1) 首先给出取值范围 $[0,1)$。

(2) 确定消息单元的概率区间,即对每一个字符根据概率值给定一个小的范围,范围的左端使用 rangelow 表示,范围的右端使用 rangehigh 表示。该信号源的概率区间,如表 7-3 所示。

(3) 计算输出编码。当前编码区间端点分别使用 low 和 high 表示。

初始时,设 low=0,high=1,range=high−low。

多媒体技术基础及应用

decab的算术编码

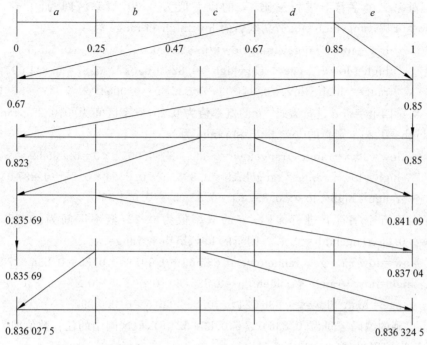

图 7-13 算术编码

表 7-3 每个符号的概率区间

字 符	a	b	c	d	e
概率区间	$[0,0.25)$	$[0.25,0.47)$	$[0.47,0.67)$	$[0.67,0.85)$	$[0.85,1)$

待编码符号的概率区间为 $[\text{rangelow},\text{rangehigh})$，则下一个编码区间的 low 和 high 使用下列公式进行计算：

$$\text{low}=\text{low}+\text{range}\times\text{rangelow}$$
$$\text{high}=\text{low}+\text{range}\times\text{rangehigh}$$

对消息 decab 进行算术编码，其过程如下。

(1) 对第一个字符 d 进行编码。d 的概率值为 0.18，概率区间为 $[0.67,0.85)$，rangelow＝0.67，rangehigh＝0.85。则新的 low、high 和 range 为

$$\text{low}=\text{low}+\text{range}\times\text{rangelow}=0+1\times0.67=0.67$$
$$\text{high}=\text{low}+\text{range}\times\text{rangehigh}=0+1\times0.85=0.85$$
$$\text{range}=\text{high}-\text{low}=0.85-0.67=0.18$$

(2) 对第二个字符 e 进行编码。e 的概率值为 0.15，概率区间为 $[0.85,1)$，rangelow ＝0.85，rangehigh＝1。则新的 low、high 和 range 为

$$\text{low}=\text{low}+\text{range}\times\text{rangelow}=0.67+0.18\times0.85=0.823$$
$$\text{high}=\text{low}+\text{range}\times\text{rangehigh}=0.67+0.18\times1=0.85$$

$$range = high - low = 0.85 - 0.823 = 0.027$$

（3）对第三个字符 c 进行编码。c 的概率值为 0.20，概率区间为 $[0.47, 0.67)$，rangelow＝0.47，rangehigh＝0.67。则新的 low、high 和 range 为

$$low＝low+range×rangelow＝0.823+0.027×0.47＝0.835\ 69$$
$$high＝low+range×rangehigh＝0.823+0.027×0.67＝0.841\ 09$$
$$range＝high-low＝0.841\ 09-0.835\ 69＝0.0054$$

（4）对第四个字符 a 进行编码。a 的概率值为 0.25，概率区间为 $[0, 0.25)$，rangelow＝0，rangehigh＝0.25。则新的 low、high 和 range 为

$$low＝low+range×rangelow＝0.835\ 69+0.0054×0＝0.835\ 69$$
$$high＝low+range×rangehigh＝0.835\ 69+0.0054×0.25＝0.837\ 04$$
$$range＝high-low＝0.837\ 04-0.835\ 69＝0.001\ 35$$

（5）对第五个字符 b 进行编码。b 的概率值为 0.22，概率区间为 $[0.25, 0.47)$，rangelow＝0.25，rangehigh＝0.47。则新的 low、high 和 range 为

$$low＝low+range×rangelow＝0.835\ 69+0.001\ 35×0.25＝0.836\ 027\ 5$$
$$high＝low+range×rangehigh＝0.835\ 69+0.001\ 35×0.47＝0.836\ 324\ 5$$
$$range＝high-low＝0.836\ 324\ 5-0.836\ 027\ 5＝0.000\ 297$$

最后得到的编码区间为 $[0.836\ 027\ 5, 0.836\ 324\ 5)$，取区间中的任一数值即为字符串 decab 的算术编码，如取 0.836 127 5。

7.4　有损压缩

有损压缩在压缩时舍弃部分数据，还原后的数据与原始数据存在差异，有损压缩具有不可恢复性和不可逆性。

常见的有损压缩编码包括预测编码和变换编码等。

7.4.1　预测编码

1. 预测编码的基本概念

预测编码是根据所建立的模型，利用一个或几个历史的样本值，对当前的样本值进行预测，对样本实际值和预测值之差进行编码。如果所建立的模型足够准确，可以获得较高的压缩比。例如，对于图像来说，当前像素的灰度或颜色信号，在数值上与其相邻像素总是比较接近，则当前像素的灰度或颜色的数值，可以使用前面已经出现的像素的值进行预测，得到一个预测值，将实际值与预测值进行相减得到差值，对这个差值信号进行编码，这种编码方法称为预测编码。

预测编码的基本过程如下。

（1）建立预测模型；

（2）挑选历史样本数据；

（3）使用所建立的预测模型和历史样本数据对新样本值进行预测；

（4）预测值与实际值相减得到差值；

（5）对差值进行编码。

2. 预测编码的分类

根据预测模型的复杂程度进行划分，可以将预测编码分为线性预测编码和非线性预测编码。线性预测编码指的是使用线性方程计算预测值的编码方法。非线性预测指的是使用非线性方程计算预测值的编码方法。线性预测编码的典型代表是差分脉冲编码调制法（Differention Pulse Code Modulation，DPCM）。

3. DPCM 预测编码

一幅二维静止图像，设空间坐标 (i,j) 像素点的实际样本为 $f(i,j)$，$f'(i,j)$ 是预测器根据传输的相邻的样本值对该点估算得到的预测值。编码时不是对每个样本值进行量化，而是预测下一个样本值后，量化实际值与预测值之间的差值。计算预测值的参考像素，可以是同一行的前几个像素，这种预测称为一维预测；也可以是本行、前一行或前几行的像素，这种预测称为二维预测；除此之外，甚至还可以是前几帧图像的像素，这种预测称为三维预测。一维预测和二维预测属于帧内预测，三维预测则属于帧间预测。帧间预测最为典型的代表是视频压缩标准 MPEG 中的运动补偿算法。这种运动补偿算法是时间冗余。

对于二维静止图像，像素灰度值的实际值和预测值之间的差值，使用如下公式表示：

$$e(i,j) = f(i,j) - f'(i,j)$$

将差值 $e(i,j)$ 定义为预测误差，由于图像像素之间具有极强的相关性，所以这个预测误差是很小的。使用预测编码方法，不是对像素点的实际像素值 $f(i,j)$ 进行编码，而是对预测误差信号 $e(i,j)$ 进行编码。

由于图像存在空间相关性，相邻像素的灰度值很多是相同的或相近的，因此，预测误差分布更加集中，熵值比原来图像小，可以使用较少的单位像素比特率进行编码，使得图像达到压缩的目的。表 7-4 所示为 DPCM 图像压缩熵值和压缩率。

表 7-4 DPCM 图像压缩熵值和压缩率

图　　像	熵　　值		压　缩　率
	原始图像	DPCM 压缩后图像	DPCM＋哈夫曼
Barbara	7.47	5.65	5.682
Lena	7.45	4.54	4.580
脑部 CT	4.84	2.23	2.275
胸透 X 片	6.46	3.75	3.820

7.4.2　变换编码

变换编码将要压缩的数据变换到某个变换域中然后再进行编码。变换编码不是直接对空域图像信号进行编码,而是首先将空域图像信号映射变换到另一个正交矢量空间(变换域或频域),产生一批变换系数,然后对这些变换系数进行编码处理。变换编码是一种间接编码方法,其中关键问题是在时域或空域描述时,数据之间相关性大,数据冗余度大,经过变换在变换域中描述,数据相关性大大减少,数据冗余量减少,参数独立,数据量少,这样再进行量化,编码就能得到较大的压缩比。目前常用的正交变换有:傅立叶变换、沃尔什变换、斜变换、离散余弦变换和 K-L(Karhunen-Loeve)变换等。

下面以离散余弦变换为例来介绍变换编码。离散余弦变换采用下列公式进行计算:

$$F(u,v) = \frac{1}{4}C(u)C(v)\left[\sum_{i=0}^{7}\sum_{j=0}^{7}f(i,j)\cos\frac{(2i+1)u\pi}{16}\cos\frac{(2j+1)v\pi}{16}\right]$$

其中,$C(u),C(v) = \begin{cases} 1/\sqrt{2} & (u,v=0) \\ 1 & (其他) \end{cases}$,$f(i,j)$ 是像素值,$F(u,v)$ 是 DCT 系数。

实际上,JPEG 是一个有损压缩过程,属于变换编码范畴。离散余弦变换实际是空间域的低通滤波器。低通滤波器的实例,如图 7-14 所示。

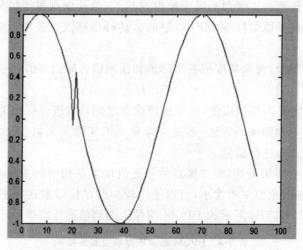

图 7-14　低通滤波

低通滤波的图中,正弦波的变化比较缓慢,频率较低;而正弦波中的突变干扰信号变化较快,频率较高。对该正弦曲线进行平滑滤波,实际就是去除频率较高的突变干扰信号,保留低频信号,实现一个低通滤波器。

图像中的低频信号和高频信号也叫作低频分量和高频分量。图像中的高频分量指的是强度(亮度/灰度)变化剧烈的地方,即图像的边缘或轮廓;图像中的低频分量指的是强度(亮度/灰度)变化平缓的地方,即图像的主体大片色块。

不同频率信息在图像结构中有不同的作用。图像的主要成分是低频信息,形成了图像的基本灰度等级,对图像结构的决定作用较小;中频信息决定了图像的基本结构,形成了图像的主要边缘结构;高频信息形成了图像的边缘和细节,是在中频信息上对图像内容的进一步强化。

大多数图像的高频分量较小,相应于图像高频分量的系数经常为零。JPEG 之所以能够进行压缩,就是利用人眼对高频成分的失真不太敏感,所以可用更粗的量化,去除部分高频信息。

图像信号经过离散余弦变换后,被分解成为直流成分以及从低频到高频的各种余弦成分,成分的大小体现为 DCT 系数。系数矩阵的左上角集中了图像的低频部分信息,矩阵的右下角集中了图像的高频部分信息。DCT 系数表示了该种成分所占原图像信号的份额大小。其中,直流系数位于矩阵的左上角。

下面以一个实际的 Matlab 代码介绍离散余弦变换对于图像数据压缩的意义。下面的 Matlab 代码展示了一个使用离散余弦变换进行变换编码的有损压缩,主要的函数都添加了注释。

```
%读入图像灰度值
image=imread('lena.tiff');
%将图像灰度值变换为[0,1]区间
imageBefore=double(image)/255;
%产生离散余弦变换矩阵
T=dctmtx(8);
%按照 8*8 单元进行离散余弦变换,具体方式为 T * imageBefore * T'
B=blkproc(imageBefore,[8 8],'P1 * x * P2',T,T);
%设置过滤高频部分矩阵
mask1=[1 1 1 1 0 0 0 0
       1 1 1 1 0 0 0 0
       1 1 1 1 0 0 0 0
       1 1 1 1 0 0 0 0
       0 0 0 0 0 0 0 0
       0 0 0 0 0 0 0 0
       0 0 0 0 0 0 0 0
       0 0 0 0 0 0 0 0];
%过滤高频部分
B2=blkproc(B,[8 8],'P1.* x',mask1);
%按照 8*8 单元进行离散余弦逆变换,具体方式为 T' * imageBefore * T
imageAfter=blkproc(B2,[8 8],'P1 * x * P2',T',T);
%显示变换之前的图像
imshow(imageBefore);
title('变换之前的图像');
figure;
%显示变换之后的图像
imshow(imageAfter);
title('变换之后的图像');
```

```
figure;
%显示图像之差
imshow(mat2gray(imageBefore-imageAfter),[]);
title('图像之差');
```

执行代码之后,得到变换之前的图像、变换之后的图像和图像之差,如图 7-15 所示。

    (a) 变换之前的图像   (b) 变换之后的图像   (c) 图像之差

图 7-15 使用 mask1 过滤矩阵的离散余弦变换前后的图像

  对于图 7-15 中的(a)、(b)和(c)来说,(a)图像是变换之前的图像,即压缩前的图像,(b)图像是变换之后的图像,即压缩后的图像,也可以说是(a)图像中的低频部分;(c)图像是(a)图像和(b)图像之差,也可以说是(a)图像中的高频部分。比较(a)图像和(b)图像,人的眼睛感觉不到太大差异,说明变换之后的图像(b)的高频部分虽有部分失真,但人眼是感觉不明显的。

  如果使用过滤高频部分的矩阵为

$$
mask2 = \begin{bmatrix}
1 & 1 & 1 & 1 & 1 & 1 & 1 & 1 \\
1 & 1 & 1 & 1 & 1 & 1 & 1 & 1 \\
1 & 1 & 1 & 1 & 0 & 0 & 0 & 0 \\
1 & 1 & 1 & 1 & 0 & 0 & 0 & 0 \\
1 & 1 & 1 & 1 & 0 & 0 & 0 & 0 \\
1 & 1 & 1 & 1 & 0 & 0 & 0 & 0 \\
0 & 0 & 0 & 0 & 0 & 0 & 0 & 0 \\
0 & 0 & 0 & 0 & 0 & 0 & 0 & 0
\end{bmatrix}
$$

则得到变换之前的图像、变换之后的图像和图像之差如图 7-16 所示。

    (a) 变换之前的图像   (b) 变换之后的图像   (c) 图像之差

图 7-16 使用 mask2 过滤矩阵的离散余弦变换前后的图像

多媒体技术基础及应用

比较 mask1 和 mask2 可以看出,使用 mask2 显然比使用 mask1 保留了更多的低频部分的信息,变换之后的图像更为清晰,而产生的图像之差更为模糊。这是因为,图像之差就是舍弃的图像的高频部分,使用 mask2 显然比使用 mask1 舍弃了更少的高频部分的信息。

7.5 图像压缩标准 JPEG

JPEG 是目前网络上最流行的图像格式,也是最为流行的且具有较高压缩比的图像压缩标准。Photoshop 软件中以 JPEG 格式储存时,提供 11 级压缩级别,以 0~10 级表示。其中 0 级压缩比最高,图像品质最差。而即使采用细节几乎无损的 10 级质量保存时,压缩比也可达 5︰1。JPEG 相对于其他图像压缩格式来说,具有较高的压缩比。例如,若 BMP 格式的图像文件保存时得到 4.28MB 图像文件,采用 JPEG 格式保存时,其文件可以仅为 178KB,压缩比达到 24︰1。

JPEG 压缩格式应用非常广泛,特别是在网络和光盘读物上,都能找到它的身影。目前各类浏览器均支持 JPEG 这种图像格式,因为 JPEG 格式的文件尺寸较小,下载速度快。JPEG2000 作为 JPEG 的升级版,其压缩率比 JPEG 高约 30%,同时支持有损和无损压缩。

JPEG2000 格式有一个极其重要的特征在于它能实现渐进传输,即先传输图像的轮廓,然后逐步传输数据,不断提高图像质量,让图像由朦胧到清晰显示。此外,JPEG2000还支持所谓的"感兴趣区域"特性,可以任意指定影像上感兴趣区域的压缩质量,还可以选择指定的部分先解压缩。

JPEG2000 和 JPEG 相比优势明显,且向下兼容,因此可取代传统的 JPEG 格式。JPEG2000 既可应用于传统的 JPEG 市场,如扫描仪、数码相机等,又可应用于新兴领域,如网路传输、无线通信等。

一般来说,JPEG 的压缩过程包括:颜色空间转换、离散余弦变换、量化和熵编码,如图 7-17 所示。

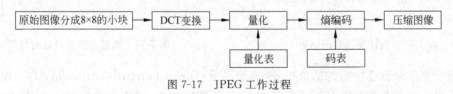

图 7-17 JPEG 工作过程

1. 颜色空间转换

首先,将图像的 RGB 颜色空间转换为 YCbCr 颜色空间。然后,采用图像子采样的方法分别对亮度信号 Y 和色差信号 C_b 和 C_r 进行采样。JPEG 支持 4:2:2 和 4:2:0 两种模式图像子采样。

$$\begin{cases} Y = 0.299R + 0.587G + 0.114B \\ C_r = (R-Y)/1.402 \\ C_b = (B-Y)/1.772 \end{cases}$$

2. 离散余弦变换

分离图像中的 Y、C_b 和 C_r 三个分量,对每一个分量再划分成一个一个的 8×8 子区域,每一子区域使用二维的离散余弦变换(Discrete Cosine Transfor,DCT)转换到频率空间。

对于如图 7-18 所示的 256 色的灰度图像,得到如图 7-19 所示的矩阵。

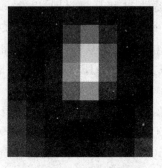

$$\begin{bmatrix} 52 & 55 & 61 & 66 & 70 & 61 & 64 & 73 \\ 63 & 59 & 55 & 90 & 109 & 85 & 69 & 72 \\ 62 & 59 & 68 & 113 & 144 & 104 & 66 & 73 \\ 63 & 58 & 71 & 122 & 154 & 106 & 70 & 69 \\ 67 & 61 & 68 & 104 & 126 & 88 & 68 & 70 \\ 79 & 65 & 60 & 70 & 77 & 68 & 58 & 75 \\ 85 & 71 & 64 & 59 & 55 & 61 & 65 & 83 \\ 87 & 79 & 69 & 68 & 65 & 76 & 78 & 94 \end{bmatrix}$$

图 7-18　256 色灰度图像　　　　图 7-19　离散余弦变换后的结果

然后,对图 7-19 所示矩阵的所有元素作线性变换,使每一个元素的范围变为 $-128 \sim 127$,得到结果如图 7-20 所示。

然后,使用离散余弦变换和舍位取最接近的整数的方法,得到结果如图 7-21 所示。

$$\begin{bmatrix} -76 & -73 & -67 & -62 & -58 & -67 & -64 & -55 \\ -65 & -69 & -73 & -38 & -19 & -43 & -59 & -56 \\ -66 & -69 & -60 & -15 & 16 & -24 & -62 & -55 \\ -65 & -70 & -57 & -6 & 26 & -22 & -58 & -59 \\ -61 & -67 & -60 & -24 & -2 & -40 & -60 & -58 \\ -49 & -63 & -68 & -58 & -51 & -60 & -70 & -53 \\ -43 & -57 & -64 & -69 & -73 & -67 & -63 & -45 \\ -41 & -49 & -59 & -60 & -63 & -52 & -50 & -34 \end{bmatrix}$$

$$\begin{bmatrix} -415 & -30 & -61 & 27 & 56 & -20 & -2 & 0 \\ 4 & -22 & -61 & 10 & 13 & -7 & -9 & 5 \\ -47 & 7 & 77 & -25 & -29 & 10 & 5 & -6 \\ -49 & 12 & 34 & -15 & -10 & 6 & 2 & 2 \\ 12 & -7 & -13 & -4 & -2 & 2 & -3 & 3 \\ -8 & 3 & 2 & -6 & -2 & 1 & 4 & 2 \\ -1 & 0 & 0 & -2 & -1 & -3 & 4 & -1 \\ 0 & 0 & -1 & -4 & -1 & 0 & 1 & 2 \end{bmatrix}$$

图 7-20　线性变换后的结果　　　　图 7-21　离散余弦变换后的结果

对于离散余弦变换后的结果矩阵,直流系数(Direct current Coefficient,DC)位于矩阵左上角。直流系数指的是输入矩阵的所有幅度的平均,代表了坐标轴上的直流分量。一般来说,直流系数要比离散余弦变换后的结果矩阵中任意值都大很多。因此,这些直流系数代表了图像的大部分信息,是图像的低频信息。

3. 量化

量化是对经过离散余弦变换后的系数矩阵进行量化。量化的目的是减小非 0 系数的幅度以及增加 0 值系数的数目,量化过程实际就是舍弃图像的高频信息的过程。量化是图像质量下降的最主要原因。量化步距按照系数所在的位置和每种颜色分量的色调值来确定,JPEG 的量化表,如图 7-22 所示。量化步距的值越大,表明所采用的量化越粗。

使用该量化表对前述系数矩阵进行量化,得到量化结果矩阵,如图 7-23 所示。量化计算过程实际是一个相除并取整的过程。例如:对于直流系数 -415,查找量化表发现其量化步距是 16,进行相除并取整的计算为 $-415/16 = -25.9375$,取 -25.9375 的最接近整数是 -26。

16	11	10	16	24	40	51	61
12	12	14	19	26	58	60	55
14	13	16	24	40	57	69	56
14	17	22	29	51	87	80	62
18	22	37	56	68	109	103	77
24	35	55	64	81	104	113	92
49	64	78	87	103	121	120	101
72	92	95	98	112	100	103	99

图 7-22 JPEG 的量化表

$$
\begin{bmatrix}
-26 & -3 & -6 & 2 & 2 & -1 & 0 & 0 \\
0 & -3 & -4 & 1 & 1 & 0 & 0 & 0 \\
-3 & 1 & 5 & -1 & -1 & 0 & 0 & 0 \\
-4 & 1 & 2 & -1 & 0 & 0 & 0 & 0 \\
1 & 0 & 0 & 0 & 0 & 0 & 0 & 0 \\
0 & 0 & 0 & 0 & 0 & 0 & 0 & 0 \\
0 & 0 & 0 & 0 & 0 & 0 & 0 & 0 \\
0 & 0 & 0 & 0 & 0 & 0 & 0 & 0 \\
\end{bmatrix}
$$

图 7-23 量化结果矩阵

4. 熵编码

熵编码是无损压缩的一种形式。首先,将量化结果矩阵的各个成员以 Z 字型进行排列,相似频率成员排列在一起(矩阵中左上角系数为图像低频部分,矩阵中右下角系数为图像高频部分),如图 7-24 所示。然后,插入特殊编码 EOB(End Of Block)。最后,对剩下数字序列使用哈夫曼编码。

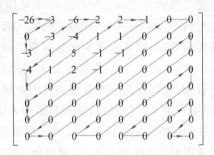

图 7-24 Z 字型编码

前述量化系数的 Z 字型序列如下:

$-26, -3, 0, -3, -3, -6, 2, -4, 1, -4, 1, 1, 5, 1, 2, -1, 1, -1, 2, 0, 0,$
$0, 0, 0, -1, -1, 0, 0, 0, 0, 0, 0, 0, 0, 0, 0, 0, 0, 0, 0, 0, 0, 0, 0, 0, 0,$
$0, 0, 0, 0, 0, 0, 0, 0, 0, 0, 0, 0, 0, 0, 0, 0, 0$

当剩下的所有系数都是零,对于过早结束的序列,使用特殊编码 EOB 标识,该序列变为

$-26, -3, 0, -3, -3, -6, 2, -4, 1, -4, 1, 1, 5, 1, 2, -1, 1, -1, 2, 0, 0,$
$0, 0, 0, -1, -1, \text{EOB}$

然后,对于这些数字序列使用哈夫曼编码。

7.6 视频压缩标准 MPEG

7.6.1 MPEG 标准及其发展演变

关于图像和视频的压缩标准,JPEG 是静态图像的数据压缩标准,H.261 是电视会议视频图像的数据压缩标准,而 MPEG 是计算机视频图像的数据压缩标准。

运动图像专家组(Motion Picture Experts Group,MPEG)于 1990 年形成标准草案,目前已经推出 MPEG-1、MPEG-2、MPEG-4、MPEG-7 和 MPEG-21 等系列标准。

(1) MPEG-1 是国际标准化组织/国际电子学委员会(ISO/IEC)下的运动图像专家组(MPEG)于 1991 年 11 月提出的,用于至多对 1.5Mbps 的数字存储媒体运动图像及其伴音进行编码。常见的数字存储媒体包括普通光盘和视频光谱。1.5Mbps 的数据传输率中,1.2Mbps 用于视频传输,256kbps 用于音频传输。

(2) MPEG-2 制定于 1994 年,设计目标是高级工业标准的图像质量以及更高的数据传输率。MPEG-2 所能提供的数据传输率在 3~10Mbps 之间,可支持广播级的图像和CD 级的音质。由于 MPEG-2 的出色性能,已经适用于高清晰度电视(High Definition TV,HDTV),使得原来打算为 HDTV 设计的 MPEG-3 还没诞生就被抛弃。MPEG-2 还可提供一个较广范围的改变压缩比,以适应不同画面质量、存储容量和带宽的要求。

(3) MPEG-4 制定于 1998 年,设计目标是不仅针对一定传输速率下的视频和音频编码,更加注重多媒体系统的交互性和灵活性。MPEG-4 主要应用于可视电话和可视电邮等,其传输速率要求较低,大约在 4800~64 000bps 之间。MPEG-4 可以利用很窄的带宽,通过帧重建技术压缩和传输数据,以求用最少的数据获得最佳的图像质量。

(4) MPEG-7 制定于 2001 年,设计目标是为各类多媒体信息提供一种标准化的描述,这种描述将与内容本身有关,允许快速和有效地查找用户感兴趣的内容。MPEG-7 的重点是图像和音频内容的描述和定义,以明确的结构和语法来定义音像资料的内容。

(5) MPEG-21 致力于为多媒体传输和使用定义一个标准化的、可互操作的和高度自动化的开放框架,这个框架考虑到了 DRM 的要求、对象化的多媒体接入以及使用不同的网络和终端进行传输等问题,这种框架还会在一种互操作的模式下为用户提供更丰富的信息。MPEG-21 标准其实就是一些关键技术的集成,通过这种集成环境对全球数字媒体资源进行增强,实现内容描述、创建、发布、使用、识别、收费管理、版权保护、用户隐私权保护、终端和网络资源撷取及事件报告等功能。

7.6.2 MPEG-1 标准

MPEG-1 标准包括三个部分:MPEG 视频、MPEG 音频和 MPEG 系统。MPEG-1 标准中最为关键的部分是图像编码技术。

视频是一系列静态图像在时间上的播放过程。对静态图像的压缩方法同样适用于动态图像的压缩。对于 MPEG 来说,帧内图像仍然采用 JPEG 压缩方法。

但是,视频中的系列图像常常具有以下特点:动态图像以 25 或 30 帧/s 播放,在如此短的时间内,画面通常不会有大的变化;画面中变化的只是运动的部分,静止的部分往往占有较大的面积;即使是运动的部分,也多为简单的平移。因此,实际存储图像时,考虑到相邻图像之间具有较大的类似性,没有必要将每一帧图像都完整地进行保存。这实际是一种时间冗余。

MPEG 基于时间冗余开发了各种运动补偿算法。运动补偿算法的基本原理是间隔一定数量的帧才记录一帧完整的图像信息,相邻的完整图像之间通过运动估计的方法获得。

MPEG-1 中将图像分为三种类型:I 帧(Intra Frame)、P 帧(Predicted Frame)和 B 帧(Bidirectional Frame)。I 帧是完整并独立进行编码的帧,必须进行存储和传输,可以采用 JPEG 压缩算法进行帧内压缩。P 帧是通过之前的 I 帧或 P 帧进行预测,并对预测误差进行存储和传输,称为单向预测帧。B 帧是通过前后的 I 帧或 P 帧进行差值实现,称为双向预测帧。

如图 7-25 所示是 MPEG 运动图像示例。

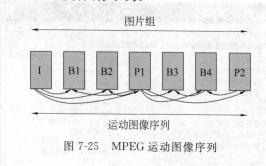

图 7-25　MPEG 运动图像序列

7.7　压缩软件的使用

WinRAR 是一个在 Windows 环境下使用的压缩和解压缩工具。WinRAR 是一种支持多种文件压缩方法的压缩解压缩工具,几乎支持目前所有常见的压缩文件格式。WinRAR 还全面支持 Windows 中的鼠标拖放操作,用户用鼠标将压缩文件拖曳到 WinRAR 程序窗口,即可快速打开该压缩文件。

同样,将欲压缩的文件拖曳到 WinRAR 窗口,便可对此文件压缩。下面对常用功能的使用方法进行介绍。

1. 解压 RAR 文件

(1) 在"资源管理器"中找到要解压缩的 RAR 文件。

(2) 双击 RAR 压缩文件后,系统会出现进入 WinRAR 的主界面,如图 7-26 所示。

选择"释放到"按钮,进入释放路径和选项界面,如图7-27所示。

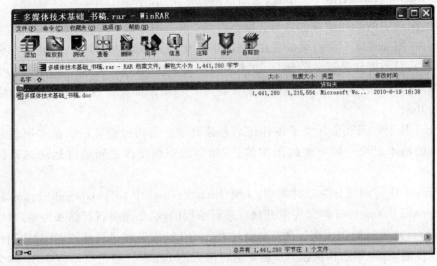

图7-26 WinRAR软件的主界面

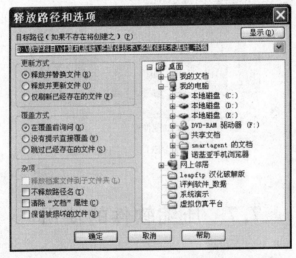

图7-27 "释放路径和选项"界面

单击"确定"按钮,即可将RAR文件进行解压缩。

2. 压缩目录或文件

(1) 选择需要进行压缩的文件。

(2) 然后右击鼠标,选择"添加到档案文件"菜单,如图7-28所示。

(3) 进入到"档案文件名字和参数"界面,如图7-29所示。

(4) 最后,单击"确定"按钮,即完成文件的压缩处理。

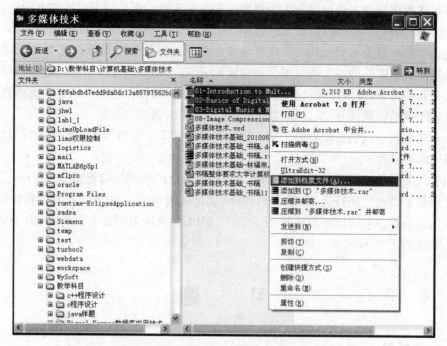

图 7-28　执行添加到档案文件菜单

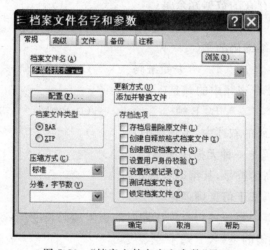

图 7-29　"档案文件名字和参数"界面

本 章 小 结

多媒体信息需要占据大量的存储空间,所以需要对多媒体信息进行压缩处理。

多媒体信息之所以能够被压缩,是因为多媒体信息中存储着各种数据冗余,包括空间冗余、时间冗余、结构冗余、信息熵冗余、视觉冗余、听觉冗余和知识冗余。

多媒体数据压缩方法可以分为无损压缩和有损压缩。常见的无损压缩方法包括游程编码、哈夫曼编码和算术编码;常见的有损压缩方法包括预测编码和变换编码。

变换编码中最为典型的代表是离散余弦变换。对图像使用离散余弦变换后,得到一个系数矩阵。该矩阵的左上角是图像的低频部分,反应图像的主体信息;该矩阵的右下角是图像的高频部分,反应图像的轮廓信息。根据人眼对图像高频部分信息不敏感的特点,可以舍弃图像的高频部分,从而达到对图像进行压缩的目的。

哈夫曼编码是以信息论中的信息熵理论为基础的。信息熵是某一系统进行无损压缩时的极限编码长度。

最有代表性的图像压缩标准是 JPEG,最有代表性的视频压缩标准是 MPEG。JPEG 压缩过程包括颜色空间转换、离散余弦变换、量化和熵编码。MPEG 压缩包括帧内压缩和帧间运动补偿。帧内压缩算法采用 JPEG。MPEG 中序列图像有三种类型,分别是完整帧 I、预测帧 P 和双向预测帧 B。

习 题

一、选择题

1. 静态图像中不存在的数据冗余是(   )。

    A. 结构冗余　　　　　B. 空间冗余　　　　　C. 视觉冗余　　　　　D. 时间冗余

2. 下面是有损压缩编码的是(   )。

    A. 游程编码　　　　　B. 哈夫曼编码　　　　　C. 算术编码　　　　　D. 变换编码

3. 下面不是 MPEG 视频中的帧是(   )。

    A. I 帧　　　　　B. B 帧　　　　　C. P 帧　　　　　D. D 帧

4. 对于哈夫曼编码的叙述中,不正确的是(   )。

    A. 哈夫曼编码是一种无损压缩编码

    B. 出现频率高的符号,其编码长度长

    C. 哈夫曼编码基于信息熵理论

    D. 信息熵是某一系统进行有损压缩时的极限编码长度

5. 预测编码所编码的是(   )。

    A. 预测值　　　　　　　　　　　　　B. 实际值

    C. 预测值和实际值之和　　　　　　　D. 预测值和实际值之差

6. 进行人脸图像处理时,遵从规则"鼻子在人的眼睛之下"所对应的数据冗余是(   )。

    A. 空间冗余　　　　　B. 时间冗余　　　　　C. 视觉冗余　　　　　D. 知识冗余

7. 下面视频压缩标准的设计目标是利用很窄的带宽增强交互性的是(   )。

    A. MPEG-1　　　　　B. MPEG-2　　　　　C. MPEG-4　　　　　D. MPEG-7

8. 对图像使用离散余弦变换后得到的系数矩阵,图像的高频部分位于(   )。

A. 左上角   B. 左下角   C. 右上角   D. 右下角

9. 帧间预测最为典型的代表是视频压缩标准 MPEG 中的运动补偿算法,这种压缩算法主要基于的数据冗余是( )。

     A. 空间冗余   B. 时间冗余   C. 视觉冗余   D. 知识冗余

10. JPEG 的压缩过程依次包括( )。

     A. 颜色空间转换、离散余弦变换、量化和熵编码

     B. 颜色空间转换、离散余弦变换、熵编码和量化

     C. 颜色空间转换、量化、离散余弦变换和熵编码

     D. 颜色空间转换、量化、熵编码和离散余弦变换

二、简答题

1. 简述无损压缩和有损压缩。

2. 简述各种数据冗余。

3. 简述哈夫曼编码过程。

4. 简述算术编码过程。

5. 简述 JPEG 压缩过程。

6. 简述 MPEG 中三种类型的图像。

第 8 章 多媒体通信技术基础

各种多媒体网络系统,如视频会议系统、远程教育系统和在线影院系统等,都必然涉及多媒体通信。由于多媒体信息具有集成性、大数据量、交互性、动态性和编码方式多样的特点,因此多媒体通信需要在传统的计算机网络通信的基础上,针对多媒体信息的特点进行特殊的考虑。

本章首先概要介绍多媒体通信和多媒体通信服务质量,然后介绍典型的多媒体通信协议,最后以流媒体技术为例,介绍多媒体通信技术的典型应用。

8.1 多媒体通信概述

多媒体通信是在计算机网络通信的基础上,针对多媒体信息的特点,即集成性、大数据量、交互性、动态性和编码方式多样等,为之特别考虑的一种网络通信。其中,集成性问题主要由多媒体通信过程中的同步技术加以解决,大数据量问题主要由多媒体压缩技术进行解决,编码方式多样主要是由各种具体编码技术予以解决。动态性可以理解为音频和视频信息传输的连续性要求,动态性是多媒体通信中关注的关键问题。多媒体通信的示意图如图 8-1 所示。

图 8-1 多媒体通信的示意图

多媒体通信是在传统的计算机网络通信的基础上,针对多媒体信息的特点,在 TCP/IP(Transfer Control Protocol / Internet Protocol)协议的基础上,开发了一些特殊的多媒体通信协议,如资源预留协议、实时传输协议、实时传输控制协议和实时流协议等,以满足多媒体通信的服务质量要求。

8.2 多媒体通信的服务质量

8.2.1 服务质量概述

服务质量(Quality of Service, QoS)指的是网络服务的"良好"程度。由于不同的应用对网络性能的要求不同,对网络所提供服务质量的期望也不同。这种期望可以使用一系列指标来进行描述。对于不同的应用系统,QoS 指标的定义方法可能是不同的。但是,常见的指标包括吞吐量、差错率、端到端延迟和延迟抖动等。吞吐量指的是在一定的时间段内网络传输的数据总量;差错率指的是在一段时间段内网络传输的错误数据量占全部数据量的比例;端到端延迟指的是单位数据从传送端到接收端的平均时间;延迟抖动指的是同一个数据流中不同信息所呈现的端到端延迟的不同。

对于多媒体通信来说,尤其是含有声音和视频等连续信号的多媒体传输来说,端到端延迟和延迟抖动是两个特别关键的指标。就多媒体应用来说,特别是对于交互式多媒体应用来说,对延迟有严格的限制,不能超过人所能容忍的极限,否则将会严重地影响服务质量。同样,延迟抖动也必须维持在严格的界限内,否则将会严重地影响人对语音和图像信息的识别。一种常见的视频通信的 QoS 质量级别如表 8-1 所示。

表 8-1　视频通信的 QoS 质量

QoS 级别	帧速/fps	分辨率/%	主观评价	损害程度
5	25~30	65~100	很好	细微
4	15~24	50~64	较好	可觉察
3	6~14	35~49	一般	可忍受
2	3~5	20~34	较差	很难忍受
1	1~2	1~9	差	不可忍受

8.2.2　服务质量类型

根据服务质量的实现方式,服务质量可以分为如下三种类型。

1. 确定型服务质量

确定型服务质量(Deterministic Quality of Service)指的是在数据传输过程中,网络提供强制的服务质量保证,否则可能会造成严重的后果。这类服务一般用于硬实时应用,如远程医疗系统中的核磁共振扫描照片数据必须采用实时无差错的传输,否则会造成诊断灾难。

2. 统计型服务质量

统计型服务质量(Statistical Quality of Service)指的是在数据传输过程中,网络提供一定的服务质量保证,允许服务质量的波动并且不会造成不良的后果。这类服务一般用于软实时应用,如视频点播系统。

3. 尽力型服务质量

尽力型服务质量(Best-effort Quality of Service)指的是网络不提供任何服务质量保证,网络性能随着负载的增加而明显下降。由于受到带宽的限制,现有 Internet 上的多媒体应用多数使用尽力型服务质量。

8.3 多媒体通信协议

随着计算机网络技术的发展,人们已经不满足于传统的网络浏览、数据文件传输和传统电子邮件等文本信息服务,而越来越多使用多媒体信息服务,如视频点播、视频会议、语音电话和视频电话等。因此,需要设计特别的针对多媒体的通信协议以满足大数据量且对交互性和实时性要求较高的通信服务。

8.3.1 TCP/IP 协议

当然,多媒体通信协议的设计必须基于已有的计算机网络通信的标准协议。计算机网络中的工业标准协议是传输控制协议(Transfer Control Protocol,TCP)和网际协议(Internet Protocol,IP),即 TCP/IP 协议,如图 8-2 所示。

| 应用层(HTTP,FTP,SNMP,SMTP) |
| 传输层(TCP,UDP) |
| 网络层(IP) |
| 数据链路层(ARP,RARP) |

图 8-2 TCP/IP 协议

TCP/IP 协议实际是一个协议栈,即多个协议的集合,TCP/IP 是对这些协议的统一称呼。TCP/IP 协议分为四层,分别为数据链路层、网络层、传输层和应用层。数据链路层向用户提供透明可靠的传输服务,具有数据链路维护和差错控制等功能。网络层完成发送点到目标点的数据传输,具有网络路由功能。传输层提供发送点到目标点的数据交换功能,具有传输通路维护和差错控制等功能。应用层提供各种面向最终用户的服务。数据链路层中的两个重要协议是地址解析协议(Address Resolution Protocol,ARP)和反向地址解析协议(Reverse Address Resolution Protocol,RARP)。地址解析协议 ARP 完成 IP 地址到物理地址的转换;反向地址解析协议 RARP 完成物理地址到 IP 地址的转换。网络层的重要协议是网际协议 IP,该协议实现网络中的路由功能,即寻找发送点到目标点的路径。传输层的两个重要协议是传输控制协议 TCP 和用户数据报协议(User Datagram Protocol,UDP)。传输控制协议 TCP 是一种面向连接的、可靠的传输通信协议;用户数据报协议 UDP 是一种非连接的、不可靠的传输通信协议。应用层的常见协议包括超文本传输协议(Hyper Text Transfer Protocol,HTTP)、文件传输协议(File Transfer Protocol,FTP)、简单网络管理协议(Simple Network Management Protocol,SNMP)和简单邮件传输协议(Simple Mail Transfer Protocol,SMTP)。其中,超文本传输协议 HTTP 实现以超文本形式传输内容,如图 8-3 所示;文件传输协议实现各种文件的远程传送,如图 8-4 所示;简单网络管理协议 SNMP 实现管理 IP 网络中各种节点,如服务器、计算机、交换机和路由器等,如图 8-5 所示。简单邮件传输协议 SMTP 实现以接力方式高效地传输邮件。

多媒体通信协议是在 TCP/IP 协议的基础上,针对多媒体的大数据量、动态性等特点

———— 多媒体技术基础及应用

图 8-3　HTTP 协议完成超文本网页传送

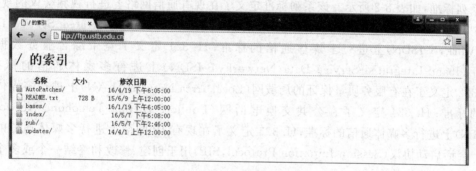

图 8-4　FTP 协议完成文件传送

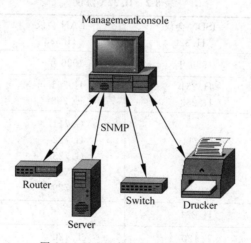

图 8-5　SNMP 协议管理网络节点

第 8 章　多媒体通信技术基础

而特别设计的一些适应多媒体通信特点的协议,如图 8-6 所示。

多媒体通信的关键协议包括实时传输协议(Realtime Transport Protocol,RTP)、实时传输控制协议(Realtime Transport Control Protocol,RTCP)、资源预留协议(Resource ReServation Protocol,RSVP)和实时流协议(Realtime Stream Protocol,RTSP)。其中,实时传输协议 RTP 和实时传输控制协议工作相当于 TCP/IP 协议的传输层;实时流协议 RTSP 工作相当于 TCP/IP 协议的应用层;资源预留协议 RSVP 工作相当于 TCP/IP 协议的网络层。

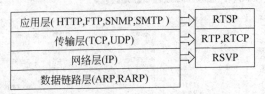

图 8-6 TCP/IP 协议及多媒体通信协议

当前,最为流行的多媒体通信协议栈是 H.32X 和 SIP(Session Initiation Protocol)。H.32X 是国际电信联盟(International Telecommunication Union,ITU)定义的多媒体通信系列标准,如表 8-2 所示。该系列标准定义了在现有通信网络上进行视频会议的规范。其中,H.320 定义了在窄带综合业务数据网(Narrowband-Integrated Service Data Network,N-ISDN)上进行多媒体通信的标准;H.321 定义了宽带综合业务数据网(Broadband-Integrated Service Data Network,B-ISDN)上进行多媒体通信的标准;H.322 定义了在有服务质量保证的局域网(Local Area Network,LAN)上进行多媒体通信的标准;H.324 定义了在公共交换电话网(Public Switched Telephone Network,PSTN)上进行多媒体通信的标准;H.323 定义了在现有 IP 网络上进行多媒体通信的标准。会话启动协议(Session Initiation Protocol,SIP)用于创建、修改和终结一个或多个参与者参加的多媒体会话。

表 8-2 H.32X 协议

项　　目	ISDN 会议 H.320	LAN 会议 H.323	PSTN 会议 H.324
批准年份	1990 年	1996 年	1996 年
视频	H.261 H.263	H.261 H.263	H.261 H.263
音频	G.711 G.722 G.728	G.711 G.722 G.723 G.728 G.729	G.723
多路复用	H.221	H.225.0	H.223
数据	T.120	T.120	T.120
用户接口	I.400	TCP/IP	V.34 modem

8.3.2　资源预留协议

资源预留协议(RSVP)要求预留一定的网络资源,保证业务数据流能够有足够的带宽,从而能够克服网络的拥塞和丢包,提高服务质量。它是一种基于接收方的资源预留协议。

RSVP 的工作过程如图 8-7 所示,基本步骤如下。

(1) 发送方发出多媒体特征信息,经过路由器转送到接收方;

(2) 接收方根据收到的多媒体特征信息以及本地所需要的服务质量 QoS 计算所需要的带宽资源,并将该带宽资源以预留信息的方式回送给发送方;

(3) 预留信息经过的各个路由器进行预留资源操作;

(4) 发送方在接收到预留信息后,开始发送多媒体业务数据。

图 8-7　资源预留协议的工作过程

8.3.3　实时传输协议

实时传输协议(RTP)基于 TCP/IP 协议栈中的用户数据报协议(User Datagram Protocol,UDP)协议。UDP 协议提供高效不可靠的无连接数据报服务,而 TCP 是一种可靠的传输控制协议。RTP 基于 UDP 而非 TCP,其原因主要有两个:①TCP 是一个面向连接的传输控制协议,其在多播的环境中很难进行扩充。多播指的是由一个信号源同时向多个接收端传送数据。与之对应的是单播,即一个信号源只给一个接收端发送数据。②多媒体数据传输过程中,可靠性不是最重要的,实时性才是最重要的,这是由于用户苛刻的响应时间造成的。显然,TCP 协议中为了保证传输的可靠性而采用的重传超时数据报的做法在实时应用中是不合适的。

既然 UDP 协议无法保证到达数据的顺序,RTP 协议中需要一些特殊的机制来保证数据包的有序性。RTP 通过引入如下参数来保证到达数据包的有序,这些参数被封装在 RTP 数据包的包头中,如表 8-3 所示。

(1) 有效载荷类型。有效载荷类型指出该媒体的数据类型以及相应的编码方式,如 PCM 音频信息、H.261 视频信息、H.263 视频信息和 MPEG1 视频信息等。

(2) 时间戳。时间戳用于记录当前数据包的前 8 个字节被读取的时间,由发送者进行设置。利用时间戳,接收者可以以正确的时间顺序播放视频或音频信息,也有助于进行视频和音频的同步。

表 8-3　RTP 数据包的包头

位　　元	内　　容
0～31	标识信息
32～63	时间戳 timestamp
64～95	同步源标识符
96～96＋(CC×32)－1	提供源标识符

注：CC(4 bits)包含了 CSRC 数目，用于修正包头(fixed header)。

（3）同步源(Synchronization Source，SSRC)标识符。同步源标识符用来标识 RTP 信息包流的起源，在 RTP 会话或者期间的每个信息包流都有一个清楚的 SSRC。SSRC 不是发送端的 IP 地址，而是在新的信息包流开始时源端随机分配的一个号码。

（4）提供源(Contribution Source，CSRC)标识符。提供源标识符识别该数据包中的有效载荷的贡献源。用来标志对一个 RTP 混合器产生的新包有贡献的所有 RTP 包的源。由混合器将这些有贡献的 SSRC 标识符插入表中。

8.3.4　实时传输控制协议

实时传输控制协议(RTCP)通过向多媒体信息的发送反馈数据传输质量信息来监控服务质量 QoS 的变化。实时传输控制协议也提供必要的同步信息以保证多数据流的同步。

当从一个发送端向多个接收端发送数据时，每个参与者周期性地向所有其他参与者发送 RTCP 控制信息包。RTCP 用来监视服务质量和传送有关与会者的信息。

设计 RTCP 协议的主要功能是为应用程序提供会话质量或者广播性能质量信息。每个 RTCP 信息包不封装任何业务数据，而是封装发送端或接收端的统计报表。这些信息包括发送的数据包数目、丢失的数据包数目以及数据包的延迟和抖动等信息，这些反馈信息对发送端、接收端或网络管理者都是非常必要的。发送端可以根据反馈信息来修改传输速率，接收端可以根据反馈信息判断问题是本地的、区域性的还是全球性的，网络管理员也可以使用 RTCP 信息包中的信息来评估网络应用于多播的性能。

8.3.5　实时流协议

实时流协议(RTSP)是一个应用层的协议，实际是为满足流媒体服务而开发的，这些服务通常包括视频点播、视频会议和视频监控等。流媒体服务的一大贡献是支持"边下载边播放"。有关流媒体技术的细节，下节将详细展开描述。

实时流协议是以客户机/服务器的方式进行工作的，实现对多媒体播放的控制，使用户在播放从因特网下载的实时数据时能够进行控制，如暂停/继续、后退、前进、开始和结束等。基于实时流协议的一个完整的流媒体服务实现过程如图 8-8 所示。首先，客户端请求服务器建立连接，服务器响应并允许建立连接；当客户端执行播放功能时，服务器响应播放,开始传输多媒体数据;这些多媒体数据主要分为业务数据和质量数据,业务数据指的是真正的多媒体实际数据,如声音数据和视频数据,该部分数据由实时传输协议进行传输,质量数据指的是网络性能统计数据,该部分数据由实时传输控制协议进行传输。然后在多媒体播放过程中,客户端可以请求暂停播放,也可以请求恢复播放,还可以请求结束播放,服务器均可根据请求予以响应。

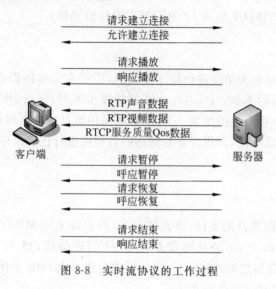

图 8-8　实时流协议的工作过程

8.4　流媒体技术

　　流媒体技术是将多媒体文件经过特殊的压缩方式分成一个一个压缩包,由服务器向用户端进行连续、实时的传送。采用流式传输的系统中,用户不必像非流式播放那样等到整个文件全部下载完毕后才能看到其中的内容,而是只需要经过几秒或几十秒的启动延时即可在用户端利用相应的播放器对压缩的媒体文件进行播放,剩余的部分将继续进行下载,直至播放完毕。

8.4.1　关键技术

实现流媒体需要解决以下关键技术问题。

1. 编码方面

　　在网上进行流媒体传输,所传输的文件必须制作成适合流媒体传输的流媒体格式文件。用通常的格式存储的多媒体文件容量十分大,若要在现有的窄带网络上传输,则需要花费十分长的时间,若遇网络繁忙,还将造成传输中断。因此,对需要进行流媒体格式传输的文件应进行预处理,将文件压缩生成流媒体格式文件。

2. 传输方面

流媒体的传输需要合适的传输协议，在 Internet 上的文件传输大部分都是建立在 TCP 协议的基础上，也有一些是以 FTP 传输协议的方式进行传输，但采用这些传输协议都不能实现实时方式的传输。随着流媒体技术的深入研究，比较成熟的流媒体传输一般都是采用建立在 UDP 协议上的 RTP/RTSP 实时传输协议。

3. 传输的支持

因为 Internet 是以包为单位进行异步传输的，因此多媒体数据在传输中要被分解成许多包，由于网络传输的不稳定性，各个包选择的路由不同，所以到达客户端的时间次序可能发生改变，甚至产生丢包的现象。为此，必须采用缓存技术来纠正由于数据到达次序发生改变而产生的混乱状况，利用缓存对到达的数据包进行正确排序，从而使多媒体数据能连续正确地播放。

4. 播放方面

流媒体播放需要浏览器的支持，通常情况下，浏览器采用 MIME 来识别各种不同的简单文件格式，所有的 Web 浏览器都是基于 HTTP 协议，而 HTTP 协议都内建有 MIME，所以 Web 浏览器能够通过 HTTP 协议中内建的 MIME 来标记 Web 上众多的多媒体文件格式，包括各种流媒体格式。

多用途互联网邮件扩展类型（Multipurpose Internet Mail Extensions，MIME）是设定某种扩展名的文件用一种应用程序来打开的方式类型，当该扩展名文件被访问的时候，浏览器会自动使用指定应用程序来打开。

8.4.2 流式传输

流媒体实现的关键技术就是流式传输。实现流式传输有两种方法：实时流式传输（Realtime Streaming）和顺序流式传输（Progressive Streaming）。一般来说，如视频为实时广播或应用如实时流协议 RTSP 进行传输，则为实时流式传输，如使用 HTTP 服务器，则为顺序流式传输。

1. 顺序流式传输

顺序流式传输是顺序下载，下载文件的同时用户可观看在线媒体。在给定时刻，用户只能观看已下载的那部分，而不能跳到还未下载的部分。顺序流式传输不像实时流式传输在传输期间根据用户连接的速度做调整。由于标准的 HTTP 服务器可发送这种形式的文件，无需专用的传输协议，因此经常被称作 HTTP 顺序流式传输。顺序流式传输比较适合高质量的短片段，如片头、片尾和广告，由于该文件在播放前观看的部分是无损下载的，因此这种方法保证了电影播放的最终质量。

顺序流式文件放在标准 HTTP 或 FTP 服务器上，易于管理，基本上与防火墙无关。

顺序流式传输不适合长片段和有随机访问要求的视频，如讲座、演说与演示。

2．实时流式传输

实时流式传输指的是保证媒体信号带宽与网络连接匹配，使媒体可被实时观看到。实时流式传输与顺序流式传输不同，需要专用的流媒体服务器与传输协议。实时流式传输总是实时传送，特别适合现场事件，也支持随机访问，用户可快进或后退以观看前面或后面的内容。

实时流式传输必须匹配连接带宽，意味着在以调制解调器速度连接时图像质量较差。而且，由于出错丢失的信息被忽略掉，网络拥挤或出现问题时，视频质量很差。如要保证视频质量，顺序流式传输也许更好。

实时流式传输需要特定服务器，如 QuickTime Streaming Server、RealServer 与 Windows Media Server。这些服务器允许对媒体发送进行更多级别的控制，因而系统设置、管理比标准 HTTP 服务器更复杂。实时流式传输还需要特殊网络协议，如实时流协议 RTSP。

8.4.3 流媒体播放形式

1．单播

单播指的是在客户端与流媒体服务器之间需要建立一个单独的数据通道，从一台服务器送出的每个数据包只能传送给一个客户机，这种传送方式称为单播。每个用户必须分别对媒体服务器发送单独的查询，而媒体服务器必须向每个用户发送所申请的复制数据包。这种巨大冗余造成服务器沉重的负担，响应需要很长时间，甚至导致停止播放。管理人员也被迫购买硬件和带宽来保证一定的服务质量。流媒体的单播形式如图 8-9 所示。

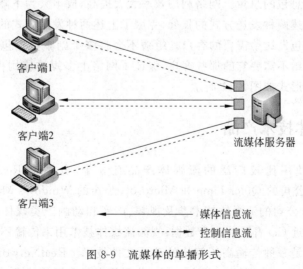

图 8-9　流媒体的单播形式

2. 广播

广播指的是用户被动接收流。在广播过程中，客户端接收流，但不能控制流。例如，用户不能暂停、快进或后退该流。广播方式中单独的一个副本数据包将发送给网络上的所有用户。使用单播发送时，需要将数据包复制成多个副本，以多个点对点的方式分别发送到需要它的那些用户，而使用广播方式发送时，单独的一个副本数据包将发送给网络上的所有用户，而不管用户是否需要。流媒体的广播形式如图 8-10 所示。

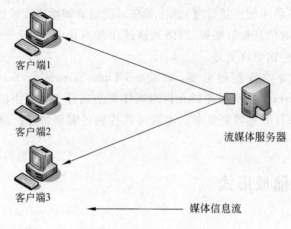

图 8-10　流媒体的广播形式

3. 组播

组播指的是一次将数据包复制到多个通道上。采用组播方式，单台服务器能够对几十万台客户机同时发送连续数据流而无延时。媒体服务器只需要发送一个信息包，而不是多个，所有发出请求的客户端共享同一信息包。信息可以发送到任意地址的客户机，减少网络上传输的信息包的总量。网络利用效率大大提高，成本大为下降。

组播吸收了上述两种发送方式的长处，克服了上述两种发送方式的弱点，将数据包的单独一个副本数据包发送给需要的客户。组播不会将多个副本数据包传输到网络上，也不会将数据包发送给不需要它的那些客户，保证了网络上多媒体应用占用网络的最小带宽。流媒体的组播形式如图 8-11 所示。

8.4.4　流媒体技术产品

目前，网络上使用比较广泛的流媒体产品有 3 个，分别是 RealNetwork 公司的 RealMedia、Apple 公司的 QuickTime 和 Microsoft 公司的 Windows Media。

RealNetworks 公司的流媒体技术涉及视频、声音和动画三类媒体。其中，声音流媒体技术用来传输接近 CD 音质的声音数据；视频流媒体技术用来传输不间断的视频数据；动画流媒体技术则是一种传输高压缩比的动画文件技术。RealNetworks 公司所采用的 SureStream（自适应流）技术是 RealNetworks 公司具有代表性的技术，该技术通过服务器

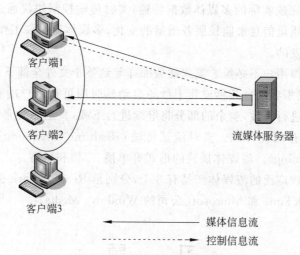

图 8-11　流媒体的组播形式

将声音和视频文件以流的方式传输,然后利用自适应流方式,根据客户端不同的网络带宽,让传输的声音和视频文件自动适应带宽,并始终以流畅的方式播放。

Apple 公司的 QuickTime 支持几乎所有主流的个人计算平台,是数字媒体领域事实上的工业标准,是创建动画、实时效果、虚拟现实、声音视频和其他数字流媒体的重要基础;支持各种格式的静态图像文件;支持 IETF(Internet Engineering Task Force)流标准以及 RTP、RTSP、FTP 和 HTTP 等网络协议;支持多种视频和动画格式。

Microsoft 公司的 Windows Media 的核心是 ASF(Advanced Stream Format)。ASF是一种数据格式,音频、视频和图像等多媒体信息通过这种格式,以网络数据包的形式传输,实现流式多媒体内容发布。ASF 支持任意的压缩/解压缩编码方式,并可以使用任何一种底层网络传输协议。Microsoft 希望用 ASF 取代 Apple 公司的 QuickTime 的技术标准,并打算将 ASF 用作将来 Windows 版本中所有多媒体内容的标准文件格式。

本 章 小 结

多媒体信息的动态性使得传输音频和视频信息时要求连续,需要设计针对这一特点的多媒体通信协议。

多媒体通信的服务质量(QoS)指的是通信服务的良好程度,可使用如吞吐量、差错率、端到端延迟和延迟抖动等关键指标进行描述。根据服务质量的实现方式,服务质量可以分为三种类型:确定型服务质量、统计型服务质量和尽力型服务质量。

多媒体通信协议是基于传统 TCP/IP 协议的。常见的多媒体通信协议包括资源预留协议(RSVP)、实时传输协议(RTP)、实时传输控制协议(RTCP)和实时流协议。其中,资源预留协议工作于网络层,在进行实际的多媒体数据传输之前,通过在发送端和接收端一次往返的会话过程,请求所经过的各个路由器保留通信资源;实时传输协议工作于传输层,基于 UDP 协议完成实际的多媒体数据传输;实时传输控制协议通过向多媒体信息的发送反馈数据传输质量信息来监控服务质量的变化;多媒体流协议工作于应用层,是为满足流媒体服务而开发的。

流媒体技术使得用户不必像非流式播放那样等到整个文件全部下载完毕后才能看到其中的内容,而是只需要经过几秒或几十秒的启动延时即可在用户端利用相应的播放器对压缩的媒体文件进行播放,剩余的部分将继续进行下载,直至播放完毕。

实现流式传输有两种方法:实时流式传输(Realtime Streaming)和顺序流式传输(Progressive Streaming)。流媒体播放的形式有单播、广播和组播。

网络上使用比较广泛的流媒体产品有 3 个,分别是 RealNetwork 公司的 RealMedia、Apple 公司的 QuickTime 和 Microsoft 公司的 Windows Media。

习　　题

一、选择题

1. 决定多媒体通信中要求传输数据连续的多媒体信息的特点是(　　)。
   A. 大数据量　　　　B. 多数据流　　　　C. 动态性　　　　D. 编码方式多样

2. 决定多媒体通信中需要进行设计同步技术的多媒体信息的特点是(　　)。
   A. 大数据量　　　　B. 多数据流　　　　C. 动态性　　　　D. 编码方式多样

3. 资源预留协议(RSVP)工作于 TCP/IP 协议的层是(　　)。
   A. 应用层　　　　B. 传输层　　　　C. 网络层　　　　D. 数据链路层

4. 实时传输协议(RTP)工作于 TCP/IP 协议的层是(　　)。
   A. 应用层　　　　B. 传输层　　　　C. 网络层　　　　D. 数据链路层

5. 完成实际的多媒体数据传输的协议是(　　)。
   A. 资源预留协议(RSVP)　　　　　　B. 实时传输协议(RTP)
   C. 实时传输控制协议(RTCP)　　　　D. 实时流协议(RTSP)

6. 实现多媒体播放控制的协议是(　　)。
   A. 资源预留协议(RSVP)　　　　　　B. 实时传输协议(RTP)
   C. 实时传输控制协议(RTCP)　　　　D. 实时流协议(RTSP)

7. 实现预留传输路径上路由器通信资源的多媒体通信协议是(　　)。
   A. 资源预留协议(RSVP)　　　　　　B. 实时传输协议(RTP)
   C. 实时传输控制协议(RTCP)　　　　D. 实时流协议(RTSP)

8. 实现监控多媒体通信质量的协议是(　　)。
   A. 资源预留协议(RSVP)　　　　　　B. 实时传输协议(RTP)
   C. 实时传输控制协议(RTCP)　　　　D. 实时流协议(RTSP)

9. 对于 H.32X 系列多媒体通信协议,定义在电话网上进行多媒体通信的标准的是(　　)。

  A. H.322   B. H.323   C. H.324   D. H.321

二、简答题

1. 简述通信服务质量 QoS。
2. 简述 TCP/IP 协议。
3. 简述资源预留协议(RSVP)的工作过程。
4. 简述实时流协议(RTSP)的工作过程。
5. 简述实时传输协议(RTP)和实时传输控制协议(RTCP)的作用。
6. 简述各种流媒体播放形式。
7. 简述流媒体服务的两种流式传输方式。
8. 简述 H.32X 系列多媒体通信协议中每个协议所定义的内容。

第 9 章 超媒体技术基础

超媒体技术是超文本技术和多媒体技术的结合，是一种使用超链接方式来组织各种媒体的技术。

本章首先介绍超文本的基本概念和超文本标记语言的使用方法；然后介绍超媒体的基本概念、发展历史和组成结构，尤其是对超媒体组成结构中的关键概念——节点和链等进行详细介绍；最后，以 Authorware 超媒体制作软件为平台介绍超媒体的制作过程。

9.1 超媒体的基本概念

超媒体是多媒体信息的一种组织技术或形式。超媒体的组织技术或形式源自于超文本。因此，可以认为

超媒体＝多媒体＋组织形式（超文本）

需要强调的是，超文本只是将各种多媒体信息组织成超媒体的一种形式。如果使用超文本方式来组织多媒体信息，则超媒体就是一个网页系统。

下面介绍超文本的基本概念以及超文本标记语言（HyperText Markup Language，HTML）。

9.1.1 超文本与超文本标记语言

1. 超文本的基本概念

超文本（Hypertext）指的是借助于超链接的方法将各种不同来源的文本组织在一起的技术或形式。现在，超文本普遍以文本文档形式存在，有些文字含有超链接，使用这些超链接可以链接到其他位置，从而使得读者可以从当前位置直接切换到超链接所指向的位置。一个大学学院介绍的超文本组织形式如图 9-1 所示。

超文本实际是非线性地存储、组织、管理和浏览信息的计算机技术。因此，超文本是由若干信息结点和表示信息节点之间相关性的链构成的一个具有一定逻辑结构和语义关系的非线性网络。

2. 超文本标记语言

超文本标记语言（HTML）是一种描述超文本组织形式的标准语言，主要用于描述网

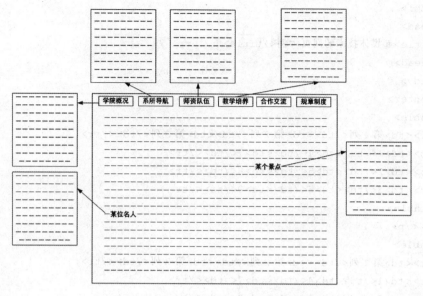

图 9-1　学院介绍的超文本组织形式

页这种常见的超文本。网页本身是一种文本文件,通过在文本文件中添加标记符,告诉浏览器显示其中内容的方式,例如,文字可以以黑体方式显示,表格可以以 4 列 3 行显示等。浏览器可以按顺序阅读网页文件,并根据标记符解释和显示其标记的内容,对书写出错的标记将不指出其错误,且不停止其解释执行过程。这是一种逐步的解释执行方式,与一般程序设计语言的一次性编译执行方式有着显著的区别。

　　HTML 中的标记符非常丰富,标记符又称为标签。一般来说,HTML 中的标签总是成对出现的,一个表示开始,一个表示结束,如<html>…</html>,中间的内容就是标签所作用的部分。

　　例如,下面一段 HTML 代码,在浏览器中打开后其执行效果如图 9-2 所示。

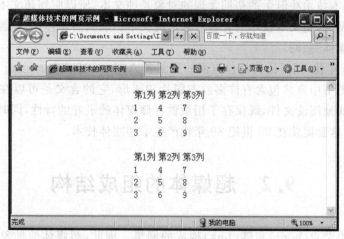

图 9-2　HTML 文件的执行示例

```
<html>
<head>
<title>超媒体技术的网页示例</title>
</head>
<body>
<center>
<table>
<tr><td>第 1 列</td><td>第 2 列</td><td>第 3 列</td></tr>
<tr><td>1</td><td>4</td><td>7</td></tr>
<tr><td>2</td><td>5</td><td>8</td></tr>
<tr><td>3</td><td>6</td><td>9</td></tr>
</table>
<p></p>
<table>
<tr><td>第 1 列</td><td>第 2 列</td><td>第 3 列</td></tr>
<tr><td>1</td><td>4</td><td>7</td></tr>
<tr><td>2</td><td>5</td><td>8</td></tr>
<tr><td>3</td><td>6</td><td>9</td></tr>
</table>
</center>
</body>
</html>
```

有关 HTML 标签的详细使用,将在后续章节中进行介绍。

9.1.2　超媒体的基本概念

超媒体技术是超文本技术和多媒体技术的结合。超媒体在本质上和超文本是类似的,只不过超文本技术在诞生的初期管理的对象是纯文本,所以叫作超文本。随着多媒体技术的兴起和发展,超文本技术的管理对象从纯文本扩展到多媒体,为强调管理对象的变化,产生了“超媒体”一词。

20 世纪 70 年代,用户语言接口方面的先驱者 Andries Van Dam 创造了一个新词“电子图书”,电子图书中自然包含有许多静态图片和图形,它的含义是可以在计算机上去创作作品和联想式地阅读文件,既保存了用纸做存储媒体的最好的特性,同时又加入了丰富的非线性链接,这就促使在 20 世纪 80 年代产生了超媒体技术。

9.2　超媒体的组成结构

超媒体是由节点(node)和链(link)构成的网络。因此,超媒体的抽象结构是一个网络图,如图 9-3 所示。其中,圆点代表节点,圆点之间的连线代表链。

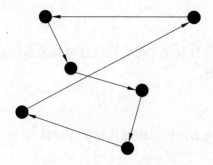

图 9-3　超媒体的抽象网络结构

9.2.1　节点

超媒体中的节点指的是内容主题,围绕该内容主题可以组织相关的数据和文档。根据媒体的种类、内容和功能的不同,节点可以分为如下四类。

1. 媒体节点

媒体节点可以存放各种媒体信息,包括数值、文本、图像、图形、视频、动画等各种媒体,也可以是各种媒体的混合。对于网页超媒体系统,媒体节点可以是网页中的文本、图像或动画等。

2. 操作节点

操作节点是一种存放动作的节点,一般指的是按钮。所以,操作节点有时又称为按钮节点。对于网页超媒体系统,操作节点可以是网页中表单的按钮或某个具体的菜单。

3. 组织节点

组织节点是用来组织其他节点的节点。例如,书的目录就是一种组织节点,包含到达每个具体章节的快速索引。对于网页超媒体系统,组织节点可以是由多个菜单组成的菜单系统。

4. 推理节点

推理节点用于辅助推理与计算,是超媒体发展智能的需要。可以预见,未来的网页超媒体系统中,一定会含有相应的推理节点。

9.2.2　链

链标识节点与节点之间的联系。链是有方向的,可以分为三个部分:链的起点、链的终点和链的属性。链的起点是导致浏览过程中节点迁移的原因,链的终点是链的目标,链的属性决定了链的类型。

根据链的属性不同,链可以分为如下四类。

1. 基本结构链

基本结构链指的是节点与节点之间组织信息链接关系的链。对于网页超媒体系统，超链接就是一种基本结构链。

2. 节点注释链

节点注释链指的是指向节点内部附加注释信息的链。

3. 索引组织链

索引组织链指的是建立组织节点到其他节点的快速索引的链。对于网页超媒体系统，索引组织链可以理解为菜单系统中所有菜单指向的超链接。

4. 执行组织链

执行组织链指的是链接一个操作节点和另一个媒体节点或另一个其他节点的链。对于网页超媒体系统，执行组织链可以理解为按钮所在的表单处理页面。

9.2.3 网络

网络是将媒体节点、操作节点、组织节点和推理节点之间以基本结构链、节点注释链、索引组织链以及执行组织链进行链接而形成的多媒体结构，如图 9-4 所示。

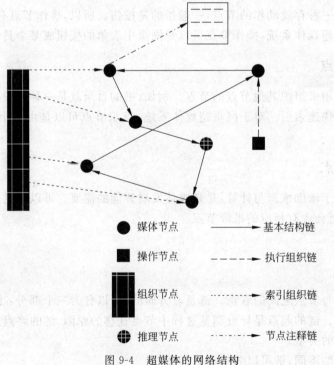

图 9-4　超媒体的网络结构

9.3　使用 Authorware 开发超媒体系统

9.3.1　Authorware 软件介绍

　　Authorware 是一种基于流程的交互式超媒体开发软件,是一个优秀的多媒体编程工具,主要应用于多媒体教学和商业领域。Authorware 采用面向对象的流程设计,通过流程线上的箭头指向来标识程序具体的执行流程,具有简单直观的特点,使得用户无须具备高级语言的编程知识,就可迅速掌握其具体开发过程。每个图标可以代表一个演示内容,如文本、动画、图片、声音和视频等,既可以代表一个等待事件,也可以代表一个图标集合,从而提供模块化结构。

　　Authorware 应用程序采用图形化的流程线,用户可以像搭积木一样在设计窗口中组合各种多媒体信息。主流程线上还可进行分流程的设计,支持流程的嵌套。Authorware 提供按钮、热区和热键等 10 种交互式响应方式,实现应用系统与用户的交互。此外,Authorware 程序调试完毕后,可以将程序打包成脱离 Authorware 运行的可执行文件。

　　打开 Authorware 多媒体开发软件(其版本号是 7.02),其主界面如图 9-5 所示。该主界面包括菜单栏、工具栏、图标工具条、流程窗口和属性窗口。菜单栏包含各种常见的操作,如文件、编辑、查看、修改、文本、调试和命令等;工具栏含有剪切、粘贴和字体格式设置等常见操作;图标工具条包含显示、擦除、等待、交互、导航和框架等图标;流程窗口显示操作内容;属性窗口显示选中对象的属性。

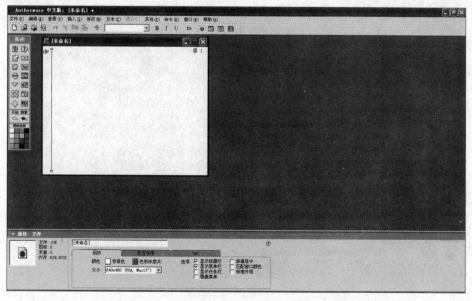

图 9-5　Authorware 多媒体开发软件主界面

Authorware 软件操作的关键是熟悉各种图标的使用,通过将各种不同类型的图标拖到流程线上相应的点,系统运行时按照流程顺序先后执行各个图标完成系统功能。常见的图标有以下几种。

(1) 显示图标。显示图标用于显示具体的内容,一般用来显示静态画面或者文字等。

(2) 等待图标。等待图标提供系统演示过程中的暂停功能。

(3) 擦除图标。擦除图标用于在演示过程中擦除选中内容。

(4) 群组图标。群组图标用于打包多个图标为一个整体图标,常用于实现模块化的设计。

(5) 交互图标。交互图标提供鼠标或键盘的交互功能接口,达到人机交互的目的。

(6) 导航图标。导航图标用于实现具体的交互功能,实现从一个图标跳转到另一个图标或另一个页面,常与交互图标和框架图标配合使用。

(7) 框架图标。框架图标常用于实现页面之间的随意浏览跳转。

9.3.2 使用 Authorware 制作武器展示系统

使用 Authorware 多媒体开发软件制作一个武器展示系统。

(1) 准备五个武器图片和一个背景图片,分别是:超媒体_位图文件_航母.jpg、超媒体_位图文件_轰炸机.jpg、超媒体_位图文件_潜艇.jpg、超媒体_位图文件_战舰.jpg、超媒体_位图文件_直升机.jpg 和超媒体_位图文件_背景.bmp。

(2) 执行操作"新建"→"文件",在新建文件界面,单击"不选"按钮,然后再执行操作"修改"→"文件"→"属性",清除"显示标题栏"和"显示菜单栏"标记,在"大小"下拉框中选择"800×600",最后将文件保存并命名为"武器展示系统",如图 9-6 所示。

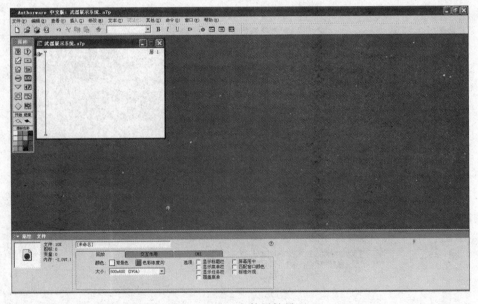

图 9-6　设置文件属性界面

（3）将一个"显示图标"拖到流程线上，并命名该图标为"总体介绍"，如图 9-7 所示。

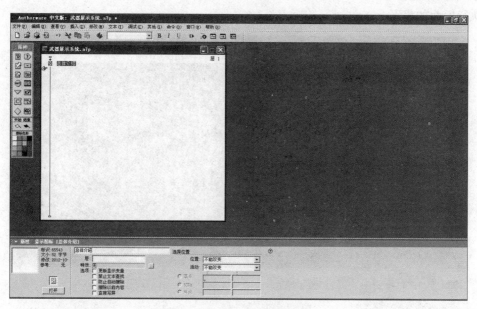

图 9-7　拖动显示图标到流程线

（4）双击"总体介绍"显示图标，在弹出的空白页面上放置需要显示的内容，使用文本工具和矩形工具在空白页面上进行绘制，如图 9-8 所示，显示图标用于显示具体的内容，一般用来显示静态画面或者文字等。

图 9-8　"总体介绍"显示图标对应页面

（5）将一个"等待图标"拖到流程线上，并命名该图标为"等待"，删除"按任意键"标记,选中"单击鼠标"标记,如图9-9所示;等待图标提供系统演示过程中的暂停功能。当程序执行到"等待"图标时,用户可按下某个键或单击鼠标左键或持续一段时间后,系统继续执行后面的程序。

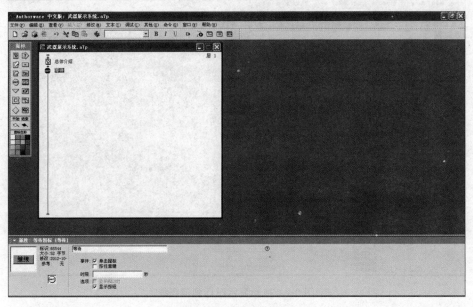

图9-9 拖动等待图标到流程线

（6）执行操作"文件"→"保存"。

（7）执行操作："调试"→"播放"或"重新开始",然后再执行操作"调试"→"暂停",将"继续"按钮拖到合适位置,如图9-10所示。

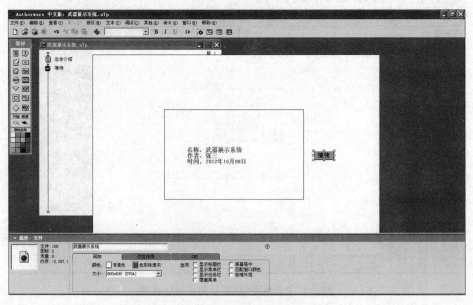

图9-10 利用"暂停"操作拖动"继续"按钮

多媒体技术基础及应用

(8)执行操作"调试"→"停止",拖动一个"擦除图标"到流程线,并命名该图标为"擦除",双击该图标,打开擦除图标的属性,选中"被擦除的图标",并在"总体介绍"显示图标对应的页面窗口中单击显示的文字,擦除该文字,如图 9-11 所示。擦除图标用于在演示过程中擦除选中的内容。

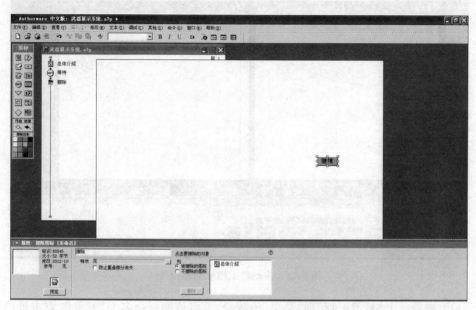

图 9-11　拖动擦除图标到流程线

(9)按下 Shift 键,同时选中"总体介绍""等待"和"擦除"图标,执行操作"修改"→"群组",并命名该群组图标为"介绍",如图 9-12 所示。群组图标用于打包多个图标为一个整体图标,该图标用于实现模块化的设计。

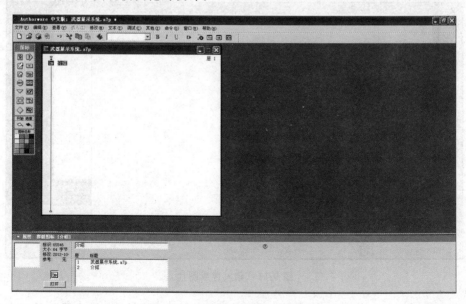

图 9-12　打包多个图标为群组图标

（10）再拖动一个"群组图标"到流程线，并命名该图标为"菜单"，双击该图标，如图 9-13 所示。

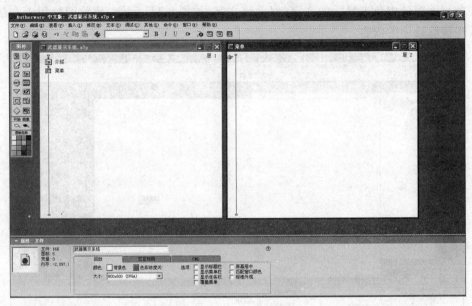

图 9-13　拖动群组图标到流程线

（11）拖动一个"显示图标"到"菜单"流程线，并将该图标命名为"背景"，双击该图标，打开空白页面，执行操作"文件"→"导入导出"→"导入媒体"，选中文件"超媒体_位图文件_背景.bmp"，成功导入背景图片，如图 9-14 所示。

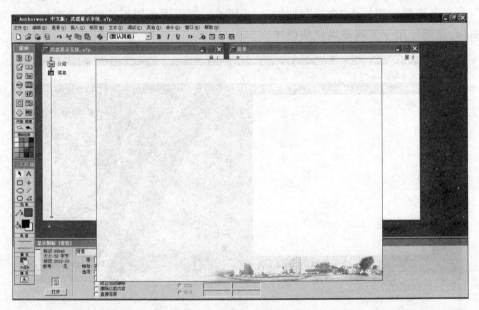

图 9-14　导入背景图片

（12）拖动一个"交互图标"到菜单流程线，将该图标命名为"选择武器"，并双击该图

多媒体技术基础及应用

标,利用文本工具和绘图工具输入文字并绘制图形,如图 9-15 所示。交互图标提供鼠标或键盘的交互功能接口,达到人机交互的目的。

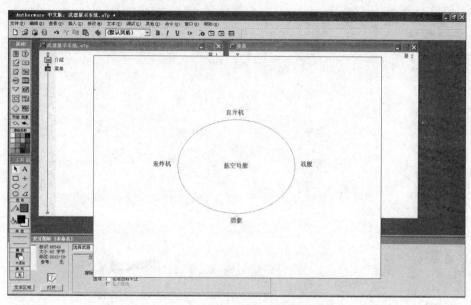

图 9-15　拖动交互图标到流程线

(13) 拖动一个"导航图标"到"选择武器"交互图标的右侧,并选中"热区域"标记,命名该图标为"航空母舰",选中"匹配时加亮"标记,并选择合适的鼠标形状。导航图标用于实现具体的交互功能,实现从一个图标跳转到另一个图标或另一个页面,常与框架图标和交互图标配合使用。

(14) 依次拖动其他四个"导航图标"到"选择武器"交互图标的右侧,如图 9-16 所示。

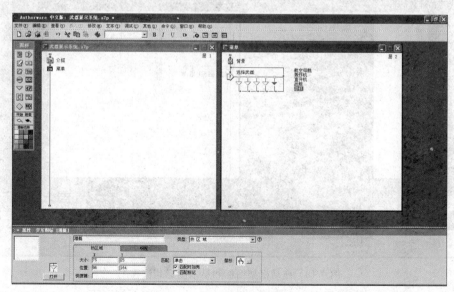

图 9-16　拖动导航图标到流程线

（15）执行操作"调试"→"播放"或"重新开始"，单击"继续"按钮，然后再执行操作"调试"→"暂停"，调整各个导航图标的文字到合适的位置，如图 9-17 所示。

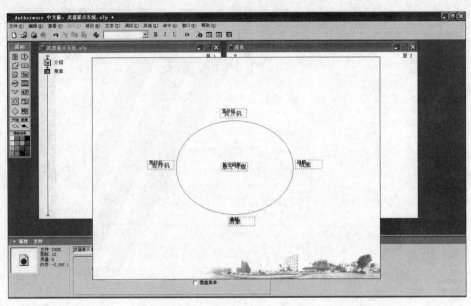

图 9-17　调整导航图标的文字

（16）拖动一个"框架图标"到流程线，命名为"选择"，并在该图标的右侧分别放置五个"显示图标"，为每个显示图标关联相应的图片，如图 9-18 所示。框架图标用于实现页面系统。页面系统包括第一页、前进一页、后退一页和最后一页等功能。

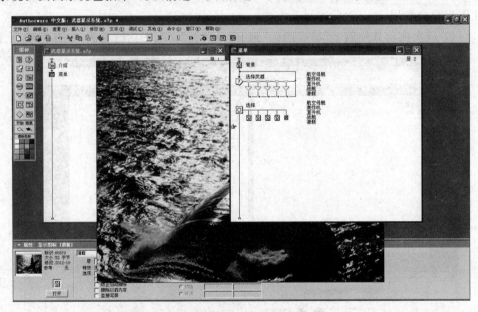

图 9-18　拖动框架图标和显示图标到流程线

（17）在"层 1"的主流程中增加一个"框架图标"，命名为"选择菜单"，并将"菜单"群组

多媒体技术基础及应用

图标拖动到该图标右侧,双击"选择菜单"框架图标,在弹出的界面中删除所有图标,如图 9-19 所示。

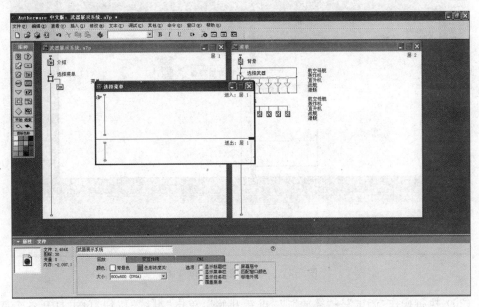

图 9-19　删除框架图标中的所有按钮

（18）双击"层 2"中的框架图标"选择",删除所有按钮,然后再增加一个交互图标和一个导航图标,该导航图标链接至"菜单"页面,如图 9-20 所示。

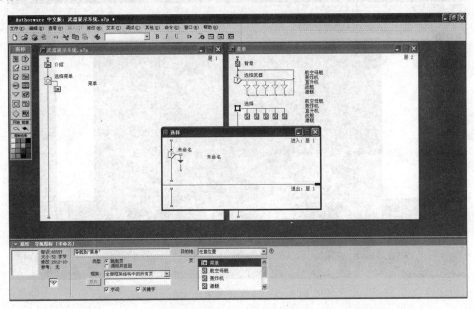

图 9-20　增加一个交互图标和一个导航图标到"层 2"的流程线

（19）分别双击"选择武器"交互图标下的五个导航图标,各自关联到相应的页面,如图 9-21 所示。

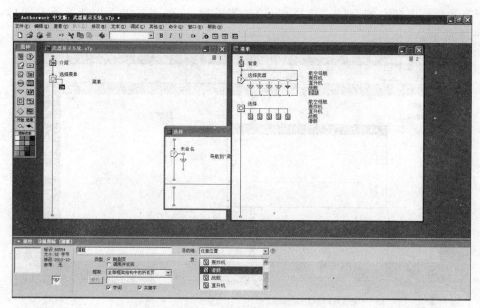

图 9-21　关联导航图标和页面

（20）执行操作"调试"→"播放"或"重新开始"，单击"继续"按钮，单击打开各个武器图片界面时，执行操作"调试"→"暂停"，调整大小，并显示"导航到菜单"按钮，如图 9-22 所示。

图 9-22　调整武器图片大小

（21）执行操作"文件"→"发布"→"一键发布"，可在发布目录下的 local 文件夹中单击运行文件"armDisplay.a7r"，如图 9-23 所示。

　　　　　多媒体技术基础及应用

图 9-23 武器展示系统运行界面

本 章 小 结

超媒体技术是超文本技术和多媒体技术的结合,是一种使用超链接方式来组织各种媒体的技术。

超文本(Hypertext)指的是借助于超链接的方法实现将各种不同来源的文本组织在一起的技术或形式。超文本标记语言 HTML 是一种描述超文本组织形式的标准语言,主要用于描述网页这种常见的超文本。

超媒体在本质上和超文本是类似的,只不过超文本技术在诞生的初期管理的对象是纯文本,所以叫作超文本。随着多媒体技术的兴起和发展,超文本技术的管理对象从纯文本扩展到多媒体,为强调管理对象的变化,产生了超媒体。

超媒体是由节点和链构成的抽象网络结构。超媒体本质上是将媒体节点、操作节点、组织节点和推理节点之间以基本结构链、节点注释链、索引组织链以及执行组织链进行链接而形成的网络结构。

Authorware 是一种基于流程的交互式多媒体开发软件,主要应用于开发超媒体应用。该软件中的各种图标对应于节点、流程线以及超链接跳转对应于链。

常见的图标包括显示图标和用于显示具体的内容,一般用来显示静态画面或者文字等;等待图标提供系统演示过程中的暂停功能;擦除图标用于在演示过程中擦除选中内容;群组图标用于打包多个图标为一个整体图标,常用于实现模块化的设计;交互图标提供鼠标或键盘的交互功能接口,达到人机交互的目的;导航图标用于实现具体的交互功能,实现从一个图标跳转到另一个图标或另一个页面,常与交互图标和框架图标配合使用;框架图标,常用于实现页面之间的随意浏览跳转。

习　　题

一、选择题

1. 超媒体网络结构中,实际存放各种多媒体信息的节点是(　　)。
   A. 媒体节点　　　B. 操作节点　　　C. 组织节点　　　D. 推理节点
2. 超媒体网络结构中,建立组织节点到其他节点的快速索引的链是(　　)。
   A. 基本结构链　　B. 节点注释链　　C. 索引组织链　　D. 执行组织链
3. Authorware 软件中,生成子流程的图标是(　　)。
   A. 显示图标　　　B. 导航图标　　　C. 群组图标　　　D. 框架图标
4. Authorware 软件中,用于具体实现跳转功能的图标是(　　)。
   A. 显示图标　　　B. 导航图标　　　C. 群组图标　　　D. 框架图标
5. 根据超媒体网络结构,网页中的图片应该属于(　　)。
   A. 媒体节点　　　B. 操作节点　　　C. 组织节点　　　D. 推理节点
6. 根据超媒体网络结构,网页中的菜单系统应该属于(　　)。
   A. 媒体节点　　　B. 操作节点　　　C. 组织节点　　　D. 推理节点

二、简答题

1. 简述超文本技术。
2. 简述超媒体的抽象网络结构。
3. 简述 Authorware 软件中的显示图标、等待图标、擦除图标、群组图标、交互图标、导航图标和框架图标的功能和作用。

第 10 章　HTML 5 多媒体应用开发

HTML 5 简称 H5,通过引入多媒体标签并支持 canvas 和 svg 标签,已经成为移动游戏开发的首选。

本章首先介绍超文本标记语言 HTML 以及一些重要标签,然后详细介绍 HTML 5 的优点、语法和应用,并对多媒体标签 video、audio 以及 canvas、svg 标签进行详细说明,重要标签的使用均给出了案例。

10.1　超文本标记语言

前面已有介绍,超文本标记语言(Hyper Text Markup Language,HTML)是用标签来表示网页中的文本、图像、视频、动画等元素,并规定浏览器显示这些元素的方式以及响应用户的行为。

下面是一段简单的 HTML 代码。

```
<!--以下为 HTML 的头部-->
<!DOCTYPE html PUBLIC "-//W# c//DTD XHTML 1.0 Transitional//EN"
"http://www.w3.org/TR/xhtml/DTD/xhtml1-transitional.dtd">
<html>
<head>
<meta http-equiv="content-type" content="text/html"; charset="utf-8" />
<title>我的第一个 html 页面</title>
</head>
<!-以下是 HTML 的主体-->
<body>
<h1>北京科技大学</h1>
<hr/>
<p>北京科技大学位于学院路 30 号</p>
<p>北京科技大学是一所以理工科为特色的重点大学</p>
<hr/>
<p align="right">更多内容请看这里<a href="# "></a></p>
</body>
</html>
<!--HTML 文档结束-->
```

在任意的文本编辑器中输入该段代码,然后保存为扩展名是 html 的文件,使用浏览器打开该文件,如图 10-1 所示。

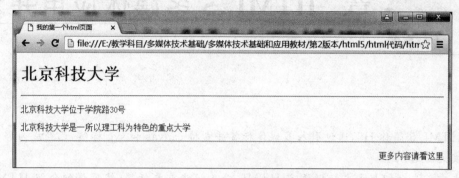

图 10-1 一个简单的网页

10.2 HTML 的文档结构

HTML 代码的结构分为两个部分:头部和主体。头部用来定义规范和显示标题,如下:

```
<!--以下为 HTML 的头部-->
<!DOCTYPE html PUBLIC "-//W# c//DTD XHTML 1.0 Transitional//EN"
"http://www.w3.org/TR/xhtml/DTD/xhtml1-transitional.dtd">
<html>
<head>
<meta http-equiv="content-type" content="text/html"; charset="utf-8" />
<title>我的第一个 html 页面</title>
</head>
```

主体用来定义浏览器客户区显示的内容,如下:

```
<!-以下是 HTML 的主体-->
<body>
<h1>北京科技大学</h1>
<hr/>
<p>北京科技大学位于学院路 30 号</p>
<p>北京科技大学是一所以理工科为特色的重点大学</p>
<hr/>
<p align="right">更多内容请看这里<a href="# "></a></p>
</body>
</html>
<!--HTML 文档结束-->
```

这里,HTML 代码中<!-- -->是注释标签,用来解释一些关键性代码的功能,不影响在浏览器中的任何内容显示。

10.2.1　HTML 代码的头部

HTML 代码的头部包括文档类型定义和文档头部定义。

1. 文档类型定义

文档类型定义如下：

```
<!DOCTYPE html PUBLIC "-//W# c//DTD XHTML 1.0 Transitional//EN"
"http://www.w3.org/TR/xhtml/DTD/xhtml1-transitional.dtd">
```

文档类型定义（Document Type Definition，DTD）是一套为进行应用程序之间交互数据而建立的关于标签的语法规则。可以通过 DTD 来检查 HTML 代码是否符合给定的规范，标签使用是否正确。

DTD 可以声明在 HTML 代码内，也可以以外部方式进行引用。上述的文档类型定义 DTD 就是以外部方式进行引用的。

其使用语法如下。

```
<!DOCTYPE element-name DTD-type DTD-name DTD-url>
```

这里，"<!DOCTYPE"表示开始声明文档类型定义 DTD，DOCTYPE 是关键字；element-name 指定该 DTD 的根标签名称；DTD-type 指定该 DTD 是公用的还是私人订制的，若设为 PUBLIC 则是公用的，若设为 SYSTEM 则为私人订制的；DTD-name 指定该 DTD 的文件名称；DTD-url 指定该 DTD 文件所在的网址；">"表示 DTD 的结束声明。

根据以上解释，上述 DTD 就是定义了一个根标签是 html（HTML 代码以<html>标签开始，以</html>标签结束），且是公用的，名称为"-//W♯c//DTD XHTML 1.0 Transitional//EN"，网址是 http://www.w3.org/TR/xhtml/DTD/xhtml1-transitional.dtd 的文档类型定义。

2. 文档头部定义

文档头部定义部分首先出现一个<html>标签，表示 HTML 代码的开始。其后是真正的文档头部定义，如下：

```
<head>
    <meta http-equiv="content-type" content="text/html"; charset="utf-8" />
    <title>我的第一个 html 页面</title>
</head>
```

文档头部定义以<head>标签开始，以</head>标签结束。显示在浏览器标题标签中的内容以<title>标签开始，以</title>标签结束。

此外，文档头部定义还给出元信息标签，提供针对搜索引擎和更新频度的描述。元信息以<meta>标签开始，没有相应的结束标签。

元信息标签<meta>含有两个重要的属性：http-equiv 和 name。其中，http-equiv 属性用于向浏览器提供说明信息，使得浏览器可以根据这些说明作出响应，如网页的字符编码、网页到期时间、默认的脚本语言和网页自动刷新时间等。

例如，

```
<meta http-equiv="content-type" content="text/html"; charset="utf-8" />
```

该元信息标签说明本网页是一个使用 utf-8 编码制作的 html 文档。

```
<meta http-equiv="Refresh" content="5;url=http://www.w3school.com.cn" />
```

该元信息标签说明本网页打开 5s 后会自动跳转到网页 http://www.w3school.com.cn。

```
<meta http-equiv="Expires" content="Mon,12 May 2001 00:20:00 GMT">
```

该元信息标签说明本网页的到期时间。网页到期后，需要从服务器重新获取。

```
<meta http-equiv="Pragma" content="no-cache">
```

该元信息标签说明禁止浏览器从本地计算机的缓存中加载页面内容。

```
<meta http-equiv="windows-Target" content="_top">
```

该元信息标签说明当前页面以独立窗口显示，防止该网页被当作 Frame 框架页面调用。

name 属性说明页面的描述信息、搜索引擎关注的关键词、作者以及修改信息等。例如，

```
<meta name="description" content="HTML examples">
```

该元信息标签对本网页进行了一个介绍，介绍的内容是 HTML examples。

```
<meta name="keywords" content="HTML, DHTML, CSS, XML, XHTML, JavaScript, VBScript">
```

该元信息标签列举了对于本网页搜索引擎可关注的关键词。

```
<meta name="author" content="w3school.com.cn">
```

该元信息标签说明本网页的开发者。

```
<meta name="revised" content="David Yang,8/1/07">
```

该元信息标签说明本网页的修改者和时间。

```
<meta name="generator" content="Dreamweaver 8.0en">
```

该元信息标签说明本网页的开发工具。

10.2.2　HTML 代码的主体

HTML 代码的主体部分如下：

```
<body>
    <h1>北京科技大学</h1>
    <hr/>
    <p>北京科技大学位于学院路 30 号</p>
    <p>北京科技大学是一所以理工科为特色的重点大学</p>
    <hr/>
    <p align="right">更多内容请看这里<a href="# "></a></p>
</body>
```

主体部分以<body>标签开始，以</body>标签结束。有关文字、图像、音乐、动画等媒体信息的内容和显示方式由特别的标签来定义，并置于<body>和</body>之间。

1. 字体标签

HTML 代码中用来修饰字体的标签主要包括<hn>和<font>。其中，<hn>标签通常称为标题字体标记，每一种标题在字号上都有明显的区别。n 的值可以是整数 1～6 中的任何一个，从 1～6，字体逐渐变小。

下面 HTML 代码用于展示<hn>标签的使用。

```
<!--以下为 HTML 的头部-->
<!DOCTYPE html PUBLIC "-//W# c//DTD XHTML 1.0 Transitional//EN"
    "http://www.w3.org/TR/xhtml/DTD/xhtml1-transitional.dtd">
<HTML>
<head>
    <meta http-equiv="content-type" content="text/html"; charset="utf-8" />
    <title>hn 标签使用</title>
</head>
<!-以下是 HTML 的主体-->
<body>
    <h1>北京科技大学</h1>
    <h2>北京科技大学</h2>
    <h3>北京科技大学</h3>
    <h4>北京科技大学</h4>
    <h5>北京科技大学</h5>
    <h6>北京科技大学</h6>
</body>
</html>
<!--HTML 文档结束-->
```

这段 HTML 代码对应的网页如图 10-2 所示。

图 10-2 <hn>标签的使用

<font>标签的功能更加多样,可以用来控制字体的样式、大小和颜色等。其中,字体样式的控制使用 face 属性,字体大小的控制使用 size 属性,字体颜色的控制使用 color 属性。使用语法如下。

用来表示文字样式,通常向该标记中添加属性实现各种文字效果,用法如下。

```
<font face="字体样式" size="字体大小" color="字体颜色">文字内容</font>
```

下列 HTML 代码用于展示<font>标签的使用。

```
<!--以下为 HTML 的头部-->
<!DOCTYPE html PUBLIC "-//W# c//DTD XHTML 1.0 Transitional//EN"
"http://www.w3.org/TR/xhtml/DTD/xhtml1-transitional.dtd">
<HTML>
<head>
    <meta http-equiv="content-type" content="text/html"; charset="utf-8" />
    <title>font 标签使用</title>
</head>
<!-以下是 HTML 的主体-->
<body>
    < font face =" arial" size =" 6" color =" red"> university of science and
    technology beijing</font>
    <p>
    < font face ="verdana" size ="8" color ="green"> university of science and
technology beijing</font>
</body>
</html>
<!--HTML 文档结束-->
```

这段 HTML 代码对应的网页如图 10-3 所示。这里<p>标签用于定义一个空的段落。

此外,经常用来修饰字体的标签还有<strong>、<b>和<i>标签等。下面 HTML 代码用于展示这三种字体标签的使用。

```
<!--以下为 HTML 的头部-->
<!DOCTYPE html PUBLIC "-//W# c//DTD XHTML 1.0 Transitional//EN"
"http://www.w3.org/TR/xhtml/DTD/xhtml1-transitional.dtd">
```

图 10-3 <font>标签的使用

```
<HTML>
<head>
    <meta http-equiv="content-type" content="text/html"; charset="utf-8" />
    <title>font 标签使用</title>
</head>
<!-以下是 HTML 的主体-->
<body>
    <strong>北京科技大学</strong>
    <p>
    <b>北京科技大学</b>
    <p>
    <i>北京科技大学</i>
    <p>
</body>
</html>
<!--HTML 文档结束-->
```

这段 HTML 代码对应的网页如图 10-4 所示。其中,<strong>标签要求以粗体的方式显示文字,<b>标签和<strong>标签的效果类似,但 Web 2.0 下推荐使用<strong>标签。<i>标签要求以斜体的方式显示文字。

图 10-4 其他字体标签的使用

2. 超链接标签

超链接提供一种从一个网页跳转到另一个网页的机制。HTML 代码中通过<a>标签来实现超链接。语法格式如下:

```
<a href="链接地址" target="_parent|_blank|_self|_top">超链接文字说明</a>
```

其中,target 属性规定了超链接的打开方式如下。
◆ _parent:在上一级窗口中打开超链接网页,常在分帧框架页面中使用。
◆ _blank:浏览器总在一个新打开且未命名的窗口中载入超链接网页。

◆ _self：默认设置，在同一个窗口中打开超链接网页。

◆ _top：在浏览器的整个窗口中打开超链接网页，忽略所有的框架结构。

下面 HTML 代码用于展示＜a＞标签的使用。

```
<!--以下为 HTML 的头部-->
<!DOCTYPE html PUBLIC "-//W# c//DTD XHTML 1.0 Transitional//EN"
    "http://www.w3.org/TR/xhtml/DTD/xhtml1-transitional.dtd">
<HTML>
<head>
    <meta http-equiv="content-type" content="text/html"; charset="utf-8" />
    <title>a 标签使用</title>
</head>
<!--以下为 HTML 的主体-->
<body>
    <center>
    <h1>北京地区高校</h1>
    <a href="http://www.buaa.edu.cn" target="_blank">北京航空航天大学</a>
    <p>
    <a href="http://www.ustb.edu.cn" target="_self">北京科技大学</a>
    </center>
</body>
</html>
<!--HTML 文档结束-->
```

该段 HTML 代码对应的网页如图 10-5 所示。这里，＜center＞标签要求在＜center＞和＜/center＞之间的内容居中显示。

图 10-5 ＜a＞标签的使用

如果单击"北京航空航天大学"，则在新的窗口中打开对应的网页；如果单击"北京科技大学"，则在原来的窗口中打开对应的网页。

3. 列表标签

列表标签包括无序列表标签＜ul＞和有序列表标签＜ol＞。无序列表标签的语法格式如下：

```
<ul type="circle|disc|square">列表标题
```

```
<li>列表项 1</li>
<li>列表项 2</li>
<li>列表项 3</li>
</ul>
```

这里,对于 type 属性的取值,circle 表示无序列表的空心圆点,disc 表示无序列表的实心圆点,square 表示无序列表的实心正方形。

有序列表标签的语法格式如下:

```
<ol type="1|A|a|I|i">列表标题
<li>列表项 1</li>
<li>列表项 2</li>
<li>列表项 3</li>
</ol>
```

这里,对于 type 属性取值,1 表示以数字作为有序列表的标号,A 表示以大写字母作为有序列表的标号,a 表示以小写字母作为有序列表的标号,I 表示以大写罗马数字作为有序列表的标号,i 表示以小写罗马数字作为有序列表的标号。

下面 HTML 代码用于展示列表标签的使用。

```
<!--以下为 HTML 的头部-->
<!DOCTYPE html PUBLIC "-//W# c//DTD XHTML 1.0 Transitional//EN"
    "http://www.w3.org/TR/xhtml/DTD/xhtml1-transitional.dtd">
<HTML>
<head>
    <meta http-equiv="content-type" content="text/html"; charset="utf-8" />
    <title>列表标签使用</title>
</head>
<!--以下为 HTML 的主体-->
<body>
    <hr>
    <ul type="square"><b>北京地区理工类高校</b>
    <li>北京科技大学</li>
    <li>北京理工大学</li>
    <li>北京化工大学</li>
    </ul>
    <hr>
    <ol type="I"><b>最受欢迎的中国小吃排名</b>
    <li>宫保鸡丁</li>
    <li>糖醋排骨</li>
    <li>红烧鲈鱼</li>
    </ol>
</body>
</html>
<!--HTML 文档结束-->
```

该段 HTML 代码对应的网页如图 10-6 所示。这里，<hr>标签要求显示直线，常用于分割显示区域。

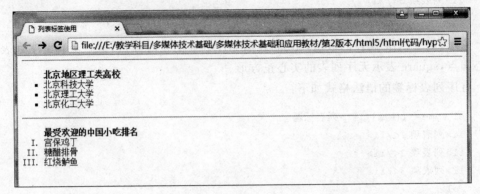

图 10-6　列表标签的使用

4. 表格标签

表格主要是由行和列组成。表格标签的基本语法格式如下：

```
<table width="表格宽度" border="表格线宽">
<caption>表格标题</caption>
<tr><th align="对齐方式">表头名称 1</th><th>表头名称 2</th></tr>
<tr><td align="对齐方式">文字内容 1</td><td>文字内容 2</td></tr>
<tr><td align="对齐方式">文字内容 1</td><td>文字内容 2</td></tr>
</table>
```

这里，绘制表格总是以<table>标签开始，以</table>标签结束。表格标题以<caption>标签开始，以</caption>标签结束。表头和表格主体以行的方式展现。每一行以<tr>标签开始，以</tr>标签结束。行中的单元格以<td>标签开始，以</td>标签结束。此外，还有 width、align 和 border 等属性，进一步修饰表格的细节。例如，上述语法代码中，width 定义表格的宽度，align 定义单元格的对齐方式，border 定义表格的线宽。

下面 HTML 代码展示表格标签的使用。

```
<!--以下为 HTML 的头部-->
<!DOCTYPE html PUBLIC "-//W# c//DTD XHTML 1.0 Transitional//EN"
    "http://www.w3.org/TR/xhtml/DTD/xhtml1-transitional.dtd">
<HTML>
<head>
    <meta http-equiv="content-type" content="text/html"; charset="utf-8" />
    <title>表格标签使用</title>
</head>
<!--以下为 HTML 的主体-->
<body>
```

多媒体技术基础及应用

```
<center>
<table width="80% " border="1">
<caption>北京科技大学 2016 年高考录取分数线</caption>
<tr><th>省市</th><th>理工投档线</th><th>文科投档线</th></tr>
<tr><td align="center">天津</td><td align="center">607</td><td
align="center">589</td></tr>
<tr><td align="center">江苏</td><td align="center">376</td><td
align="center">367</td></tr>
<tr><td align="center">浙江</td><td align="center">653</td><td
align="center">643</td></tr>
<tr><td align="center">北京</td><td align="center">635</td><td
align="center">633</td></tr>
</table>
</center>
</body>
</html>
<!--HTML 文档结束-->
```

该段 HTML 代码对应的网页如图 10-7 所示。

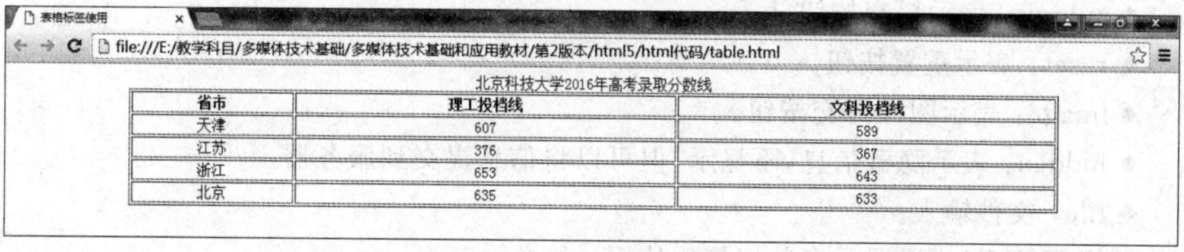

图 10-7　表格标签的使用

5. 表单标签

Web 网页中通过表单提供给访问者填写信息,使网页具有交互功能。根据表单中输入框类型的不同,用户可以手写信息、进行单选和复选等。

表格标签的语法格式如下:

```
<form name="form_name" method="method" action="url" enctype="value" target=
"target" id="id">
<p>输入提示 1: <input type="元素类型" name="元素名称">
<p>输入提示 2: <input type="元素类型" name="元素名称">
</form>
```

表单总是以<form>标签开始,以</form>标签结束。<form>标签和</form>标签之间是输入元素。输入元素以<input>标签开始,一般无结束标签。<form>标签有如下很多属性。

◆ name:表单的名称。

◆ method:表单的提交方式,一般有 GET 和 POST 两种。GET 方法是从服务器上获取数据,一般用于从服务器上获取查询结果;而 POST 方法是将当前表单数据传递到服务器,一般用于向服务器提交查询条件。

◆ action:表单处理的页面,可以是相对位置也可以是绝对位置。相对位置一般是与当前表单页面处于同一个文件夹中的网页;绝对位置一般是单独指定的其他网页。

◆ enctype:表单内容的加密方式。

◆ target:指定由 action 设置的表单处理页面的打开方式,包括_blank、_self、_parent和_top;其中,_blank 表示在新窗口中打开 action 设置的表单,_self 表示在当前窗口中打开 action 设置的表单。

◆ id:表单的 id 号。

输入元素使用<input>表示,包括两个重要属性 type 和 name。其中,type 的取值如下。

◆ text:表示输入框是普通的文本输入。

◆ password:表示输入框是密码输入。

◆ radio:表示单选按钮。

◆ checkbox:表示复选按钮。

◆ button:表示普通按钮。

◆ submit:表示提交按钮。

◆ reset:表示重置按钮。

◆ image:表示图像提交按钮。

◆ hidden:表示隐藏信息,不显示,但可以将信息提交到服务器。

◆ file:文件输入。

下面 HTML 代码展示表单标签的使用。

```
<!--以下为 HTML 的头部-->
<!DOCTYPE html PUBLIC "-//W# c//DTD XHTML 1.0 Transitional//EN"
    "http://www.w3.org/TR/xhtml/DTD/xhtml1-transitional.dtd">
<HTML>
<head>
    <meta http-equiv="content-type" content="text/html"; charset="utf-8" />
    <title>表单标签使用</title>
</head>
<!--以下为 HTML 的主体-->
<body>
        <center>
        <h4>请输入个人信息并提交</h4>
        <form action="form_action.asp" method="POST">
        <p>First name: <input type="text" name="fname" /></p>
        <p>Last name: <input type="text" name="lname" /></p>
        <p>Birthday: <input type="text" name="birthday" /></p>
        <p>Address: <input type="text" name="address" /></p>
        <input type="submit" value="提交" />
```

```
            </form>
        </center>
</body>
</html>
<!--HTML 文档结束-->
```

该段 HTML 代码对应的网页如图 10-8 所示。

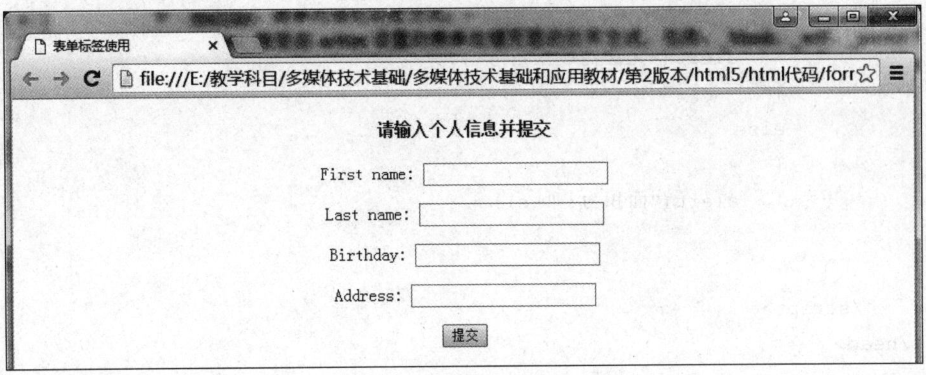

图 10-8   表单标签的使用

10.3   JavaScript

JavaScript 是一种广泛应用于浏览器客户端的脚本语言,使得 HTML 网页具有动态功能。通常,将 JavaScript 脚本嵌入到 HTML 页面,也可以将 JavaScript 脚本分离成单独的 js 文件进行调用。JavaScript 具有数据类型、表达式以及程序控制等基本的编程语言元素。

下面 HTML 代码及 JavaScript 脚本展示了使用 JavaScript 编写的计算三角形面积函数的调用(有时又称为方法)。在 HMTL 代码中嵌入 JavaScript 脚本,总是以<script>标签开始,以</script>标签结束。

```
<!--以下为 HTML 的头部-->
<!DOCTYPE html PUBLIC "-//W# c//DTD XHTML 1.0 Transitional//EN"
    "http://www.w3.org/TR/xhtml/DTD/xhtml1-transitional.dtd">
<HTML>
<head>
    <meta http-equiv="content-type" content="text/html"; charset="utf-8" />
    <title>JavaScript 使用</title>
        <script type="text/javascript">
        function calculateArea()
        {
            var x=parseInt(document.getElementById("a").value);
```

```
            var y=parseInt(document.getElementById("b").value);
            var z=parseInt(document.getElementById("c").value);
            var t;
            var s;
            t=(x+y+z)/2;
            s=Math.sqrt(t* (t-x)* (t-y)* (t-z));
            if((x+y)<z||(x+z)<y||(y+z)<x)
            {
                alert("无法构成三角形");
            }
            else
            {
                alert("面积为: "+s);
            }
        }
    </script>
</head>
<body>
    <h4>输入三边</h4>
    <p>a:<input type="text" id="a" /></p>
    <p>b:<input type="text" id="b" /></p>
    <p>c:<input type="text" id="c" /></p>
    <p><input type="button" name="Submit" value="计算三角形面积" onclick=
    "calculateArea()" /></p>
</body>
</html>
<!--HTML 文档结束-->
```

当输入 3,4 和 20 时,显然不能构成三角形的三条边,调用计算三角形面积的函数 calculateArea,提示"无法构成三角形",如图 10-9 所示。

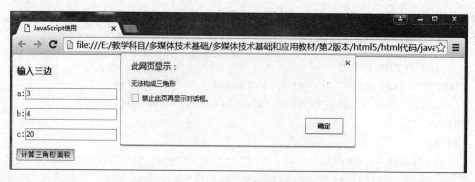

图 10-9　无法计算三角形面积

当输入 3,4 和 5 时,通过调用计算三角形面积的函数 calculateArea,得出结果为 6, 如图 10-10 所示。

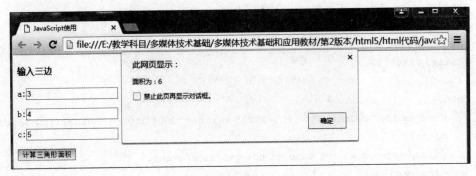

图 10-10　正确计算三角形面积

10.4　HTML 5

10.4.1　HTML 5 简介

HTML 标准自 1999 年 12 月发布 4.01 版本之后,5.0 版本一度被延迟。为推动 Web 发展,一些公司联合起来,成立了 Web 超文本应用技术工作组(Web Hypertext Application Technology Working Group,WHATWG)。2008 年 1 月,WHATWG 公布 了 HTML 5 的草案。经过近 8 年的完善,2014 年 10 月,HTML 5 标准规范正式公布。

HTML 5 是一种支持在移动设备上显示网页和运行游戏的最新 HTML 版本。目 前,几乎所有的浏览器都支持 HMTL 5,包括 Google Chrome、Opera、Firefox、Internet Explorer 9+、360 浏览器、搜狗浏览器和 QQ 浏览器。

HMTL 5 具有以下的一些特性。

◆ 多媒体特性:通过引入 Audio 和 Video 标签,支持声音和视频的多媒体播放功能。

◆ 三维图形特性:通过引入 SVG 相关标签以及 CSS3,支持在浏览器中显示三维 图形。

◆ 本地存储特性:通过 Indexed DB 本地存储等,使得 HTML 5 网页具有更短的启动 时间和更快的联网速度。

◆ 快速连接特性:通过 Server-Sent Event 和 Web Sockets 等服务器推送技术,支持 将服务器数据快速推送到浏览器客户端。

◆ 设备兼容特性:通过提供更多的数据和应用程序接入接口,使得外部应用可以直 接与浏览器内部的数据直接相连。

10.4.2　HTML 5 代码的文档结构

一个简单的 HTML 5 代码如下:

```
<!doctype html>
```

```
<html>
<head>
<meta charset=utf-8>
<title></title>
</head>
<body>
    <canvas id="myCanvas" width="200" height="200" style="border:1px solid #
    c3c3c3;">
    Your browser does not support the canvas element.
    </canvas>
    <script type="text/javascript">
    var c=document.getElementById("myCanvas");
    var cxt=c.getContext("2d");
    cxt.fillStyle="#FF0000";
    cxt.beginPath();
    cxt.arc(100,100,30,0,Math.PI* 2,true);
    cxt.closePath();
    cxt.fill();
    </script>
</body>
</html>
```

该段 HTML 5 代码对应的网页如图 10-11 所示。

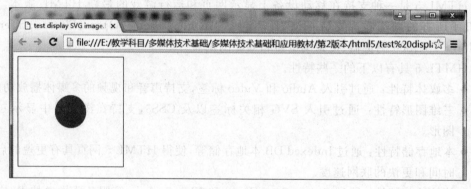

图 10-11　HTML 5 网页

HTML 5 与先前的版本不一样，它仅需要声明 DOCTYPE 就可以告诉文档启用的是 HTML 5 语法标准。格式如下：

```
<!doctype html>
```

此外，该段代码通过在 canvas 上执行 JavaScript 脚本，绘制一个填充颜色为红色的圆。这是 HTML 5 支持多媒体的特性体现之一。

10.4.3 HTML 5 中 audio 和 video 标签

HTML 5 的多媒体特性之一就是引入 audio 和 video 标签,支持在浏览器中播放声音和视频。

1. audio 标签

HTML 5 代码中,audio 标签支持在浏览器中播放声音。audio 标签的大多数属性都与 video 标签相同。但是 audio 标签不能通过 width 和 height 属性设置播放的宽度和高度,若要设置,则只能通过 CSS 指定。audio 标签的语法格式如下:

```
<audio src="播放的声音" controls="controls" autoplay="autoplay" loop="loop"
preload="preload">
</audio>
```

属性 autoplay 的出现,表明声音在就绪后立即播放;属性 controls 的出现,表明在浏览器上会出现播放控件;属性 loop 的出现,表明在声音播放结束后会重新播放;属性 preload 的出现,表明声音会在页面上进行预加载;属性 src 是必需的,指定要播放的声音文件。此外,并不是每一种格式的声音文件都可以通过 audio 标签在浏览器中进行播放,浏览器支持的声音格式如表 10-1 所示。

表 10-1　浏览器对使用 audio 标签播放的声音格式的支持

音频格式	Chrome	Firefox	IE9	Opera	Safari
OGG	支持	支持	支持	支持	不支持
MP3	支持	不支持	支持	不支持	支持
WAV	不支持	支持	不支持	支持	不支持

这里,OGG 格式是一种类似于 MP3 的声音文件压缩格式。但是 OGG 是完全免费、开放且没有任何专利限制的。OGG 格式还支持多声道模式,而不像 MP3 只能支持双声道,多声道音乐会带来更好的临场感。

下面 HTML 5 代码展示 audio 标签的使用。

```
<!doctype html>
<html>
<head>
    <meta charset=utf-8>
    <title>audio 标签使用</title>
</head>
<body>
    <audio src="tanke.mp3" controls="controls" autoplay="autoplay">
        很抱歉,您当前的浏览器不支持 audio 元素。
    </audio>
```

```
</body>
</html>
```

如果在该网页文件的同一个文件夹下存在声音文件 tanke. mp3,则会自动播放该声音文件,如图 10-12 所示。

图 10-12 HTML 5 播放声音的网页

2. video 标签

HTML 5 代码中,video 标签支持在浏览器中播放视频。video 标签的语法格式如下:

```
<video src="播放的视频" controls="controls" autoplay="autoplay" loop="loop"
preload="preload"
width="播放器的宽度" height="播放器的高度">
</video>
```

这里,video 标签的属性 controls、autoplay、loop、preload 和 src 与 audio 标签的相应属性基本相同。属性 width 和 height 分别指定视频播放器的宽度和高度。同样,并不是每一种格式的视频都可以通过 video 标签在浏览器进行播放,浏览器支持的视频格式如表 10-2 所示。

表 10-2　浏览器对使用 vedio 标签播放的声音格式的支持

格　式	IE	Firefox	Opera	Chrome	Safari
OGG	No	3.5+	10.5+	5.0+	No
MPEG 4	9.0+	No	No	5.0+	3.0+
WebM	No	4.0+	10.6+	6.0+	No

这里,OGG 格式的视频指的是带有 Theora 视频编码和 Vorbis 音频编码的 OGG 文件;MPEG4 格式的视频指的是带有 H. 264 视频编码和 ACC 音频编码的 MPEG4 文件;WebM 格式的视频指的是带有 VP8 视频编码和 Vorbis 音频编码的 WebM 文件。

下面 HTML 5 代码展示 video 标签的使用。

```
<!doctype <!doctype html>
<html>
<head>
    <meta charset=utf-8>
    <title>video 标签使用</title>
```

```
</head>
<body>
    <h1>小幸运 MV</h1>
    <video src="myVideo.ogg" width="640" height="480" controls autoplay>
        很抱歉,您当前的浏览器不支持 video 元素。
    </video>
    </video>
</body>
</html>
```

如果在该网页文件的同一个文件夹下存在视频文件 myVideo. ogg,则会自动播放该
视频文件,如图 10-13 所示。

图 10-13　HTML 5 播放视频的网页

10.4.4　HTML 5 中 canvas 标签

HTML 5 代码中,canvas 标签支持在浏览器中绘制图形、文字及动画等。实际上,
canvas 标签只是在浏览器中提供一个容器。进行绘图操作时,需要结合 JavaScript 脚本,
通过获取 canvas 对象并在其上进行操作来完成实际的绘图操作。canvas 标签的语法格
式如下:

```
<canvas id="myCanvas">
</canvas>
```

这里,使用 canvas 标签时必须给定其标识,否则 JavaScript 脚本无法获取该 canvas
容器。

常见的 JavaScript 脚本如下:

```
<script>
var canvas =document.getElementById("myCanvas");
if (canvas.getContext) {
    var ctx =canvas.getContext("2d");
}
</script>
```

上述 JavaScript 脚本中,getElementById()方法根据标识 myCanvas 获取 canvas 容器,getContext()方法通过参数 2d 指定该容器是一个二维容器,即以后可以在该二维容器中绘制平面图形。

下面 HTML 5 代码展示 canvas 标签的使用,重点说明绘制常见的几何图形。

```
<!doctype html>
<html>
<head>
    <meta charset=utf-8>
    <title>Canvas 标签使用</title>
</head>
<body>
    <canvas id="myCanvas1" width="200" height="200">
        Your browser does not support the canvas element.
    </canvas>
    <br/>
    <canvas id="myCanvas2" width="250" height="200">
        Your browser does not support the canvas element.
    </canvas>
    <script>
        var canvas1 =document.getElementById("myCanvas1");
        if (canvas1.getContext) {
            var ctx1 =canvas1.getContext("2d");
            ctx1.fillStyle="# FF0000";          //填充颜色为红色
            ctx1.fillRect(0,0,150,175);          //填充区域为(0,0)到(150,175)矩形
        }
        var canvas2 =document.getElementById("myCanvas2");
        if (canvas2.getContext) {
            var ctx2 =canvas2.getContext("2d");
            ctx2.beginPath();                    //开始绘制路径
            ctx2.lineWidth =3;                   //线宽为 3
            ctx2.strokeStyle ="Blue";            //使用蓝色进行绘制
            ctx2.moveTo(30,30);                  //起始位置
            ctx2.lineTo(150,30);                 //目标坐标
            ctx2.lineTo(90,200);                 //目标坐标
            ctx2.closePath();                    //关闭路径
            ctx2.stroke();                       //绘图
```

```
        }
    </script>
</body>
</html>
```

该段 HTML 5 代码对应的网页如图 10-14 所示。这里,通过 canvas 标签的 id 标识获取的二维 context 具有很多属性和方法。例如,属性 fillStyle 表示容器填充颜色;方法 fillRect() 表示填充一个矩形区域;方法 beginPath() 表示开始按路径绘制;属性 lineWidth 表示绘制的线宽;属性 strokeStyle 表示绘制的颜色;方法 moveTo() 表示移动到绘制的起点;方法 lineTo() 表示从上一个点绘制直线到当前点;方法 closePath() 表示关闭绘制路径;方法 stroke() 表示在定义的绘制路径上完成实际的绘图操作。

图 10-14   使用 HTML 5 中的 canvas 标签绘制几何图形的网页

10.4.5   HTML 5 中的 svg 标签

可伸缩向量图(Scalable Vector Graphics,SVG)用于绘制基本矢量图。我们已经知道,矢量图比图像具有的优势是,存储空间小,放大不失真,即是可伸缩的。

下面 HTML 5 代码展示使用 svg 标签的使用。

```
<!doctype html>
<html>
<head>
    <meta charset=utf-8>
    <title>SVG标签使用</title>
</head>
<body>
    <svg id="svgCircle" width="200" height="500" xmlns="http://www.w3.org/
```

```
                2000/svg">
                <circle id="myCircle" cx="55" cy="55" r="50" fill="# FF00FF"
                    stroke="# FF0000" stroke-width="5" />
                </svg>
                <svg id="svgRectangle" width="200" height="500" xmlns="http://www.w3.org/
                2000/svg">
                <rect id="myRectangle" width="200" height="100"
                    stroke="# 17301D" stroke-width="2" fill="# 0E4E75"
                    fill-opacity="0.5" stroke-opacity="0.5"/>
                </svg>
                <svg id="svgPolygon" width="200" height="500" xmlns="http://www.w3.org/
                2000/svg">
                <polygon id="myPolygon" points="10,10 75,150 150,60"
                    style="fill:# 63BCF7;stroke:black;stroke-width:3"/>
                </svg>
        </body>
        </html>
```

该段 HTML 5 代码对应的网页如图 10-15 所示。这里,首先解释一下 svg 标签的属性。属性 id 表示该 svg 标签的标识;属性 width 和 height 分别表示该向量图区域的宽度和高度;xmlns 是 XML Namespaces 的缩写,顾名思义,即 XML 的命名空间。显然,标签 circle、rect 和 polygon 分别用于绘制圆、矩形和多边形向量。标签 circle 的属性 cx、cy 和 r 分别表示圆的中心横坐标、纵坐标和半径,属性 fill 表示圆内填充色,属性 stroke 表示圆的边缘线填充色,属性 stroke-width 表示圆的边缘线的宽度。

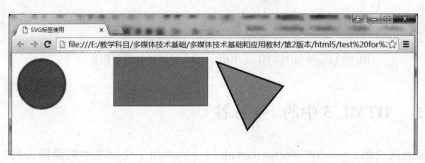

图 10-15　使用 HTML 5 中的 svg 标签绘制几何图形的网页

10.5　HTML 5 的手机游戏开发

10.5.1　开发环境

开发环境由 Cocos2d-html 5 游戏引擎、Google Chrome 浏览器(支持 JetBrains IDE Support 插件)和 JavaScript IDE 工具 WebStorm 组成。

10.5.2　相关实例

基于 Cocos2d-html 5 游戏引擎可以开发出很多丰富多彩的二维游戏,如捕鱼达人(见图 10-16)、黄金矿工、坦克大战、割绳子和打地鼠等。当然,使用这种开发平台也可以开发其他的科学模拟系统,如小球碰撞、分子作用、生产过程等仿真系统。

图 10-16　基于 Cocos2d-html 5

本 章 小 结

超文本标记语言(Hyper Text Markup Language,HTML)是用来描述网页的一种语言,是用标记来表示网页中的文本、图像、视频、动画等元素,并规定浏览器显示这些元素的方式以及响应用户的行为。

HTML 代码的结构分为两个部分:头部和主体。HTML 代码的头部包括文档类型定义和文档头部定义。主体部分以＜body＞标签开始,以＜/body＞标签结束。有关文字、图像、音乐、动画等媒体信息的内容和显示方式由特别的标签来定义,并置于＜body＞和＜/body＞之间。

超链接提供一种从一个网页跳转到另一个网页的机制。HTML 代码中通过＜a＞标签来实现超链接。

HTML 5 是一种支持在移动设备上显示网页和运行游戏的最新 HTML 版本。目前,几乎所有的浏览器都支持 HMTL 5,包括 Google Chrome、Opera、Firefox、Internet Explorer 9＋、360 浏览器、搜狗浏览器和 QQ 浏览器。

习　题

一、选择题

1. 超文本标记语言(HTML)中的超链接标签是(　　)。

    A. <table>……</table>   B. <a>……</a>

    C. <title>……</title>   D. <p>……</p>

2. 关于 HTML 中的超链接标签的 target 属性,总是在一个新窗口中载入超链接网页的取值是(　　)。

    A. _parent   B. _blank   C. _self   D. _top

3. 下列不是 HTML 5 特性的是(　　)。

    A. 支持声音和视频播放的多媒体特性

    B. 支持三维图形特性

    C. 支持本地存储特性

    D. 不使用脚本的交互性

4. 关于 HTML 5 中的 audio 标签,用来控制播放控件是否显示的属性是(　　)。

    A. autoplay   B. controls   C. loop   D. preload

二、简答题

1. 简述超文本技术。

2. 简述表单的两种提交方式。

3. 编写一个计算圆锥体体积的 HTML 网页代码及 JavaScript 脚本。

4. 解释下列元信息标签定义的含义。

```
<meta http-equiv="content-type" content="text/html"; charset="utf-8" />
<meta http-equiv="Refresh" content="5;url=http://www.w3school.com.cn" />
<meta http-equiv="Expires" content="Mon,12 May 2001 00:20:00 GMT">
<meta http-equiv="Pragma" content="no-cache">
<meta http-equiv="windows-Target" content="_top">
<meta name="description" content="HTML examples">
<meta name="keywords" content="HTML, DHTML, CSS, XML, XHTML, JavaScript, VBScript">
<meta name="author" content="w3school.com.cn">
<meta name="revised" content="David Yang,8/1/07">
<meta name="generator" content="Dreamweaver 8.0en">
```

5. 编写一个支持列表选择绘制三角形、圆形和正方形的 HTML 5 网页代码。

多媒体技术基础及应用

第11章 虚拟现实技术基础

虚拟现实是一种人与虚拟世界之间的交互界面。虚拟现实技术未来具有广阔的应用前景。

本章首先介绍虚拟现实的基本特征和系统组成,重点对虚拟现实技术涉及的跟踪和感知硬件进行说明;然后以 VRML(Virtual Reality Modeling Language)开发为例,简要介绍虚拟现实系统的构建过程,包括开发平台、运行环境以及简单的 VRML 案例。

11.1 虚拟现实的基本概念

虚拟现实是一种人与通过计算机生成的虚拟环境之间可自然交互的人机界面。虚拟现实在医学、娱乐、军事航天、室内设计、房产规划、工业仿真、应急推演、文物古迹、游戏等行业有着广泛的应用。

一般来说,虚拟现实具有如下基本特征。

(1) 多感知性(Multi-Sensory)

多感知性指的是除了一般计算机技术所具有的视觉感知和听觉感知外,还包括触觉感知、味觉感知和嗅觉感知等。理想的虚拟现实技术应该具有一切人所应该具有的感知功能。由于传感技术的限制,当前的虚拟现实所具有的感知功能仅限于视觉、听觉和触觉等少数几种。计算机视觉和听觉技术已经有了较大发展,并得到了较大规模的应用;计算机触觉技术还刚刚兴起,一些力反馈装置在游戏、虚拟训练等行业得到了初步应用。

(2) 沉浸感(Immersion)

沉浸感又称为临场感,指的是用户感到作为主角存在于模拟环境中的真实程度。理想的模拟环境应该使用户难以分辨真假,用户可以全身心地投入计算机创建的三维虚拟环境中,该环境中的一切看上去是真的,听上去是真的,触摸起来是真的,甚至闻起来、尝起来也都感觉是真的,如同在现实世界中的感觉一样。沉浸感的感知程度依赖于各种感知设备的发展,尤其是计算机触觉、嗅觉和味觉等感知设备。

(3) 交互性(Interactivity)

交互性指的是用户对模拟环境内物体的可操作程度和从环境得到反馈的自然程度。例如,当用户用手去直接抓取虚拟环境中的虚拟物体时,用户的手具有握着物体的感觉,并可以感觉物体的重量、纹理等,且视野中被抓的物体也能立刻随着手的移动而移动。

（4）构想性（Imagination）

构想性指的是虚拟现实技术不仅可以再现真实存在的环境,也可随意构想客观不存在甚至是不可能发生的环境。因此,基于虚拟现实的构想性,人们可以任意去构建虚拟现实系统,这大大激发了人们的创造力。

11.2　虚拟现实的系统组成

一个完整的虚拟现实系统由虚拟环境,以高性能计算机为核心的虚拟环境处理器,以头盔显示器为核心的视觉系统,以语音识别、声音合成和声音定位为核心的听觉系统,以方位跟踪器、数据手套和数据衣为主体的身体方位姿态跟踪设备,以及味觉、嗅觉、触觉和力觉的反馈系统等功能单元构成。虚拟现实系统的组成如图 11-1 所示。

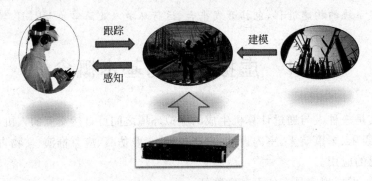

图 11-1　虚拟现实系统的组成

对于虚拟环境处理器,高性能计算处理技术是直接影响虚拟现实系统性能的关键。具有高计算速度、强处理能力和大存储容量等特征的高性能计算处理系统是虚拟现实系统运行的关键硬件平台。

建模是应用计算机技术生成虚拟世界的基础,将真实世界的对象物体在相应的三维虚拟世界中重构,并根据系统需求保存部分物理属性。常见的虚拟现实建模软件如下。

1. Multigen Creator

Multigen Creator 是一个专门用于创建视景仿真实时三维模型的软件,如图 11-2 所示,不仅可用于大型的视景仿真,也可用于游戏环境的创建。其突出的特点包括强大的多边形建模、矢量建模、大面积地形精确生成功能,高效、优化地生成实时三维数据库,针对实时应用的优化数据格式等。

2. Unity3D

Unity3D 是由 Unity Technologies 公司开发的支持三维视频游戏、建筑可视化、实时三维动画等开发的综合游戏开发工具平台,如图 11-3 所示,所开发的游戏可以发布至Windows、Mac、iPhone 和 Android 等平台,也可以利用 Unity Web Player 插件发布网页游戏。

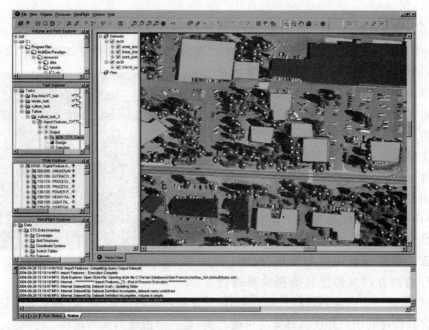

图 11-2　Multigen Creator 软件

图 11-3　Unity3D 软件

3. Java3D

Java3D 是 Java 语言在三维图形领域的扩展,是一种应用编程接口。如图 11-4 所示,基于 Java3D 可以编写网页类型的三维动画和三维游戏。使用 Java3D 的最大优点是客户端只需安装 Java 虚拟机就可以浏览三维动画或游戏。

本文使用的三维建模平台是 VRML,后续将详细介绍。

使用三维建模工具构建虚拟现实模型后,用户在各种软硬件的帮助下,完成与虚拟世界的交互。这种交互分为跟踪和感知两个方面。跟踪是对用户的动作、视觉、声音等进行监视并将其传递到虚拟世界进行

图 11-4　基于 Java3D 开发的游戏

响应的过程,是一个由实到虚的过程;感知是对虚拟环境的视觉、听觉、触觉等信息进行人工模拟将其传递到用户并使其感觉尽可能真实,是一个由虚到实的过程。

虚拟现实的跟踪主要是通过头盔显示器、数据手套和数据衣等交互设备上的空间传感器确定用户的头、手、躯体或其他操作物在三维虚拟环境中的位置和方向。

头盔显示器(Head Mounted Display,HMD)是虚拟现实中的图形显示和观察设备。使用者可以进行包括行走、旋转等空间上的移动,通过三个自由度的空间跟踪定位装置可进行虚拟现实的输出效果观察,如图 11-5 所示。

图 11-5　带有头盔显示器的射击类游戏

数据手套是一种支持在虚拟场景中进行物体抓取、移动和旋转等动作的硬件,如图 11-6 所示。最新的产品可支持检测手指的弯曲以及定位手在三维空间中的精确位置。

数据衣是为了跟踪人的全身运动而设计的虚拟现实系统输入硬件,如图 11-7 所示。一般来说,数据衣可以对包括膝盖、手臂、躯干和脚等部位的多达 50 个不同关节进行测量。

虚拟现实的感知主要是通过头盔显示器、力反馈硬件和立体声等实现对虚拟世界的模拟感知,增强虚拟现实系统的沉浸感。

图 11-6 数据手套

图 11-7 数据衣

实际上,头盔显示器既是一种跟踪装置也是一种视觉感知装置。而立体声耳机是一种听觉感知装置。

力反馈硬件是一种触觉感知装置。其中,力反馈手柄一般用于游戏中,如图 11-8 所示,当游戏中发生撞击等行为时,手柄会发生振动。有些数据手套不仅具有跟踪手部关节运动的功能,还具有力反馈功能,即通过与虚拟世界的交互感知物体振动、反作用力甚至纹理等。这种数据手套称为力反馈数据手套,如图 11-9 所示。

图 11-8   力反馈手柄

图 11-9   力反馈数据手套

11.3　使用 VRML 进行虚拟现实建模

11.3.1　VRML 概述

虚拟现实建模语言(Virtual Reality Modeling Language,VRML)可以在 Internet 平台上创建虚拟现实应用。

VRML 是面向对象的一种语言,它类似 Web 超链接所使用的 HTML 语言,也是一种基于文本的语言,可以运行在多种平台之上,只不过能够更多地为虚拟现实环境服务。它提供对三维世界及其内部基本对象的描述,如球体、平面、圆锥、圆柱、立方体等,并把它们同二维的页面链接起来,是一种非常简洁的高级语言。新的 VRML 2.0 版除了提供 VRML 1.0 版的基本功能外,最主要的特点是加入了行为功能和多用户环境,使 Web 网上的三维世界动起来了。另外,它将支持动画、交互性、与 JavaScript 和 JAVA 的集成及声音。VRML 的出现源于当代网络技术与虚拟现实技术迅猛发展的需要,它使得 Web 的页面不再局限于二维空间。VRML 增加动作、动画模拟、传感器和声音后,网络站点创作人员可以制作规模大、交互性强的三维应用程序。

11.3.2　VRML 的开发环境

使用 VRML 语言开发 3D 模型的软件为 VRMLPad,如图 11-10 所示。

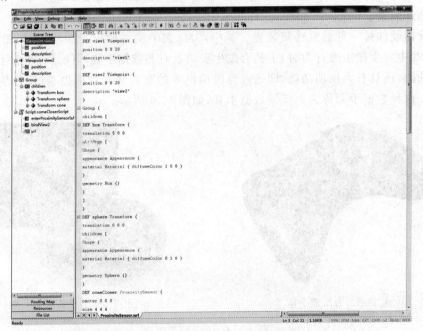

图 11-10　VRMLPad 软件界面

可以在专用的 VRML 浏览器中浏览 VRML 建立的模型,也可以在安装有 VRML 插件的普通浏览器中进行。本文使用的是安装有 Cortona3D 插件的普通浏览器,如图 11-11 所示。

图 11-11　安装有 Cortona3D 插件的普通浏览器

11.3.3　使用 VRML 构建虚拟现实系统

1. VRML 程序的基本结构

打开 VRMLPad 编辑器,输入以下代码,并保存为 Transform.wrl 文件,然后在带有 Cortona3D 插件的浏览器中打开该文件,如图 11-12 所示。

```
#VRML V2.0 utf8
    Group {
        children [
            DEF cylinder Transform {
                translation 3 0 0
                children [
                    Shape {
                        appearance Appearance {
                            material Material { diffuseColor 1 0 0 }
                        }
                        geometry Cylinder {
```

```
                                radius 0.5
                                height 5
                            }
                        }
                    ]#end of cylinder children
                }
            DEF cylinder Transform {
                translation - 3 0 0
                children [
                    Shape {
                        appearance Appearance {
                            material Material { diffuseColor 1 0 0 }
                        }
                        geometry Cylinder {
                            radius 0.5
                            height 5
                        }
                    }
                ]#end of cylinder children
            }
            DEF box Transform {
                translation 0 3.0 0
                children [
                    Shape {
                        appearance Appearance {
                            texture ImageTexture {
                                url "ustb.png"
                            }
                            textureTransform TextureTransform {
                                scale 1 1
                            }
                        }
                        geometry Box {
                            size 6 1 1
                        }
                    }
                ]#end of box children
            }
        ]#end of Group children
    }
```

第一行"♯VRML V2.0 utf8"是一个注释,表示这是一个遵守 VRML 2.0 规范且使用 UTF-8 编码的文件。

VRML 文件最基本的组成部分是节点,通过节点的层层嵌套以及节点定义的使用,

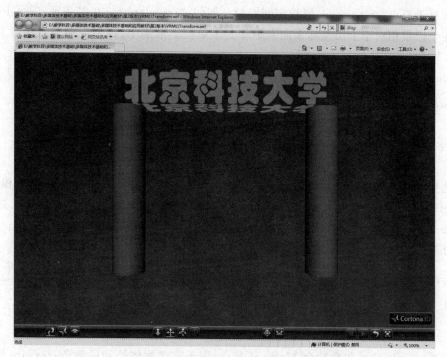

图 11-12 基于 VRML 开发的第一个虚拟现实系统

构成整个虚拟世界。上述文件的节点层次结构如图 11-13 所示。

最外层是 Group 节点。Group 节点的定义如下：

```
Group {
    children []  # 指定包含在组中的字节点列表
    bboxCenter 0.0 0.0 0.0
    bboxSize −1.0 −1.0 −1.0
    addChildren
    removeChildren
}
```

其中，children 域的方括号内定义 Group 节点的所有孩子对象。本例中，children 域中包含三个变换节点定义。

变换节点 Transform 定义如下：

```
DEF nodeName Transform{
    children []
                # 指定受该变换影响的所有子节点
    translation 0 0 0
}
```

这里，children 域的方括号内定义受该变换影

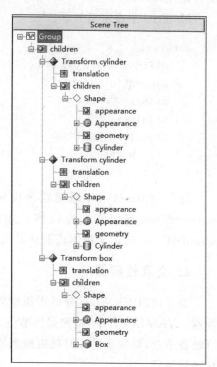

图 11-13 节点层次结构

响的所有子节点，translation 域指定变换量。例如，"translation 3 0 0"表示 Transform 节点所在坐标系相对于上层坐标系向右平移 3 个单位。本例中，每个变换节点中含有一个 Shape 节点。

Shape 节点定义如下：

```
Shape{
    appearance Appearance{ }
    geometry Box{ }
}
```

这里，appearance 域包含一个 Appearance 节点，用于定义物体外观的颜色和纹理；geometry 域包含一个几何节点，可以是立方体 Box、圆柱体 Cylinder，也可以是球体 Sphere。

外观 Appearance 节点定义如下：

```
Appearance{
    mterial Material{}
    texture ImageTexture{}
}
```

这里，material 域包含一个 Material 节点，用于定义物体外观的颜色；texture 域包含一个纹理相关节点，用于定义物体外观的纹理。加载纹理图片时，通过 url 属性指定图片文件路径和名称。

Material 节点定义如下：

```
Material{
    diffuseColore 0.8 0.8 0.8
    ambientIntensity 0.2
    emissiveColore 0 0 0
    shininess 0.2
    specularColor 0 0 0
    transparency 0
}
```

这里，diffuseColor 域指定漫反射颜色；ambientIntensity 域定义被反射的环境光；emissiveColor 域定义发光物体产生的光的颜色；shininess 域定义物体表面的亮度；specularColor 域定义物体镜面反射光的颜色；transparency 域定义物体的透明度。

2. 交互检测器

为了使得 VRML 构建的虚拟世界能够与用户进行交互，VRML 中设计了相关的检测器。VRML 文件中，检测器以节点方式存在，可以是其他节点的子节点，其父节点称为可触发节点，触发条件和时机由检测器节点类型确定。下面介绍一种常用的交互检测器：接触检测器。

接触检测器是最为常用的检测器，代码如下：

```
DEF group Group {
    children [
        ...
        DEF touchSensor TouchSensor {}
    ]
}
```

定义了一个 group 组节点，在其 children 域中定义了一个接触检测器作为子节点。group 变为可触发节点。

以下代码定义一个接触检测器用于控制视点。

```
#VRML V2.0 utf8
DEF view1 Viewpoint {
    position 0 0 50
    description "view1"
}
Group {
    children [
        DEF cylinder Transform {
            translation 3 0 0
            children [
                Shape {
                    appearance Appearance {
                        material Material { diffuseColor 1 0 0 }
                    }
                    geometry Cylinder {
                        radius 0.5
                        height 5
                    }
                }
            ] # end of cylinder children
        }
        DEF cylinder Transform {
        translation -3 0 0
            children [
                Shape {
                    appearance Appearance {
                        material Material { diffuseColor 1 0 0 }
                    }
                    geometry Cylinder {
                        radius 0.5
                        height 5
                    }
                }
            ] # end of cylinder children
```

```
        }
    DEF box Transform {
        translation 0 3.0 0
        children [
            Shape {
                appearance Appearance {
                    texture ImageTexture {
                        url "ustb.png"
                    }
                    textureTransform TextureTransform {
                        scale 1 1
                    }
                }
                geometry Box {
                    size 6 1 1
                }
            }
            DEF touchBox TouchSensor {} #  define touch sensor
        ] #  end of box children
    }
]#  end of Group children
}
ROUTE touchBox.isActive TO view1.set_bind
```

该代码对应的节点层次结构如图 11-14 所示。

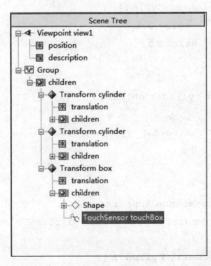

图 11-14　带接触检测器的节点层次结构

　　根据该层次结构,接触检测器 touchBox 是变换节点 box 的子节点,box 节点成为可触发节点,即当鼠标点击立方体时,会产生相应的响应。

　　显然,这种响应是通过代码"ROUTE touchBox.isActive TO view1.set_bind"来实现的,

即当接触检测器为真（鼠标点击立方体）时，视点切换为 view1 视点，该视点坐标为（0,0，50）。因此，当在浏览器运行上述代码时，不论将视点切换到何处，当单击立方体时（鼠标左键按住不放），视点总是切换到（0,0,50），如图 11-15 所示。

图 11-15　切换到视点（0,0,50）

本 章 小 结

虚拟现实是一种人与通过计算机生成的虚拟环境之间可自然交互的人机界面。

一般来说，虚拟现实具有多感知性（Multi-Sensory）、沉浸感（Immersion）、交互性（Interactivity）和构想性（Imagination）。

一个完整的虚拟现实系统由虚拟环境、以高性能计算机为核心的虚拟环境处理器，以头盔显示器为核心的视觉系统，以语音识别、声音合成和声音定位为核心的听觉系统，以方位跟踪器、数据手套和数据衣为主体的身体方位姿态跟踪设备，以及味觉、嗅觉、触觉和力觉的反馈系统等功能单元构成。

头盔显示器（Head Mounted Display，HMD）是虚拟现实中的图形显示和观察设备。使用者可以进行包括行走、旋转等空间上的移动，通过三个自由度的空间跟踪定位装置可进行虚拟现实的输出效果观察。

数据手套是一种支持在虚拟场景中进行物体抓取、移动和旋转等动作的硬件。新的产品可支持检测手指的弯曲以及定位手在三维空间中的精确位置。

虚拟现实建模语言（Virtual Reality Modeling Language，VRML）可以在 Internet 平

台上创建虚拟现实应用。

习　题

一、选择题

1. 下列不是虚拟现实基本特性的是(　　　)。
   A. 多感知性　　　　　B. 沉浸感　　　　　C. 交互性　　　　　D. 真实性
2. 下列不是虚拟现实建模工具的是(　　　)。
   A. VRML　　　　　　　　　　　　　　　B. Multigen Creator
   C. Unity3D　　　　　　　　　　　　　　D. Flash CS
3. 下列为 VRML 中材质节点的是(　　　)。
   A. Shape　　　　　　B. Appearance　　　C. Material　　　D. Box
4. 下列为 VRML 中变换节点的是(　　　)。
   A. Transform　　　　B. Appearance　　　C. Material　　　D. Box
5. 关于接触检测器,下列是响应鼠标左键点击的代码是(　　　)。
   A. DEF touchBox TouchSensor {}
   B. ROUTE touchBox. isActive TO view1. set_bind
   C. DEF view1 Viewpoint {　　}
   D. translation 0 3. 0 0

二、简答题

1. 简述虚拟现实的基本特性。
2. 简述虚拟现实的系统组成。
3. 简述 VRML 代码的基本结构。
4. 构建红、绿和蓝三个不同颜色球体组成的虚拟现实系统。
5. 简述 VRML 中交互检测器的作用。

第 12 章 Scratch 多媒体应用开发

Scratch 是一种简易的多媒体应用开发平台,用户即使没有任何编程知识,也可以通过使用鼠标拖动模块进行组合构建多媒体应用。

本章首先介绍 Scratch 软件的主界面、舞台窗口坐标系、角色与造型等基本概念,然后详细介绍 Scratch 脚本的重要模块,包括外观、动作、声音、控制、动作和数字逻辑运算等,最后以一个大鱼吃小鱼的游戏开发为例详细描述其开发过程。

12.1　Scratch 概述

Scratch 是麻省理工学院多媒体实验室开发的简易编程平台。其简易性表现为:使用者可以没有任何编程的基础知识,甚至可以不认识英文单词,可以通过使用积木形式的模块来快速构建多媒体应用,如游戏、课件和动画等。

该平台支持多语言。当用户安装好 Scratch 平台后,可任意选择界面支持的语言类型。

最重要的是,Scratch 平台是开源且免费的。用户可登录网站 https://scratch.mit.edu 注册账号,直接在浏览器中进行 Web 在线开发,也可以下载 Scratch 软件进行离线开发。

12.1.1　Scratch 软件主界面

本文以下载的 2.0 版本 Scratch 软件进行离线开发为例进行介绍。Web 形式的在线开发所使用的开发平台与离线开发平台基本一致。

当安装 Scratch 2.0 后,软件界面默认语言是英语,单击界面左上角球形图标,再单击下方箭头下拉菜单到最下方,选择倒数第二个"简体中文"选项设置语言,如图 12-1 所示。

1. Scratch 软件主界面概述

Scratch 软件主界面主要分为四个区域:上方的菜单栏、左上边的"舞台"窗口、左下边的"背景-角色"窗口和右边的"脚本-造型-声音"窗口,如图 12-2 所示。

其中,Scratch 软件界面上方的菜单栏包括"文件""编辑""帮助"和"关于"等菜单。

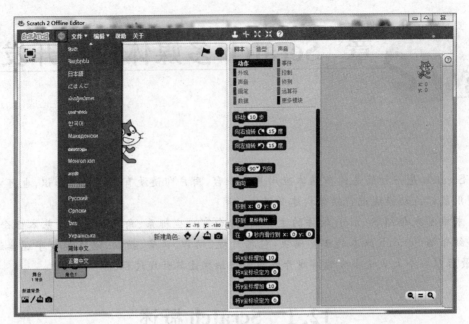

图 12-1 Scratch 语言设置

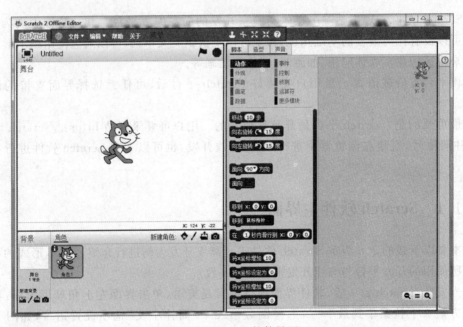

图 12-2 Scratch 软件界面

"文件"菜单包括"新建项目""打开保存文件""检查更新"和"退出"等功能子菜单;"编辑"菜单包括"撤销删除""小舞台布局模式"和"加速模式"等子菜单。这里,执行"小舞台布局模式"子菜单功能可实现缩小左边舞台窗口并放大右边脚本窗口,方便程序较多时进行查看。

2. Scratch 软件的舞台窗口

Scratch 软件界面左上方的舞台窗口如图 12-3 所示。左上方方形图标（中间为填充矩形，外围虚线构成的矩形）用于最大化舞台窗口，实现全屏播放；右上方分别是播放和停止按钮，绿色旗帜图标为播放按钮，红色六边形为停止按钮，当应用程序开发完成之后，可以单击播放和停止按钮来实现多媒体应用的播放和停止；右下方的"x:-201 y:90"是鼠标指针在舞台窗口中的坐标。了解 Scratch 舞台窗口中的坐标对于开发多媒体应用是非常必要的。Scratch 舞台窗口中的坐标系如图 12-4 所示。中心坐标(0,0)位于舞台窗口的中间，中心坐标向右为 x 轴正方向，中心坐标向上为 y 轴正方向。

图 12-3　Scratch 的舞台窗口

3. Scratch 软件的背景-角色窗口

Scratch 软件的背景-角色窗口包括背景窗口和角色窗口两个部分。其中，背景窗口用于设置舞台背景和声音，如图 12-5 所示。

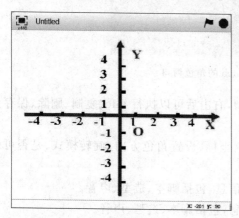

图 12-4　Scratch 的舞台窗口中的坐标系

图 12-5　Scratch 的背景设置窗口

舞台中的背景可以从 Scratch 提供的背景库中选择，也可以使用绘图工具绘制新背景，或从本地文件中选择图片上传背景，也可使用摄像头拍摄照片当作背景。

角色是 Scratch 软件中一个很重要的概念。角色指的是多媒体应用中所有人物和物体。角色可以是静态的，也可以是动态的。例如，一个根据英文单词选择动物的游戏，如图 12-6 所示。该游戏涉及的角色包括螃蟹、蝴蝶、小猫、蝙蝠、文字和分界线。其中，螃蟹、蝴蝶、小猫以及蝙蝠可以响应用户鼠标左键单击，文字可以循环地从窗口上边运动到分界线位置。实现这些角色的功能，需要对角色进行代码的编写，即为角色开发脚本。

图 12-6　根据英文单词选择动物的游戏

Scratch 的角色窗口用于设置当前应用所涉及的所有角色，选中后可以在右边窗口中设置该角色的脚本、造型、声音，如图 12-7 所示。

图 12-7　Scratch 的角色窗口

角色窗口中显示该角色当前显示的造型，右击后可以执行 info、复制、删除、保存到本地文件、隐藏（显示）等功能。

- ◆ info：可以修改角色名、显示当前角色坐标、设置角色方向、旋转模式、是否可以在播放器（舞台窗口）中拖动、是否显示。
- ◆ 复制：新建角色，复制原角色的所有信息，包括脚本、造型、声音。
- ◆ 删除：删除角色，删除角色的所有信息，包括脚本、造型、声音。
- ◆ 保存到本地文件：保存角色，保存角色的所有信息，包括脚本、造型、声音。

◆ 隐藏（显示）：设置角色在舞台窗口中是否隐藏。

当新建角色时，可以从 Scratch 提供的角色库中选择角色，也可以绘制新角色，或者从本地文件中选择角色文件或图片上传角色，也可以使用摄像头拍摄照片当作角色。

4. Scratch 软件的造型窗口

Scratch 软件中，与角色相关联的另一个重要概念是造型。造型指的是一个角色的多个形态。例如，上述根据英文单词选择动物的游戏中，英文单词实际是一个角色，但要表示螃蟹、蝴蝶、小猫以及蝙蝠的英文单词，就需要四个造型，即 crab、butterfly、cat 和 bat，如图 12-8 所示。

图 12-8　文字角色的四个造型

Scratch 软件的造型窗用于设置、编辑选中角色的造型图片，一个角色可以有多个造型。

当新建造型时，可以从 Scratch 提供的造型库中选择造型，也可以使用画图工具绘制新造型，或者从本地文件中选择造型文件或图片上传造型，也可以使用摄像头拍摄照片当作造型。

造型窗口左下方是造型列表，右击造型图标可以复制、删除。可以将造型图标拖动到角色窗口中其他角色的图标上进行复制，可以单击造型图标右上方的叉子按钮进行删除。

编辑窗口左上方可以设置造型名称，其右方的相关按钮功能如下。

◆ 撤销：撤销造型图片编辑操作。

◆ 重做：重做造型图片编辑操作。

◆ 清除：清空造型。

◆ 添加：从造型库中选择造型添加在原有造型图片上。

◆ 导入：从本地文件中选择造型文件或图片添加在原有造型图片上。

◆ 左右翻转：设置造型图片的左右翻转。

◆ 上下翻转：设置造型图片的上下翻转。

◆ 设置造型中心：造型中心决定角色在舞台窗口中的坐标相对于图片的位置。

编辑窗口右下方显示编辑模式，包括矢量模式和位图模式，可以单击按钮进行切换。在矢量模式下，可以对造型图片以图形方式进行编辑，可以对其中的图形进行移动、缩放和旋转等操作；在位图模式下，可以对造型图片以位图方式进行编辑，可以对其中的位图进行颜色填充、擦除等操作。

5. Scratch 软件的声音窗口

声音作为多媒体应用中的一种重要媒体，是必不可少的。Scratch 软件的声音窗口用于设置、编辑选中角色关联的声音，一个角色可以有多个声音，如图 12-9 所示。

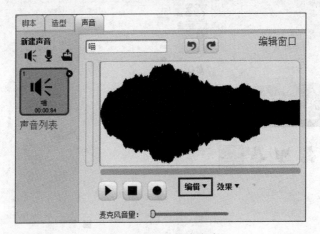

图 12-9　Scratch 的声音窗口

当新建声音时，可以从 Scratch 提供的声音库中选择声音，也可以使用录音机录制新声音，或者从本地文件中选择上传声音。

声音窗口左下方是声音列表，右击声音图标可以复制、删除。可以将声音图标拖到角色窗口中其他角色的图标上进行复制；可以单击声音图标右上方的叉子按钮进行删除。

编辑窗口左上方可以设置声音名称，其右方有撤销、重做按钮，中间是波形图，下方有播放、停止、录制按钮，实现对声音的播放控制。

12.1.2　Scratch 软件的脚本

当需要为多媒体应用中的角色设置功能或响应时，就必须为其开发相应的脚本。例如，对于上述根据英文单词选择动物的游戏，当出现英文单词时，用户可以单击相应的动物，若正确则得分，否则不得分。这里需要实现用户使用鼠标单击动物角色，并判断是否与相应的单词相符。这一功能需要为每个动物角色开发相应脚本。

Scratch 软件中，开发脚本的过程与一般使用程序设计语言编写程序的过程完全不同。Scratch 软件提供包括动作、外观、声音、画笔、数据、事件、控制、侦测和数字逻辑运算等模块,让开发者使用鼠标进行拖动,可以很方便地构建脚本,如图 12-10 所示。

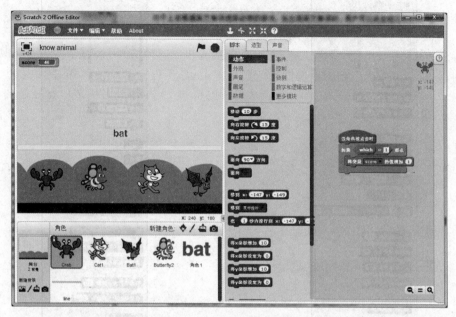

图 12-10　Scratch 的脚本窗口

　　显然,动作模块提供的是角色运动的相关功能;外观模块提供的是角色外表的相关设置;声音模块提供的是角色相关声音的播放控制;事件模块提供的是多媒体应用播放、停止等控制以及包括鼠标和键盘等用户交互的实现;控制模块提供选择和循环控制方式;侦测模块提供的是角色交互中的相关事件检测,如两个角色相遇等;数字逻辑运算模块提供的是包括加、减、乘、除的算术运算以及与、或、非的逻辑运算;数据模块提供相关数据的存储和显示等功能。

1. 动作模块

动作模块用于设置角色位置、面向、移动等,如图 12-11 所示。
动作模块中的重要功能如下。

◆ 移动 10 步 **移动 10 步**:角色朝面向方向坐标增加 10,这里数值 10 可以进行编辑。
◆ 向右旋转 15° **向右旋转 15 度**:角色顺时针旋转 15°,同样数值 15 可以进行编辑。
◆ 向左旋转 15° **向左旋转 15 度**:角色逆时针旋转 15°,同样数值 15 可以进行编辑。
◆ 面向 90°方向 **面向 90 方向**:角色面向右侧;这里 90°可以调整为 0°,面向上侧;当为 $-90°$,角色面向左侧;当为 180°,角色面向下侧。

2. 外观模块

外观模块用于设置角色的显示与隐藏,进行造型切换以及说话思考等,如图 12-12 所示。

图 12-11　Scratch 的动作模块

图 12-12　Scratch 的外观模块

外观模块中的重要功能如下。

◆ 显示 显示 ：设置角色可见。

◆ 隐藏 隐藏 ：设置角色不可见。

◆ 说话 说 Hello! ：设置角色的对话内容，以文本框方式一直显示。

◆ 带时间段的说话 说 Hello! 2 秒 ：设置角色的对话内容，以文本框方式在所设置的时
间内显示。

◆ 切换造型 将造型切换为 crab-b ：切换为所选择的造型，与特定的角色相关。

◆ 下一个造型 下一个造型 ：切换为下一个造型，与特定的角色相关。

3. 声音模块

声音模块用于设置多媒体应用的背景或角色相关的声音，如图 12-13 所示。

声音模块中的重要功能如下。

◆ 播放声音 播放声音 pop ：开始播放声音文件，同时继续执行程序。

◆ 播放声音直到播放完毕 播放声音 pop 直到播放完毕 ：播放声音，且等待声音文件播放完毕后

再继续执行后续功能。

◆ 停止所有声音 ：停止该角色所有正在播放的声音。

4. 数据模块

数据模块用于自定义单个变量或多个变量组成的链表，如图 12-14 所示。

图 12-13　Scratch 的声音模块

图 12-14　Scratch 的数据模块

新建单个变量后会在舞台窗口中显示数据框，便于在多媒体应用播放时查看数值，可以勾选变量模块前的复选框设置显示或隐藏。

新建多个变量组成的链表之后会在舞台窗口中显示链表框，链表与单个变量的区别是：链表可以一次性存储多个值，而变量一次性只能存储一个值。

5. 事件模块

事件模块用于检测应用程序运行过程中的事件，作为应用程序的启动事件，还可以广播或接收事件消息，如图 12-15 所示。

事件模块中的重要功能如下。

◆ 程序启动事件 ：当单击舞台窗口中的"旗帜"按钮时，会检测到程序启动事件，表明程序开始运行。

◆ 按键事件 ![当按下 空格键]：当按下键盘上的按键时触发该事件,对所检测的按键可以进行设置。

◆ 角色点击事件 ![当角色被点击时]：当角色被鼠标左键点击时,触发该事件。

◆ 接收消息事件 ![当接收到 message1]：当接收到其他角色广播的消息时触发该事件。

◆ 广播事件 ![广播 message1]：产生广播的消息,应用程序中的所有角色都可以接收该消息以触发相应事件。

6. 控制模块

控制模块用于设置程序中的选择和循环结构,控制程序的执行,如图 12-16 所示。

图 12-15　Scratch 的事件模块

图 12-16　Scratch 的控制模块

控制模块中的重要功能如下。

◆ 等待 1s ![等待 1 秒]：程序停止 1s 后继续执行,这里数值 1 可以编辑为任意的正整数。

◆ 重复执行 10 次 ![重复执行 10 次]：一直重复执行循环体的内部动作 10 次,同样数值 10 可以编辑为任意的正整数。

◆ 重复执行 ![重复执行]：一直重复执行循环体的内部动作,使用该功能会导致角色一直重复运行某些动作,而无法执行循环体的后续动作。

◆ 如果 A,那么 B ：如果条件 A 成立或事件 A 触发,则执行动作 B。

◆ 如果 A,那么 B,否则 C ：如果条件 A 成立或事件 A 触发,则执行动作 B,否则执行动作 C。

◆ 停止 ：可选择停止执行当前角色的脚本,也可选择停止执行所有角色的脚本。

7. 侦测模块

侦测模块用于检测应用程序执行过程中的事件或状态,包括角色是否碰撞、检测角色的坐标等,如图 12-17 所示。

侦测模块中的重要功能如下。

◆ 碰到：检测角色碰撞事件;
◆ x(或 y)坐标 of 角色：检测给定角色的 x(或 y)坐标。

8. 数字和逻辑运算模块

数字和逻辑运算模块用于进行加、减、乘、除等算术运算,与、或、非等逻辑运算,以及小于、大于和等于的条件运算,如图 12-18 所示。

图 12-17　Scratch 的侦测模块

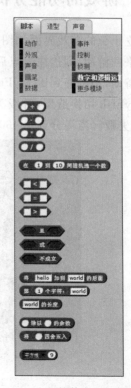

图 12-18　Scratch 的数字和逻辑运算模块

数字和逻辑运算模块的重要功能如下。

◆ 加法运算 ： 实现算术的加法运算。

◆ 减法运算 ： 实现算术的减法运算。

◆ 乘法运算 ： 实现算术的乘法运算。

◆ 除法运算 ： 实现算术的除法运算。

◆ 且运算 ： 实现逻辑的"与"运算。

◆ 或运算 ： 实现逻辑的"或"运算。

◆ 不成立运算 ： 实现逻辑的"非"运算。

◆ <运算 ： 实现小于的条件运算。

◆ =运算 ： 实现等于的条件运算。

◆ 运算 ： 实现大于的条件运算。

12.2 大鱼吃小鱼的游戏开发

12.2.1 游戏的功能分析

大鱼吃小鱼的游戏界面如图 12-19 所示。在舞台窗口中设置 8 个往返点，鱼群在往返点之间来回游动，到达往返点后鱼群自动切换造型。用户使用键盘控制 MyFish 在舞台窗口中游动，当触碰到比 MyFish 更小的鱼时，小鱼被隐藏，得分增加。当得分到达一定值时，MyFish 切换造型，升级为更大的鱼。而当 MyFish 触碰到更大的鱼时，MyFish 隐藏，游戏失败。当得分到达 100 时，游戏闯关成功。

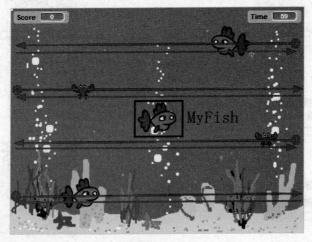

图 12-19 大鱼吃小鱼的游戏界面

大鱼吃小鱼的游戏流程如图 12-20 所示。游戏分为准备、进行、成功和失败四个阶段，每个阶段需要执行相应的脚本。

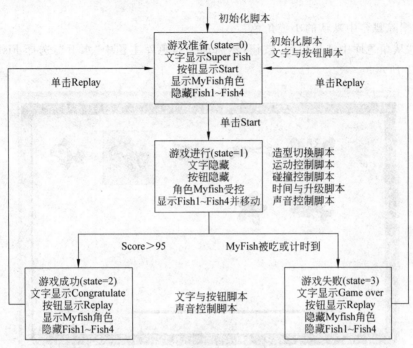

图 12-20　大鱼吃小鱼的游戏流程

12.2.2　游戏背景设置

　　单击背景窗口并从背景库中选择背景。选择背景库主题中"水下"，选择 underwater3 作为背景，如图 12-21 所示。

图 12-21　选择游戏背景

12.2.3　角色设置

首先删除舞台中默认的小猫角色。

单击"从角色库中选择角色"按钮,然后选择角色库主题中"水下",选择 Fish1 角色,如图 12-22 所示。

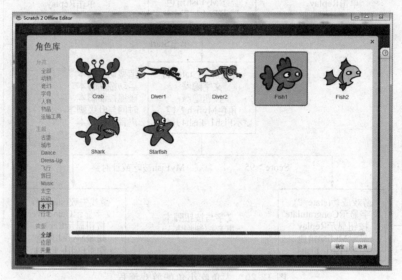

图 12-22　选择 Fish1 角色

进入造型窗口,单击"从造型库中选取造型"按钮。

然后选择造型库主题中"水下",将 crab-a、fish2、fish3、shark-a 添加到造型列表中,如图 12-23 所示。

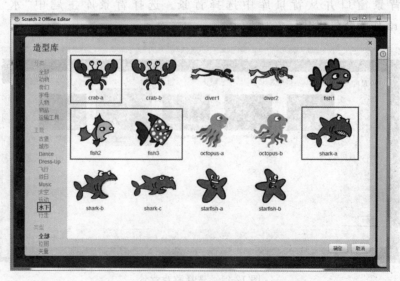

图 12-23　选择造型

　　　　　多媒体技术基础及应用

将 crab-a 移动到造型列表最上边,并修改所有造型名称为 Crab、Fish1、Fish2、Fish3、Shark。

在矢量模式下拉动造型框右下角,将 Crab、Fish1、Fish2、Fish3、Shark 等比缩放为高度等于 25、50、75、100、125,然后将所有造型移动到编辑窗口中心,如图 12-24 所示。

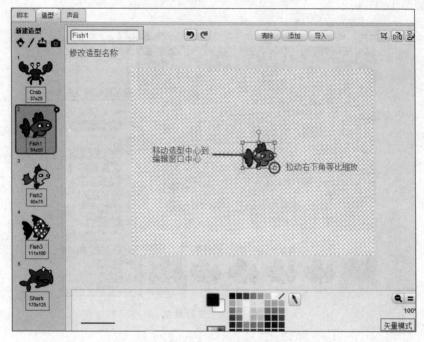

图 12.24　编辑造型

回到角色窗口,右键选择角色 Fish1,执行 4 次"复制"命令,生成 Fish2~Fish5。右键选择 Fish5 执行 info 命令,将 Fish5 名称改为 MyFish,如图 12-25 所示。

图 12-25　复制角色

12.2.4　变量设置

本游戏中,需要管理的数据包括:控制鱼 MyFish 的游动方向和大小、控制鱼 Fish1~Fish4 的游动方向和大小、游戏状态、用户得分和时间。进入脚本窗口中的数据模块,新建变量 MyFishSize、MyFishDirection、Fish1Size ～ Fish4Size、Fish1Direction ～ Fish4Direction 共计 10 个,并取消所有变量前的勾选,隐藏数据框。这里含有 Size 的变量表示鱼的大小,Size 值为 0~4 对应造型 Crab~Shark;含有 Direction 的变量表示鱼的方向,面向右为 0,面向左为 1。新建变量 State、Score、Time,取消 State 前的勾选,隐藏数据框,将 Score、Time 的数据框分别移动到舞台窗口左、右上角。State 表示游戏状态,0 表示游戏准备,1 表示游戏进行,2 表示游戏成功,3 表示游戏失败;Score 表示游戏得分,初始为 0,满分为 100;Time 表示游戏倒计时,初始为 60,为 0 时游戏失败。变量设置完成后如图 12-26 所示。

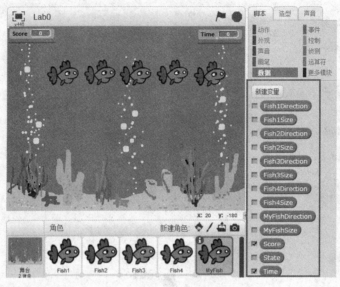

图 12-26　变量设置

12.2.5　游戏初始化脚本

1. MyFish 的初始化脚本

选择角色窗口中的 MyFish,构建脚本如图 12-27 所示。对于该脚本,首先设置旋转模式为左右翻转,State 设为 1(表示游戏开始),Score 设为 0,Time 设为 60,计时器归零,并设置初始坐标为(0,0),面向 90 方向(朝右),MyFishDirection 设为 0(向右),MyFishSize 设为 1,造型设为 Fish1,并且显示该 MyFish 角色。

2. Fish1～Fish4 的初始化脚本

选择角色窗口中的 Fish1 构建脚本,如图 12-28(a) 所示。对于该脚本,首先将旋转模式设定为左右翻转,State 设为 1(表示游戏开始),设置初始坐标为(-250,-120)(舞台窗口左下方),面向 90 方向(朝右),Fish1Direction 设为 0(向右),FishSize1 设为 0 或 1,

图 12-27　MyFish 的初始化脚本

Fish1 隐藏。

参考 Fish1 的脚本,构建 Fish2～Fishe4 的脚本,分别如图 12-28(b)～(d)所示。

(a) Fish1的初始化脚本

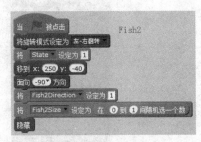

(b) Fish2的初始化脚本

(c) Fish3的初始化脚本

(d) Fish4的初始化脚本

图 12-28　Fish1～Fish4 的初始化脚本

12.2.6　造型控制脚本

造型控制脚本用于控制角色的造型切换。本游戏中使用造型控制脚本用于在各种不同大小的鱼之间进行切换。

选择角色窗口中的 MyFish 构建脚本,如图 12-29 所示。该脚本是 MyFish 的造型控制脚本。当单击播放按钮后,一直重复执行循环体内部程序,根据 MyFishSize 的数值,将造型切换为不同大小的鱼(Crab、Fish1～Fish3、Shark)。

参考 MyFish 的造型控制脚本,分别构建 Fish1～Fish4 的造型控制脚本,如图 12-30 所示。

12.2.7　运动控制脚本

1. MyFish 的运动控制脚本

对于 MyFish 角色来说,运动控制脚本实现当用户按键盘方向键时,根据不同的按键实现不同方向的运动。

图 12-29　MyFish 的造型控制脚本

(a) Fish1的造型控制脚本　　　(b) Fish2的造型控制脚本

(c) Fish3的造型控制脚本　　　(d) Fish4的造型控制脚本

图 12-30　Fish1～Fish4 的造型控制脚本

选择角色窗口中的 MyFish,构建 MyFish 的运动控制脚本,如图 12-31 所示。当按下键盘上下方向键时,MyFish 纵坐标增加±15;当按下键盘左右按键时,若 MyFishDirection

图 12-31　MyFish 运动控制脚本

（面向）与移动方向相反，则 MyFish 面向相反方向，重设 MyFishDirection，横坐标增加±15。

2. Fish1～Fish4 的运动控制脚本

对于 Fish1～Fish4 角色来说，运动控制脚本实现在舞台窗口左右两侧来回往复运动。

选择角色窗口中的 Fish1，构建 Fish1 的运动控制脚本，如图 12-32(a)所示。首先进入重

(a) Fish1的运动控制脚本　　　　　　　(b) Fish2的运动控制脚本

(c) Fish3的运动控制脚本　　　　　　　(d) Fish4的运动控制脚本

图 12-32　Fish1～Fish4 的运动控制脚本

复执行的循环体,检查游戏是否处于开始运行状态,如果是处于运行状态,则实现 Fish1 在往返点之间来回游动;根据 Fish1Direction 的方向决定是从左向右还是从右向左。

当 Fish1Direction 为 0 时,实现从左向右滑行,首先在左边(−250,−120)处显示,然后在 3～6s 内以随机速度滑行到右边(250,−120),到达该点后隐藏,再等待 1～3s,设置 Fish1Direction 为 1,准备完成从右向左滑行。

当 Fish1Direction 为 1 时,实现从右向左滑行,首先在右边(250,−120)处显示,然后在 3～6s 内以随机速度滑行到左边(−250,−120),到达该点后隐藏,再等待 1～3s,设置 Fish1Direction 为 0,准备完成从左向右滑行。

由于从左向右滑行和从右向左滑行的控制脚本在无限重复执行的循环体内,并且通过 Fish1Direction 进行选择控制,因此可实现从左向右滑行和从右向左滑行的间隔控制。

参考 Fish1 的运动控制脚本,构建 Fish2～Fish4 的运动控制脚本,如图 12.32(b)～(d)所示。

12.2.8 碰撞控制脚本

碰撞控制脚本实现当 Fish1～Fish4 碰到 MyFish 时,根据 Fish1～Fish4 的大小与 MyFish 的大小,确定是 MyFish 吃掉 Fish1～Fish4 从而系统得分还是 MyFish 被 Fish1～Fish4 吃掉从而提示游戏失败。

选择角色窗口中的 Fish1,构建 Fish1 的碰撞控制脚本,如图 12-33 的(a)所示。首先

(a) Fish1 的碰撞控制脚本   (b) Fish2 的碰撞控制脚本

图 12-33　Fish1～Fish4 的碰撞控制脚本

(c) Fish3的碰撞控制脚本　　(d) Fish4的碰撞控制脚本

图 12-33　（续）

进入重复执行的循环体,检查游戏是否处于开始运行状态,如果是处于运行状态,则实现 Fish1 与 MyFish 的碰撞控制。若 Fish1 碰到 MyFish,则比较双方大小;若 MyFishSize> Fish1Size,Fish1 隐藏(被吃,隐藏后不会触发碰撞,Fish1 仍然执行运动控制脚本移动到往返点),根据 Fish1Size 大小,Score 增加相应数值(5、10、15、20);若 MyFishSize <Fish1Size,则将 State 设为 3 提示游戏失败。

　　参考 Fish1 的碰撞控制脚本,构建 Fish2~ Fish4 的碰撞控制脚本,如图 12-33(b)~(d)所示。

12.2.9　时间与升级控制脚本

　　时间与升级控制脚本实现倒计时功能以及根据得分切换 MyFish 的大小。选择角色窗口中的 MyFish,构建时间与升级控制脚本,如图 12-34 所示。首先进入重复执行的循环体,检查游戏是否处于开始运行状态,如果是处于运行状态,则实现时间与升级控制。首先将 Time 设为表达式 60—计时器的计算结果的整数,使 Time 进行倒计时,若 Time=0,将 State 设为 3 提示游戏失败;然后检测 Score 是否到达一定值(例如,大于 10、35、75),将 MyFishSize 设为相应数值(2、3、4,升级);同时检查

图 12-34　MyFish 时间与升级控制脚本

条件 Score>95,若成立将 State 设为 2,提示游戏成功。

12.2.10 状态控制脚本

状态控制脚本实际是按照游戏状态的不同系统地集成前面的初始化脚本、时间与升级控制脚本。

1. MyFish 的状态控制脚本

选择角色窗口中的 MyFish,构建状态控制脚本,如图 12-35 所示。对于该脚本,已将 State=1(游戏运行状态)中时间与升级控制脚本移出,以便查看脚本整体结构;当 State=0 时(游戏准备),重设 MyFish 初始状态,从而在重新进行游戏前重置 MyFish;当 State=2 时(游戏成功),MyFish 造型为 Shark,并将 MyFish 移动到舞台窗口中心;当 State=3 时(游戏失败),MyFish 被吃或 Time=0,MyFish 隐藏。

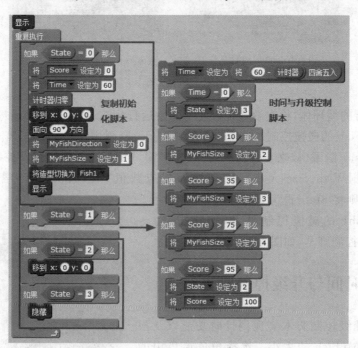

图 12-35　MyFish 状态控制脚本

2. Fish1~Fish4 的状态控制脚本

选择角色窗口中的 Fish1,构建状态控制脚本,如图 12-36(a)所示。

对于 Fish1 的状态控制脚本,已将 State=1(游戏运行状态)中运动控制脚本临时移出,以便查看脚本整体结构;当 State=0(游戏准备)时,重设 Fish1 初始状态(这里与 Fish1 初始状态程序中 State 设为 0 后程序完全相同,可以直接从上方复制),从而在重新进行游戏前重置 Fish1。

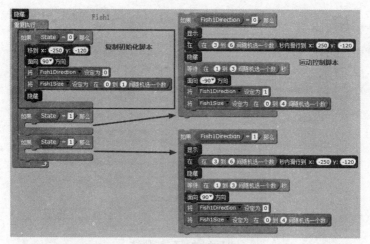

(a) Fish1的状态控制脚本

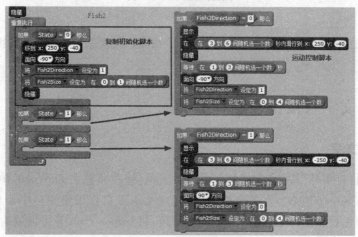

(b) Fish2的状态控制脚本

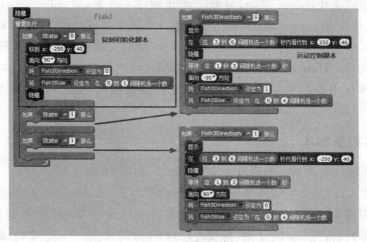

(c) Fish3的状态控制脚本

图 12-36   Fish1~Fish4 状态控制脚本

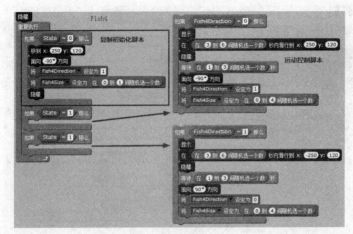

(d) Fish4的状态控制脚本

图 12-36 （续）

参考 Fish1 的状态控制脚本，构建 Fish2～Fish4 的状态控制脚本，如图 12-36（b）～(d)所示。

12.2.11　文字与按钮控制脚本

1. 绘制文字

单击"绘制新角色"按钮，右键执行角色 1 info，修改角色名为 Word，单击造型窗口，修改造型名为 Super Fish。在矢量模式下，使用文本工具在编辑窗口中心偏上位置输入 Super Fish，颜色设置为红色，拉动文本框右下角，将 Super Fish 等比缩放为高度等于 50，然后移动文本框使文本框中心至编辑窗口中心偏上位置。

右击造型列表中 Super Fish，复制 2 次生成 Super Fish2、Super Fish3。将 Super Fish2 造型名修改为 Congratulate，双击编辑窗口中的文本，将内容修改为 Congratulate，然后移动文本框使文本框中心尽量与 Super Fish 中的文本位置相同；将 Super Fish3 造型名修改为 Game Over，双击编辑窗口中的文本，将内容修改为 Game Over，然后移动文本框使文本框中心尽量与 Super Fish 中文本位置相同。造型编辑窗口如图 12-37 所示。

2. 文字控制脚本

选择角色窗口中的 Word，构建文字控制脚本，如图 12-38 所示。

对于该脚本，设置文字初始坐标为(0,0)，造型为 Super Fish，可显示；然后一直重复执行循环体内部程序，当 State＝0 时（游戏准备）时，重设 Word 初始状态，造型设为 Super Fish，可显示；当 State＝1 时（游戏进行），Word 隐藏；当 State＝2 时（游戏成功），造型设为 Congratulate，可显示；当 State＝3 时（游戏失败），造型设为 Game Over，可显示。

图 12-37 编辑文字造型

图 12-38 文字控制脚本

3. 绘制按钮

单击"绘制新角色"按钮,右击角色1 info,修改角色名为Button,单击造型窗口,修改造型名为 Start,在矢量模式下,单击编辑窗口上方"添加"菜单,打开造型库,单击"分类物品",将 button3-b 添加到编辑窗口中,拖动造型框,将按钮缩放为长度等于 100、高度等于 50,然后移动造型框使造型框中心位于编辑窗口中心偏下位置,如图 12-39 所示。

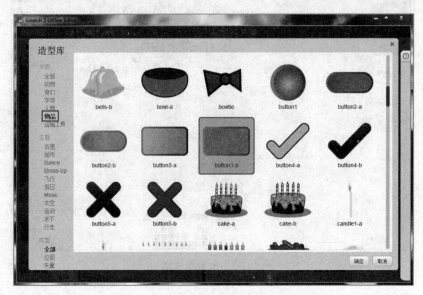

图 12-39　选择造型

使用文本工具在按钮上输入 Start,修改颜色为红色,然后移动文本框使文本框中心尽量与按钮中心位置相同。

右击造型列表中的 Start,复制 1 次生成 Start2,将 Start2 造型名修改为 Replay,双击编辑窗口中文本,将内容修改为 Replay,然后移动文本框使文本框中心尽量与按钮中心位置相同。按钮造型窗口如图 12-40 所示。

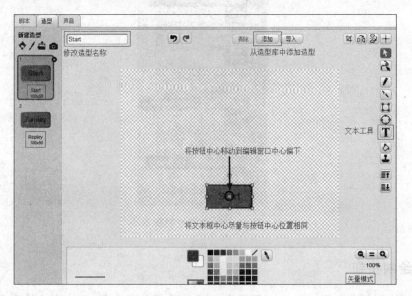

图 12-40　按钮造型窗口

　多媒体技术基础及应用

4. 按钮控制脚本

选择角色窗口中的 Button，构建按钮控制脚本，如图 12-41 所示。首先设置按钮初始坐标为(0,0)，造型设为 Start，可显示；然后一直重复执行循环体内部程序，当 State＝0 时（游戏准备），重设 Button 初始状态，造型设为 Start，可显示；当 State＝1 时（游戏进行），Button 隐藏；当 State＞1 时（游戏成功、游戏失败），造型设为 Replay，可显示。

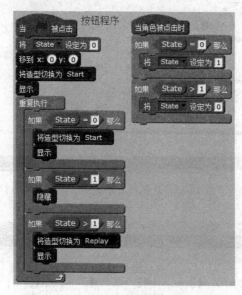

图 12-41　按钮控制脚本

12.2.12　声音控制脚本

1. 准备声音

根据图 12-42 和图 12-43 检查声音库中的声音，如下。

◆ 进行音乐(Game Bgm)：使用循环音乐库中的 dance magic。
◆ 成功音乐(Congratulate)：使用循环音乐库中的 triumph。
◆ 失败音乐(Game Over)：使用循环音乐库中的 cave。
◆ 气泡音效(Effect Sound)：使用效果音乐库中的 bubbles。
◆ 升级音效(Fish Update)：使用效果音乐库中的 fairydust。
◆ 游动音效(Fish Swim)：使用效果音乐库中的 ripples。
◆ 吃鱼音效(Fish Eat)：使用效果音乐库中的 chomp。

2. 选择声音

选择角色窗口中的 MyFish，单击声音窗口中"从声音库中选取声音"，单击声音库分类中效果，将 fairydust、ripples 添加到声音列表中，将 fairydust 名称修改为 Fish Update，

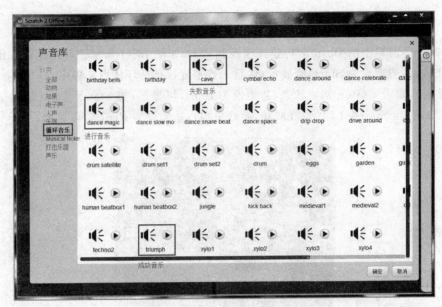

图 12-42 从循环音乐库中添加声音

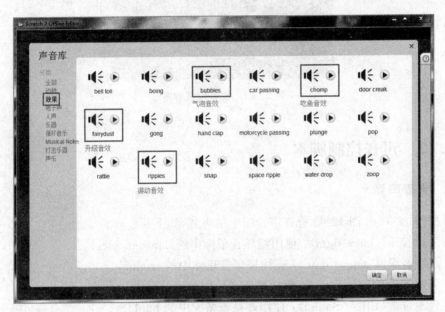

图 12-43 从效果音乐库中添加声音

ripples 名称修改为 Fish Swim。MyFish 角色中的声音如图 12-44 所示。

选择角色窗口中的 Fish1,单击声音窗口中从声音库中选取声音,单击声音库分类中效果,将 chomp 添加到声音列表中,将 chomp 名称修改为 Fish Eat,将 Fish Eat 拖动(复制)到角色窗口中的 Fish2～Fish4 图标上。Fish1 角色中的声音如图 12-45 所示。

选择角色窗口中的 Word,单击声音窗口中从声音库中选取声音,单击声音库分类中全部,将 dance magic、bubbles、triumph、cave 添加到声音列表中,将 dance magic 名称修

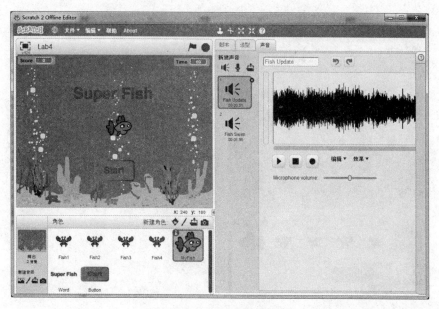

图 12-44　MyFish 中的声音

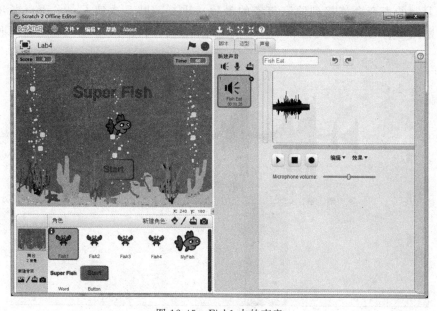

图 12-45　Fish1 中的声音

改为 Game Bgm，bubbles 名称修改为 Effect Sound，triumph 名称修改为 Congratulate，cave 名称修改为 Game Over。Word 角色中的声音如图 12-46 所示。

　　当游戏进行时，持续播放的 Game Bgm 和 Effect Sound 长度不够，需要进行编辑加长。

　　选择声音列表中的 Game Bgm，使用鼠标划选结尾杂音部分，单击"编辑删除"，单击"编辑全选"，单击"编辑复制"，单击声音列表中的 Game Bgm 取消全选状态，单击"编辑

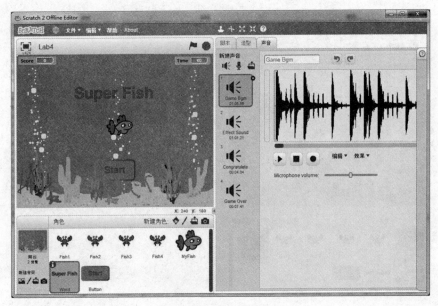

图 12-46　Word 中的声音

粘贴"(复制的声音会连接到原有声音的最后),重复粘贴 7 次使 Game Bgm 长度达到
60s,粘贴完毕后拖动声音列表中 Game Bgm 向下移动,刷新显示长度,如图 12-47 所示。

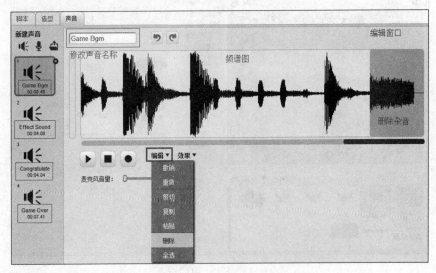

图 12-47　编辑声音窗口

选择声音列表中 Effect Sound,单击"编辑全选",单击"编辑复制",单击声音列表中
Effect Sound 取消全选状态,单击"编辑粘贴"(复制的声音会连接到原有声音的最后),重
复粘贴 14 次使 Effect Sound 长度达到 60s,粘贴完毕后拖动声音列表中 Effect Sound 向
下移动,刷新显示长度。

3. 声音控制脚本

对于 MyFish 角色，如果直接在 MyFishSize 时间与升级脚本中播放 Fish Update，由于时间与升级脚本在高速重复执行，Score>X 条件一直满足，所以 Fish Update 会重复播放，实际效果就是 Fish Update 连续重叠播放形成噪音，如图 12-48(a)所示。

解决这一问题的思路是：新建变量 MyFishSizeBefore，记录 MyFishSize 设定前的值，使 Fish Update 在升级时播放，取消 MyFishSizeBefore 前的勾选，隐藏数据框。

同样，对于 MyFish 角色，如果直接在运动控制脚本中，MyFish 坐标增加处播放 Fish Swim，如果连续按下键盘方向键，运动控制程序就会快速连续执行，所以 Fish Swim 会重复播放，实际效果就是 Fish Swim 连续重叠播放形成噪音，如图 12-48(b)所示。

(a) 错误的添加升级声音方式   (b) 错误的添加游动音效方式

图 12-48　错误添加声音的方式

解决这一问难题的思路是：新建变量 MyFishSwimTime，记录 Fish Swim 播放开始时间，使 Fish Swim 在上次播放完毕后播放，取消 MyFishSwimTime 前的勾选，隐藏数据框。

选择角色窗口中的 MyFish，在脚本窗口设置相关音效脚本，如图 12-49 所示。在初始化脚本和状态控制脚本中，在 MyFishSize 设定为 1 后，将 MyFishSizeBefore 设为 1（与 MyFishSize 相同）；将 MyFishSwimTime 设为 62，使得在游戏开始后 Time＝60 时，可以播放游泳音效 Fish Swim。

在时间与升级脚本中，设置升级音效脚本，若 MyFishSize>MyFishSizeBefore，则播放 Fish Update，将 MyFishSizeBefore 设为 MyFishSize，在时间与升级程序高速重复执行

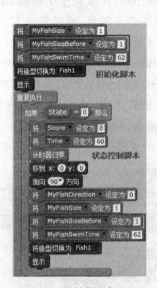

(a) 初始化脚本

(b) 时间与升级脚本

(c) 运动控制脚本

图 12-49　升级与游动声音脚本

时,只有 MyFishSize 增加后,升级声音 Fish Update 才会播放。

在运动控制脚本中,设置游动音效脚本,若 MyFishSwimTime－Time＞1,播放 Fish Swim,将 MyFishSwimTime 设为 Time(记录播放开始时间),在连续按下键盘方向键时,由于游动音效 Fish Swim 长度为 2s,只有当前时间距离上次播放开始时间大于 1s 时(上次播放完毕后),Fish Swim 才会播放。

　　选择角色窗口中的 Fish1,设置相关音效脚本,如图 12-50 所示。在碰撞控制脚本中,设置吃鱼音效脚本,若 MyFishSize＞Fish1Size,则 Fish1 被吃,播放 Fish Eat;若 MyFishSize＜Fish1Size,则 MyFish 被吃,播放 Fish Eat。

(a) Fish1声音脚本　　　　　　　　(b) Fish2声音脚本

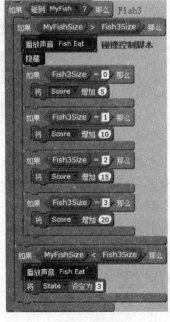

(c) Fish3声音脚本　　　　　　　　(d) Fish4声音脚本

图 12-50　吃鱼音效脚本

根据 Fish1 吃鱼音效脚本设置步骤,为 Fish2～Fish4 设置吃鱼音效脚本。

同样,如果直接在文字控制脚本中,由于文字程序在高速重复执行,State＝X 条件一直满足,所以音乐会重复播放,实际效果就是音乐连续重叠播放形成噪音,如图 12-51 所示。因此在播放音乐后,添加等待程序使文字程序停止执行,直到游戏状态改变,游戏状态改变后,停止之前播放的音乐,继续执行文字程序,播放新音乐。

选择角色窗口中的 Word,设置背景音乐与音效脚本,如图 12-52 所示。当 State＝1(游戏进行)时,播放 Game Bgm、Effect Sound,在 State＞1(游戏成功、游戏失败)之前一直等待,游戏状态改变后,停止所有声音;当 State＝2(游戏成功)时,播放 Congratulate;在 State＝0(游戏准备)之前一直等待,游戏状态改变后,停止所有声音;当 State＝3(游戏失败)时,播放 Game Over;在 State＝0(游戏准备)之前一直等待,游戏状态改变后,停止所有声音。

图 12-51　文字角色错误的添加音效的方式

图 12-52　背景音乐与音效脚本

设置完毕后单击"播放"按钮,游戏进行时,播放进行音乐、气泡音效;MyFish 升级时播放升级音效;按下键盘方向键控制 MyFish 移动时播放游动音效;MyFish 吃鱼或被吃时播放吃鱼音效;游戏成功时,停止之前播放的音乐,播放成功音乐;游戏失败时,停止之前播放的音乐,播放失败音乐。至此,游戏全部功能已经实现。

本 章 小 结

Scratch 是麻省理工学院多媒体实验室开发的简易编程平台。其简易性表现为:使用者可以没有任何编程的基础知识,甚至可以不认识英文单词,就可以通过使用积木形式的模块来快速构建多媒体应用。

　　Scratch 软件中,开发脚本的过程与一般使用程序设计语言编写程序的过程完全不同。Scratch 软件提供包括动作、外观、声音、画笔、数据、事件、控制、侦测和数字逻辑运算等模块,让开发者使用鼠标进行拖动就可以很方便地构建脚本。

　　动作模块用于设置角色位置、面向、移动等。外观模块用于设置角色的显示与隐藏,进行造型切换以及说话思考等。声音模块用于设置多媒体应用的背景或角色相关的声音。数据模块用于自定义单个变量或多个变量组成的链表。事件模块用于检测应用程序运行过程中的事件,作为应用程序的启动事件,还可以广播或接收事件消息。控制模块用于设置程序中的选择和循环结构。数字和逻辑运算模块用于进行加、减、乘、除等算术运算和与、或、非等的逻辑运算,以及小于、大于和等于的条件运算。

习　题

一、选择题

1. 下面不是 Scratch 平台特点的是(　　)。
　A. 免费
　B. 通过拖动模块构建多媒体应用的图形化编程
　C. 支持从外部导入背景和角色
　D. 需要编写代码
2. 下面不是构成 Scratch 脚本的功能模块是(　　)。
　A. 动作　　　　　　B. 外观　　　　　C. 图像　　　　　D. 侦测
3. 下面不是构成 Scratch 脚本的功能模块是(　　)。
　A. 动作　　　　　　B. 数字逻辑运算　　C. 数据　　　　　D. 组合
4. 若要检测一个角色碰到另一个角色,需要使用的模块包括(　　)。
　A. 控制模块和侦测模块　　　　　　B. 控制模块和事件模块
　C. 控制模块和数字逻辑运算模块　　D. 控制模块和外观模块
5. 检测角色是否被鼠标单击,使用的模块是(　　)。
　A. 事件模块　　　　　　　　　　　B. 外观模块
　C. 数字逻辑运算模块　　　　　　　D. 控制模块

二、简答题

1. 简要说明构成 Scratch 脚本的各个功能模块。
2. 简要说明 Scratch 中的角色和造型的区别。
3. 列举说明数字逻辑运算模块中的常见功能。
4. 列举说明控制模块中的常见功能。
5. 简要说明以下动画的脚本流程。
(1) 一个小球角色在窗口中随机游动,碰到边缘后作弹性碰撞;
(2) 一个学生角色在校园中根据键盘控制进行运动,碰到不同的物体,提出不同的问题。

参 考 文 献

[1] multimedia-a combination of different content forms such as text，audio，images，animations，video and interaction content[EB/OL]. [2016-12-15]. https://en. wikipedia. org/wiki/Multimedia.

[2] JPEG-a method of lossy compression for digital images [EB/OL]. [2016-12-15]. http://en. wikipedia. org/wiki/JPEG.

[3] VR-Virtual Reality[EB/OL]. [2016-12-15]. https://en. wikipedia. org/wiki/Virtual_reality.

[4] Chroma subsampling [EB/OL]. [2016-12-15]. https://en. wikipedia. org/wiki/Chroma_subsampling.

[5] 音调[EB/OL]. [2016-12-15]. http://baike. baidu. com/view/92484. htm.

[6] MP3——一种音频编码方式[EB/OL]. [2016-12-15]. http://baike. baidu. com/view/14411. htm.

[7] RM-视频文件格式[EB/OL]. [2016-12-15]. http://baike baidu. com/view/143140. htm.

[8] 早期反射声[EB/OL]. [2016-12-15]. http://baike. baidu. com/view/1655325. htm.

[9] 视见率[EB/OL]. [2016-12-15]. http://baike. baidu. com/view/1647100. htm.

[10] 7.1 声道[EB/OL]. [2016-12-15]. http://sound. it168. com/a2010/0925/1107/000001107535_1. shtml.

[11] 真实音效[EB/OL]. [2016-12-15]. http://bbs. htpc1. com/thread-39909-1-1. html.

[12] 世界三大数字电视标准[EB/OL]. [2016-12-15]. http://www. istis. sh. cn/list/list. asp? id=958.

[13] Search images by appearance [EB/OL]. [2016-12-15]. http://projects-seminars. net/Thread-search-images-by-appearance.

[14] 虚拟现实公司——中视典[EB/OL]. [2016-12-15]. http://www. vrp3d. com/.

[15] 杨学良. 多媒体计算机技术及其应用[M]. 北京：电子工业出版社，2004.

[16] 汤岳清. 多媒体技术[M]. 北京：电子工业出版社，1994.

[17] 赵英良，冯博琴，崔舒宁. 多媒体技术及应用[M]. 北京：清华大学出版社，2011.

[18] 赵子江. 多媒体技术应用教程[M]. 6 版. 北京：机械工业出版社，2010.

[19] 林福宗. 多媒体技术基础[M]. 2 版. 北京：清华大学出版社，2002.

[20] 林福宗. 多媒体技术基础[M]. 3 版. 北京：清华大学出版社，2009.

[21] 林福宗. 多媒体技术课程设计与学习辅导[M]. 北京：清华大学出版社，2009.

[22] 许宏丽. 多媒体技术及应用[M]. 北京：清华大学出版社，2011.

[23] 阮秋琦. 数字图像处理学[M]. 2 版. 北京：电子工业出版社，2007.

[24] 阮秋琦. 数字图像处理基础[M]. 北京：清华大学出版社，2011.

[25] 钟玉琢. 多媒体技术基础及应用[M]. 北京：清华大学出版社，2006.

[26] 韦文山. 多媒体技术与应用案例教程[M]. 北京：机械工业出版社，2010.

[27] 孙学康. 多媒体通信技术[M]. 北京：北京邮电大学出版社，2006.

[28] 张晓燕. 多媒体通信技术[M]. 北京：北京邮电大学出版社，2009.

[29] 沈洪. 多媒体技术与应用案例教程[M]. 北京：清华大学出版社，2008.

[30] 吴国经. 多媒体技术与应用[M]. 北京：中国铁道出版社，2009.

[31] 刘峰. 视频图像编码技术及国际标准[M]. 北京：北京邮电大学出版社，2005.

[32] 赵祖荫. Photoshop CS4 图形图像处理教程[M]. 北京：清华大学出版社，2010.

[33] 缪亮. Flash 多媒体课件制作实用教程[M].2 版. 北京：清华大学出版社,2012.

[34] 缪亮. Authorware 多媒体课件制作与实用教程[M].3 版. 北京：清华大学出版社,2012.

[35] 李四达. 数字媒体概论[M]. 3 版. 北京：清华大学出版社,2013.

[36] 单绍隆. 行动导向教学方法在多媒体技术课堂教学的应用[J]. 北京：计算机教育,2009(6)：86-87.

[37] 李潼. 行动导向式教学在《多媒体技术基础》课程中的应用[J]. 山东：山东电力高等专科学校学报,2010，13(5)：66-68.

[38] 刘文红. MPEG 中的运动补偿技术[J]. 北京：中国有线电视. 2003，18：37-39.

[39] 李云芳. 浅谈多媒体通信技术的应用与未来发展研究[J]. 北京：信息安全与技术,2011,8：23-24.

[40] 张海涛. 多媒体通信技术的现状与待解决问题[J]. 吉林：长春工业大学学报,2011，32(5)：449-452.

[41] 李旭东. 基于 SIP 的多媒体通信系统的设计及实现[D]. 吉林：吉林大学,2005.

[42] 苏云涛. 基于 SIP 的视频会议系统的设计与实现[D]. 北京：北京邮电大学,2008.

[43] 黄海星. 无线视频会议系统若干关键技术的研究与实现[D]. 广西：广西大学,2005.

[44] 黄志. 基于 H.323 视频会议系统的研究与实现[D]. 广西：广西大学,2008.